阅读成就思想……

Read to Achieve

Motivational Interviewing and CBT

动机式访谈整合认知行为疗法

Combining Strategies for Maximum Effectiveness

［美］ 西尔维·纳尔（Sylvie Naar）
史蒂文·A. 萨夫伦（Steven A. Safren）◎ 著

辛挺翔 ◎ 译

中国人民大学出版社
· 北京 ·

图书在版编目（CIP）数据

动机式访谈整合认知行为疗法 / （美）西尔维·纳尔
(Sylvie Naar)，（美）史蒂文·A.萨夫伦
(Steven A. Safren) 著；辛挺翔译. -- 北京：中国人
民大学出版社，2024.1
书名原文：Motivational Interviewing and CBT：
Combining Strategies for Maximum Effectiveness
ISBN 978-7-300-32282-7

Ⅰ. ①动… Ⅱ. ①西… ②史… ③辛… Ⅲ. ①谈话法
②认知—行为疗法 Ⅳ. ①B841②R749.055

中国国家版本馆CIP数据核字(2023)第211436号

动机式访谈整合认知行为疗法

[美]　西尔维·纳尔（Sylvie Naar）
　　　史蒂文·A.萨夫伦（Steven A. Safren）　　著

辛挺翔　译

DONGJISHI FANGTAN ZHENGHE RENZHI XINGWEI LIAOFA

出版发行	中国人民大学出版社		
社　　址	北京中关村大街 31 号	**邮政编码**	100080
电　　话	010-62511242（总编室）		010-62511770（质管部）
	010-82501766（邮购部）		010-62514148（门市部）
	010-62515195（发行公司）		010-62515275（盗版举报）
网　　址	http://www.crup.com.cn		
经　　销	新华书店		
印　　刷	天津中印联印务有限公司		
开　　本	720 mm×1000 mm　1/16	**版　次**	2024 年 1 月第 1 版
印　　张	18.5　插页1	**印　次**	2024 年 7 月第 2 次印刷
字　　数	290 000	**定　价**	85.00 元

推荐序

威廉·R. 米勒（William R. Miller）博士
美国新墨西哥大学心理学与精神病学荣休教授

乍看起来，动机式访谈（motivational interviewing，MI）和认知行为疗法（cognitive behavioral therapy，CBT）二者的基本理念好像是背道而驰的。CBT 通常是由指导性的专家角色来提供，即治疗师这里有当事人[①]所没有的、缺失的东西（如技巧、知识、理性的思维），而治疗师的工作是去"安装"这些内容："我这里有你需要的，我会给你。"相反，MI 不是去"安装"，而是要汲取和呼唤出那些本就存在的东西，即当事人自己的动机、洞察、智慧、见解及点子。所以，若有人说这二者背道而驰，好像也不算过分吧？

但我却心如明镜，清楚地知道：MI 和 CBT 不但兼容而且互补。我曾在俄勒冈大学读博士，并在那里接受了临床心理学的训练。那时，我们这些"俄勒冈学派的拥趸们"都立志成为一名循证的行为治疗师。在受训的第二学年里，安排有为期一年的实习课程"如何与当事人工作"，碰巧，那一年又赶上了行为学院的人不愿意教这门课，于是就请来了咨询心理学院的人教了我们一年"以人为中心的工作取向"以及卡尔·罗杰斯（Carl Rogers）的理念与观点。在这之后，我们才进入了对行为疗法的学习和实践（Gilmore，1973）。

[①] 在本书中，client 一词统一翻译为"当事人"。——译者注

　　然后接下来的这一年里，我都在费劲扒拉地学习怎么做行为取向的家庭治疗。我会跟家长们进行工作，同时接受着学院老师的指导。我们的老师受训于杰拉德·帕特森（Gerald Patterson）——他是父母教养领域社会学习取向（Patterson，1975）的祖师爷。我们会教父母用"星星表"（gold star charts）来记录和监测孩子们的行为，也特别强调对于正强化的运用（Miller & Danaher，1976）。这套方法原理清楚，思路明确，而且还配备了非常结构化的家庭作业。但问题在于——我们这些行为治疗师很快就发现了——人们通常是不会去完成这类作业的。所以，这套方法真用起来也就曲曲折折，难言顺利了。

　　后来，我们组织了一次校外学习活动，前往俄勒冈研究中心去观摩帕特森怎么做家庭治疗。当我坐在单面镜后面观看时大受震撼：帕特森在和这些家庭工作时，所做的很多内容并没有写在他的研究论文或培训讲义中——他温和，循循善诱，风趣幽默，平易近人，无论是父母还是孩子们说的话，他都在认真地倾听——你是可以和这个人倾吐一切的（他的人际技巧真的很棒）。于是我悟了："啊，原来是这么做的呀！"我回到了心理诊所，并尝试运用所学之倾听技巧，然后我所做的行为疗法也开始通畅了。而杰拉德·帕特森本人后来也对行为疗法中的阻抗和人际影响特别感兴趣，并在这方面贡献了开创性的研究（Patterson & Forgatch，1985；Patterson & Chamberlain，1994）。

　　之后又历经了数年，我发展形成了一种基于"以人为中心的风格"来实施"行为治疗"的取向。这二者对我而言，恰如双剑合璧。当我在新墨西哥大学讲授博士生课程时，我对学生们的训练就兼顾了行为疗法与罗杰斯的风格。那么，咨询师在实施手册化的行为治疗时，其对当事人的倾听水平到底重不重要呢？在一项针对酗酒的临床实验中，我们将当事人随机分配给九位不同的治疗师，并通过单面镜观察和记录他们的工作。与高共情治疗师合作的当事人，在减少酒精使用上要比与低共情治疗师合作的当事人更为成功，且效果非常显著。在六个月之后，治疗师的共情水平仍可以解释当事人饮酒行为变化方差[①]的三分之二比例。请注意，这些治疗师使用的是完全相同的一套行为治疗方案（Miller，Taylor，& West，1980），而且在两年后的追踪随访中以上效应仍然存在（Miller & Baca，1983）。转年的1981年，

---

① "方差"是一个统计学概念，用于描述／体现一组数据的离散或变化的程度。——译者注

史蒂夫·瓦莱（Steve Valle）也发表了相似的研究成果：在两年后的追踪随访中，那些与"以人为中心"低技巧水平咨询师合作的当事人，其复发率要比那些有幸与高人际水平咨询师合作的当事人高出二到四倍。

后来，挪威的心理学工作者邀请我示范怎样跟有饮酒问题的当事人工作，我做的自然就是罗杰斯和 CBT 取向的结合了。顺带一提，也正是在那个时候，我构思了 MI（Miller，1983）。我当时的考虑是将 MI 作为治疗的一种铺垫，也就是我们在开始做 CBT 之前可以先做一些事来"打开局面"（Miller，1983）。我们很快就发现并颇感惊讶的是，通过前期短程的 MI 干预，虽然后续的治疗还未进行，但当事人往往就开始了行为上的改变。随后，我们继续探索了怎样整合 MI 的风格来实施主流的、手册化的 CBT 干预（Longabaugh，Zweben，LoCastro，& Miller，2005；Meyers & Smith，1995）。

而本书又让 MI 与 CBT 的整合向前迈进了一大步。我认为，行为治疗师们太少去关注人际技巧及治疗关系对于治疗的参与、留存、依从性、疗效等方方面面的重要影响了。而这种忽视也造成了关于"循证因素"与"共同因素"孰轻孰重的激烈争论（e.g.，Norcross，2011）；同时，学界也批评了以人为中心的倡导者们极少去关注近几十年来的循证科学，其实罗杰斯本人倒是这方面的先行者，他同时关注心理治疗的过程与效果。而在 MI 看来，这本身就是一个"拆不开"的话题（Miller & Moyers，2015）。因为循证疗法是不能脱离其操作者 / 实施者来谈的，这就好比再炫酷的跑车也需要司机去驾驶，上好的食材也要有大厨来烹饪。此外，虽然"共同"因素对于疗效有很大的影响，如治疗师的共情（Truax & Carkhuff，1967），但这些因素在实务工作中却不一定是"普遍"①到位的，因此，如果改称为"非特定的"（nonspecific）因素，也许就可以提醒我们自己：这些其实是我们需要去做的，而不是想当然地已经普及到位了。综上，鉴于人际因素对于当事人的治疗成效具有非常重要的影响，现在是时候——其实也早就应该——让我们来细化、测量、研究以及教授这些内容了。

或许，MI 和 CBT 类似于油和水的关系。我想起自己在高中时做过的一个化学项目，是研制能让油和水融合在一起的乳化剂。哈，冥冥之中似有缘，只是吉兆今日知。本书恰是这一支乳化剂。

---

① 原文都是 common。作者在这里一词双关，既指"共同"，也有"普遍"的意思。——译者注

译者序

这些年来，我都在实践、教学和推广基于普通话的 MI，也在探索和发展着 MI 的本土化特色。来和我学习 MI 的从业者，包括但不限于心理咨询师、心理治疗师、精神科医师、医疗系统工作者、高校心理教师及辅导员、中小学心理教师、教育机构工作者、社工师、司法系统警官、企业员工帮助计划（employee assistance program，EAP）的助人者以及人力资源工作者，在大家共同的努力下，我们也成立了基于普通话的"中国动机式访谈社区"（Chinese Motivational Interviewing Community，CMIC），为更广泛、更深入的 MI 探索创建了一个交流平台。

大家对于 MI 的反馈，常会提到的收获有：会谈的节奏更稳了，不但助人谈话更有方向性了，而且还兼顾了共情与合作，懂得了如何去提升当事人的动机，以及怎样去应对阻抗；也开始留意自己作为助人者的心态与风格了；对那些"耳熟能详"的概念或技术（如共情、倾听、合作、接纳）有了新的理解，而且更重要的是，还学习和练习了对谈中的实务操作，对于更加落地、灵活以及深入的实践与运用大有帮助。而另一些反馈，也在关注 MI 在助人全程中的充分运用，即如何在每一次会谈中都保持 MI 的风格，以及如何将 MI 与自己已有或即将学习的其他疗法相结合，最大化地发挥效果。

同样，一些 CBT 取向的同仁们，在谈及学习和使用 CBT 的收获时，也是赞不绝口：CBT 的理论清晰、逻辑明确、结构紧凑，不但与主流的诊断系统相契合，而且便于向当事人呈现或说明。另外，CBT 还开发出了丰富的行动方案，这让助人者储备了很多的办法，无论是在助人会谈之中，还是在会谈以外，都有大量的素材可供当事人去做、去行动。但使用 CBT 的实务工作者也常会提出以下这些问题：要如何避免说教？如何引导当事人自己去发现（而不是靠助人者来告诉）？如何提升当事人做"家庭作业"的动机？如何让当事人逐渐成为自己的咨询师/治疗师？

或许，MI 与 CBT 的关注点或问题，彼此的答案恰好都在对方那里。早在 1994 年，CBT 的著名学者克里斯蒂娜·A. 帕德斯基（Christine A. Padesky）就对引导式发现的本质及操作做出了重要的论述，而其内容又与威廉·R. 米勒博士在 1983 年提出的 MI 理念和做法不谋而合，可谓英雄所见略同。同时期，学者萨夫兰和西格尔（Safran & Segal，1990）开始关注 CBT 中的人际沟通过程，这也和 MI 四个基本过程异口同音、理念一致。近年来，更有 CBT 的学者直接将 MI 及其相关的自我决定理论引入了 CBT 的概念及实操之中，如尼古劳斯·卡赞吉斯（Nikolaos Kazantzis）等人针对 CBT 治疗关系的重新梳理（Kazantzis，2020），以及史蒂文·C. 海斯（Steven C. Hayes）等人对于循程 CBT 的构建与发展（Hayes，2018）。同样，MI 的诸多从业者们，也在继续探索着如何基于 MI 的风格，来执行和操作 CBT。

我个人觉得，如果尝试用一段最简单的话来梗概说明 MI 和 CBT 的关系，以及二者结合的意义，那也许可以这样表述：MI 和 CBT 都是循证的方法取向，MI 的强项在对谈（conversation），CBT 的强项在行动（action），强强联合，优势互补！当然啦，这句概括的话说起来足够简单，但真正的结合，做起来却要复杂得多。**首先**，整合（integration）不是简单的混合、拼合、缝合或加总，其方式方法本身就是一门学问。若得当，则一加一大于二；若不得当，则一加一小于二，或者负面的效果更甚。**其次**，这两种取向各自又有不同的技术与做法，如何将这些纷繁的技巧安排得当、发扬各自的灵活性、避免杂乱无序，需要大智慧。**再次**，MI 和 CBT 的结合，要在实务中真正地上手操作起来，仅靠一些泛泛的理念或模型关系图肯定是不行的，这需要非常细致的讲解、示范、模仿、练习以及反馈。**最后**，历史上已有将 MI 作为铺垫，然后转入 CBT 的动机增强疗法（motivational enhancement therapy，MET），这种结合似乎并不算最高程度的整合（即理论性整合），那么如何突破现有的范式，促进二者的水乳交融，做到真正的融会贯通呢？

西尔维·纳尔博士和史蒂文·A. 萨夫伦博士的这本著作，不仅回答了以上所有的问题，而且也符合我们期望中的四点要求。我在 2018 年第一次读到本书时，正在学习和实践如何使用 MI 结合 CBT 来帮助罹患人格障碍的当事人，所以这本书对我帮助很大，真好似及时雨、雪中炭，来得太是时候了！本书基于最深入的整合范式（理论性整合），以 MI 为框架，使用了 CBT 的模块化组织，内容丰富翔实，细致入微，实操性极强，而且还可作为 MI-CBT 整合取向的训练手册，帮助从业者入门、提高和掌握这种整合。另外，本书融入了对共病问题的跨诊断干预理念，用五个不同症状／行为问题的案例贯穿全书来呈现和示范，并在最后一章又额外提供了两个共病性质的全新案例，这大大扩展了 MI-CBT 整合应用的范畴，对于读者的深入理解和灵活实操也很有帮助！

当然，这种深入的整合也给本书的翻译工作带来了新挑战。MI 以当事人为中心，关注这个人的优势与独特性，而且深入谈话的细微之处，讲求字字珠玑、精妙引导，自然更建议从业者关注措辞的感情色彩（如多使用中性的措辞），从而秉持不评判的态度，并留足谈话的空间。上述思路，其实也与近年来 CBT 中提倡的"去贬义化措辞"做法［参考贝尔尼·柯温（Berni Curwen）等人所著的《短程认知行为疗法实操手册》①（*Brief Cognitive Behaviour Therapy*）一书］相符。所以我在翻译时，加入了一些译者注，旨在协助读者了解类似的整合性变化或有关的文化考量。这里仅举两例说明。如 triggers 这样的词汇，在英文中本无贬义，指"引发后续行为的刺激或因素"，但惯用的一个译法"诱因"却略含贬义，若从业者直接用在谈话中可能就会在无意间带出了负面的暗示，所以翻译成"引发因素"可能更为合适，也更有助于在谈话中使用。又如 cognitive skills 这样的词汇，如果我们站在从业者的视角看，那么这都是所学疗法中的"技术"，或者也被考虑为更宽泛的"当事人的技能"。但如果以当事人为中心，更基于他们自己的背景及考量的话，那这又是他们根据自身的情况或偏好，可以去选择、组合、尝试并沿用的一些"技巧"了。所以或许在会谈中使用这样的措辞，会更有助于当事人细心体会这些具体的技巧，充分感悟，留住发现。若觉得某个技巧真有帮助，也适合自己，也就会自行使用下去了，而这恰恰实现了 CBT 的经典信条——让当事人成为自己的治疗师。

所以综上，我在翻译本书时，不但查阅和学习了全部的参考文献，与第一作者西尔维·纳尔博士进行了交流，而且还结合了中文语境下的实践经验，思考和推敲最适合的措辞与表达，力求在专业性、可读性以及文化适宜性上取得最佳的平衡。当然，专注投入，不舍昼夜，仍难免局限，有所缺憾。但求尽力，莫负读者，莫负

---

① 《短程认知行为疗法实操手册（第 2 版）》已由中国人民大学出版社出版。——译者注

作者!

在此，我也要特别感谢几位老师及同仁的帮助。感谢王建平老师，她带我成长，也鼓励我去独立追求自己感兴趣的领域，知遇之情永难忘！感谢林孟仪老师，通过与她的深入交流，我不仅获得很多的启迪，也更加坚定了信心！感谢江嘉伟老师，在与他交流 MI 的过程中，让我学到很多，拓宽了视野！感谢谢东老师，特别喜欢他的风格，也与他有很多的共识！也感谢中国人民大学出版社的张亚捷编辑，邀请我翻译了本书。

最后，我还要感谢"中国动机式访谈社区"（CMIC）的诸位同仁，以及与我合作过的 MI 受训者或受督者们，大家的分享与反馈都让我收获颇多。我们也在一起手挽手、肩并肩，共同推进和建设着 MI 在我国的发展与实践！

目 录

第 7 章／促进会谈以外的练习和会谈的持续参加

第 8 章／维持改变

第9章 / 本书用途：整合性的治疗手册

第 **1** 章

整合动机式访谈与认知行为疗法

近10年来，行为改变领域从不同形式的循证疗法中发现了一般性的因素以及共同的成分，并在多种行为上予以应用，从而支持和促进了循证疗法的整合（Abraham & Michie，2008；Chorpita，Becker，Daleiden，& Hamilton，2007；Fixsen，Naoom，Blase，Friedman，& Wallace，2005）。一般性因素，有时也称"共同因素"（common factors），是在各种心理社会疗法中都存在的个人心理、人际之间以及其他的一些共性历程，如治疗联盟、共情、乐观。这些共同因素解释了更多的疗效，在比例上超过了特定的治疗技术。而"共同成分"（shared elements）则是指循证临床治疗所具备的一些共有成分，常用于各类治疗手册或干预方案之中，如自我监测、认知重建及拒绝技巧（Barth et al.，2012）。

最近，一些科学家也在倡导研究跨疾病的历程，其范式跟共同成分以及共同因素的治疗取向恰好契合，可谓所见略同（Bickel & Mueller，2009；Norton，2012）。我们通过确认共同成分和关系因素 [①]，并应用于多种不同的行为和症状领域（会根据需要做出具体调整，以适用于特定的症状领域），从而可以更大范围地推广循证疗法，同时亦提升了实操与培训的便捷性。而且，这种治疗取向更易处理常见的共病现象以及多种行为的改变。正如"跨诊断"或"统一"治疗的定义：对于不同的疾病或行为，使用相同的治疗原则，具体方案则会在制订治疗计划时有针对性地做调整，而非一病一疗法（McEvoy，Nathan，& Norton，2009）。"统一"一词也指

---

① 在本书中，"一般性因素""共同因素"和"关系因素"含义相同。——译者注

通过确认共同成分和共同因素，并在多种不同的行为和症状领域予以应用，我们可以提升治疗的实操性并处理常见的共病问题。

各种统一的治疗方案，涉及心理及躯体健康领域（如"抑郁症和遵医嘱用药问题"或"肥胖症共病物质使用问题"）。我们相信，MI 与 CBT 的整合，可作为促进心身健康的一种统一的治疗取向，故而动笔成书，加以阐述。

为何选 MI

MI 是一种合作性、引导式的谈话风格，旨在加强一个人自己（内部）的改变动机与决心。MI 历经了 30 年的实证研究，已被证明是促进当事人积极行为改变的一种一线的、循证且有效的干预方法，并愈发广泛地应用在物质使用、心理健康、初级保健及专科医疗等领域。MI 细化并具体说明了影响关系因素的沟通行为，从而为不同设置中的"当事人 – 从业者沟通"提供了一种基础。

为何选 CBT

CBT 聚焦于改变适应不良的想法与行为，因为正是它们在维持着症状，干扰着功能（Beck，2011）。CBT 的一些方法不但是应用最广泛的循证治疗成分，而且这些成分的共性也体现在针对各种障碍的干预中，如抑郁障碍、焦虑障碍、物质使用障碍、注意力缺陷和 / 或多动障碍（ADHD）以及肥胖症（Tolin，2010）。但是，CBT 之于当事人而言也并非易事，而是一项艰辛的工作！因为 CBT 需要在会谈中做练习，还要完成会谈以外的"家庭作业"，这些方方面面的改变，可能都是当事人在过往难以掌握、不堪胜任的。所以，一些专家（Driessen & Hollon，2011）指出，MI 通过培养当事人"去完成艰辛工作"的内部动机，同时帮助从业者免于"扮黑脸"的做法，可以让 CBT 更为有效地发挥出作用。

诚然，CBT 具备了一些最为有力的支持证据（Hofmann，Asnaani，Vonk，Sawyer，& Fang，2012），但很多当事人对于治疗无应答、对于治疗任务不依从、过早地中断治疗，或者在初始改变之后却维持不住，这些也都是不争的事实（LeBeau，Davies，Culver，& Craske，2013；Naar-King，Earnshaw，& Breckon，2013）。CBT 和 MI 领域的专家们认为，这可能是因为（至少是一部分原因）：认知行为疗法的一些方法并没有很细化地说明要怎样去支持咨访关系，以及怎样具体地协助从业者加强当事人的改变动机，而且无论是在治疗开始还是在治疗过程中都一样语焉不详（Driessen & Hollon，2011；Miller & Moyers，2015）。所以，整合 MI 与 CBT 或许既可以提升初始的治疗应答率，也可以促进治疗完成后的疗效／改变维持。MI 能让 CBT 更为有效地发挥出作用！

MI-CBT 的整合取向

开发 MI 的初衷，就是为了培养当事人初始的改变动机；而 MI 针对落实改变及维持改变的方法，也是在近几年才有了一些具体的阐述（Miller & Rollnick，2012）。威廉·R. 米勒与斯蒂芬·罗尼克（Stephen Rollnick）指出（2002），初始的改变动机一旦建立起来，或许就要转向更偏行动取向的治疗方法（如 CBT）了。因此，MI 所启动的行为改变，再结合更偏行动取向的治疗干预后，可以获得增强。因为动机在落实改变以及维持改变期间，无论是强度的起伏还是方向上的摇摆，仍然都不稳定。所以，整合 MI 与 CBT 可以创造出一种更加有效的行为治疗，其效果优于二者中任何的单一运用。

亨尼·A. 韦斯特拉（Henny A. Westra）与哈尔·阿科维茨（Hal Arkowitz）探讨了 MI 与 CBT 结合的几种方式。其一，可先将 MI 作为短程的铺垫式治疗，用来培养当事人参与后续多次会谈干预的动机；其二，在 CBT 的治疗过程中，当当事人出现不和谐或矛盾心态时，使用 MI 来处理；其三，可将 MI 作为一种整合性的框架，在此基础上运用其他的干预方法，如 CBT 的方法。本书将基于威廉·R. 米勒与斯蒂芬·罗尼克的理念（2012），对上述三种方式皆予以展开，并应用在不同的行为及问题领域。所以从某种意义上讲，本书也可以作为一部开端性的、基于 MI 及 CBT 双核来运行各类改变历程的、跨诊断的治疗方案来使用。我们的写作，依托于 MI 及 CBT 整合领域日益丰富的研究与临床应用资料（也包括我们自己目前的工作），并会着重在实现这一整合式治疗的临床技巧上。

> 整合 MI 与 CBT 可以创造出一种更加有效的行为治疗，其效果优于二者中任何的单一运用。

我们也尝试谈一谈，MI-CBT 在整合上的可行性、在应用上的便捷性，以及它们之间可能存在的分歧与矛盾（如图 1-1 所示）。

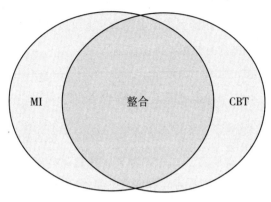

图 1-1　MI-CBT 的整合

特雷莎·B. 莫耶斯（Theresa B. Moyers）和乔恩·霍克（Jon Houck）评议了（2011）一个以 MI 作为整合性框架来运用 CBT 的临床随机对照实验（Anton et al., 2006），并指出："MI 与 CBT 并非总是天造地设的一对金玉姻缘。有时，这二者也会彼此矛盾、相互对立，所以从业者在这种时候就必须择取其一，作为主要的方法了。"对此，本书之意不在于选边站、更倾向谁，而是希望能给读者列举出一些选项以供参考。这些内容会在第 2 章至第 8 章每章末尾的"MI-CBT 的两难情境"中予以讨论。

有哪些实证支持

许多研究表明，在众多的行为改变领域中，结合 MI 与 CBT 的干预会比常规方法更有效，这些领域包括针对焦虑障碍（Westra, Arkowitz, & Dozois, 2009）、共病或不共病物质使用的抑郁障碍（Riper et al., 2014）、可卡因使用（McKee et al., 2007）、大麻使用（Babor, 2004）、戒烟（Heckman, Egleston, & Hofmann, 2010）、遵医嘱用药（Spoelstra, Schueller, Hilton, & Ridenour, 2015），以及肥胖相关行为（Naar-King et al., 2016）的治疗与干预。但在这二者中，是否有哪一种要比双方结合后的干预更为有效呢？现在对这方面还知之甚少。目前，比较"MI 结合 CBT"与"单独使用 MI"的研究为数寥寥，而且也都是治疗物质使用障碍的。其结果表明，MI 结合 CBT 的治疗，效果通常要优于单独使用 MI，但也不是没有例外（Moyers & Houck，2011）。在一项元分析研究中（Hettema，Steele，& Miller，2005），当 MI 与另一种有效的疗法相结合时，相比单独使用 MI，成效会更强也更持久。还有一些已发表的临床随机对照研究，比较了"先有 MI 会谈的铺垫再使用 CBT"与"单独使用 CBT"。其结果发现，加入了 MI 会谈的干预，可以提升治疗酒精使用（Connors，Walitzer，& Dermen，2002）、可卡因使用（Stotts，Schmitz，Rhoades，& Grabowski，2001）、广泛性焦虑障碍（Westra et al.，2009；Westra & Dozois，2006）以及儿童行为问题（Nock & Kazdin，2005）的疗效。截至目前，还没有研究比较过"单独使用 CBT"与"MI-CBT 的整合治疗"（MI 不只作为前期的铺垫，而是会贯彻在治疗全程中整合运用）。但有两项质性研究表明，在针对酒精使用的行为治疗中，高共情的从业者会比低共情的从业者取得更好的疗效（Miller，Taylor，& West，1980；Valle，1981）。距今更近的一项质性研究，则比较了当事人对于"带来更多积极疗效的 CBT 从业者"和"带来更少积极疗效的 CBT 从业者"的主观认识。其结果发现，当事人对前者的印象是，他们更注重唤出与合作，会更多地使用当事人的见解与经验（即当事人自己的"专家意见"），也会更为主动地参与到治疗过程中来（Kertes，Westra，& Aviram，2009）。其实，这些从业者所展现的就是下文所述的 MI 精神。

目前，针对跨诊断或统一治疗的研究主要聚焦于情绪障碍，诸如各种焦虑和抑郁障碍，通常是以 CBT 为基础，MI 作为铺垫式的会谈来提升当事人的参与性（Folkman，2011）。此类研究的文献综述（McEvoy et al.，2009）表明，相较于等待组，统一治疗与更多的症状改善相关。这些统一治疗一般都包含 CBT 的成分，如心理教育、认知重建、应对技巧、暴露、放松训练以及行为激活。统一治疗的效应量似乎与特定诊断治疗（diagnosis-specific treatments）相似，而且有证据表明，聚焦一组问题的统一治疗对于共病或者其他方面的行为改变都有积极的作用。在 M.P. 麦克沃伊（M.P. McEvoy）等人（2009）发表综述时，还没有研究直接比较过统一治疗与特定诊断治疗。不过，近期有一项研究（Norton，2012）比较了针对焦虑障碍的跨诊断团体 CBT（包括心理教育、自我监测、认知重建及暴露）与放松训练，结果发现二者效应量相同，但统一治疗的脱落率更低。而针对物质使用共病情感障碍的统一治疗，目前也已出现（Osilla，Hepner，Muñoz，Woo，& Watkins，

2009）。本书拓展了跨诊断、统一治疗的领域，不仅包括心理健康领域，而且涉及物质使用以及健康行为的领域；同时，本书也会提供一种整合了 MI（作为关系因素的基础）与 CBT 共同成分的工作取向，可应用于不同的行为改变及症状缓解上，以促进当事人的心身健康。

MI 的精神

MI 是一种与人沟通的风格，并不只是各种技术的集合体。所以说，MI 的根基在于其精神内核。威廉·R. 米勒与斯蒂芬·罗尼克（2012）指出，MI 的精神内含相互关联的四个要素分别是合作（partnership）、接纳（acceptance）、至诚为人（compassion）和唤出（evocation）。

- 合作，是一种彼此协作、引导式的关系，从业者与当事人并肩而行，而非谁先谁后。
- 接纳，意味着对自主性的支持，从业者看重也尊重当事人的自我决定与选择自由。接纳还意味着，从业者会表达准确的共情，真心欣赏一个人的绝对价值；同时，秉持一种肯定性的态度，支持当事人的自我效能感。
- 至诚为人，是指从业者以促进他人的福祉为宗旨，全心全意地投身奉献，这有别于从业者的同情心，亦非源自其个人议题。
- 唤出，是相信当事人自己本就有智慧和优势来做改变，从业者是将之呼唤、汲取而出，而不是说这都是窟窿，只能由从业者来"填补"和"给予"，就如 CBT 中的做法。

> MI 是一种与人沟通的风格，并不只是各种技术的集合体。

MI 的四个基本过程

除了秉持精神层面的四个要素外，MI 还会基于导进（engaging）、聚焦（focusing）、唤出（evoking）、计划（planning）四个基本过程来展开。这四个过程可以有所重叠，也不必非要循序展开；而且，这四个过程也可能在每一次的会谈中全部都出现。我们将在后文中讨论,当从业者以 MI-CBT 的整合取向进行工作时,这些过程是怎样与 CBT 的各种成分相结合做展开的。所以,我们就可以借助这些过程来考虑某一次的会谈该如何去组织和进行。

在**导进**过程中,从业者与当事人建立融洽、信任的关系,理解当事人的困境、难处及矛盾心态。这个人为什么在考虑改变?抑或这个人为什么不考虑改变?是什么阻碍了改变?导进是建立治疗联盟的过程。虽说良好的联盟是任何干预的基础所在,而且在 CBT 的文献中也反复提到了这一点,但究竟从业者的哪些沟通行为对于促进联盟及修复关系而言是必要的就鲜有详述了,而 MI 则详细、明确、具体地阐明了这些行为。

在**聚焦**过程中,从业者与当事人就会谈的方向与目标逐渐达成清晰一致的共识。一般而言,这个方向及其相关的一些目标都是关于"改变行为"的。但也有例外。比如,会谈的焦点可以是关于"某种选择"(如要不要谅解、是否要换工作),或者还可以是关于"某种内在的历程"(如耐受、接纳)。聚焦过程不只是在设定议题或计划治疗方案,从而形成一张目标或任务的清单;聚焦过程更是一种共同决定谈话范畴的合作过程,在这个范畴中既包括了目标与任务,也会有双方的感想与体会,以及关切和在意的内容。

在**唤出**过程中,从业者汲取当事人自己的倾向改变的话语,从而让当事人自己来主张改变,而不是由从业者越俎代庖替他们去主张。在这个过程中,从业者培养了当事人针对目标行为 / 焦点问题做改变的内部动机。MI 的相应做法是,从业者引出当事人的改变语句(change talk),并通过"反映性倾听"及"肯定"的回应来予以强化。因为驱动着一个人做出改变的,正是他自己对于改变的愿望、能力、理由或需要,而不是源自外在其他人的相关主张。这一点是 MI 的核心所在,同时也与 CBT 息息相关。通常,从业者会就一些治疗方法 / 成分讲述原理,说明相应的技巧及家庭作业为什么重要,和 / 或强调现有想法与行为的负面后果。然而,相比被别人告知的内容,大多数人会更倾向相信自己所讲的话。

从业者有一种"要帮你改好"的本能倾向——去矫正自己认为的当事人的缺陷认知或不良决策,还会在对方并未征询意见和忠告时,就提前主动地给出建议;而唤出,则与这种本能的倾向正相反。威廉·R. 米勒与斯蒂芬·罗尼克(2002,2012)将这种"要帮你改好"的现象称为**翻正反射**(righting reflex),即人们想去纠正所知觉到的错误事物的一种倾向。该倾向往往体现为——时机未到、过早转入的问题解决与提供建议——这反而阻碍了当事人去主动地参与自己的治疗过程，造成某种形式的脱离（例如，当事人出现反对改变的话语、不做家庭作业）。所以，对于 CBT 的从业者们而言，这是一个两难的困境，因为他们通常会先针对问题与障碍做心理教育，然后训练相应的技巧，这都是 CBT 的关键成分。而当事人改变的动机，则是由"觉得这个改变对自己有多重要"以及"觉得有多大的信心能够做到"两个方面共同决定的。MI 的技术会同时兼顾这两个方面，所以从业者即便是在分享信息（如心理教育）或教授技巧，使用 MI 的技术也可以着重并支持当事人自己的改变动机。

如果我们把矛盾心态比作在"做出改变"与"维持现状"之间处于平衡状态的天平，那么当该天平开始朝着改变的一端倾斜时，**计划**过程就要开始了。这时，谈话就自然过渡到关于改变的决心 / 承诺以及行动的方案选项上了。威廉·R. 米勒与斯蒂芬·罗尼克（2012）认为，计划过程中还包含了改变方案的执行过程、改变（即 CBT 中的目标行为）的落实过程以及维持过程。

关于 MI 核心技术的简介

MI 会基于其精神使用一套核心的沟通技术，以促进上述四个过程的展开。这些技术是开放式问题、肯定、反映性倾听①、摘要以及信息交换，反映性倾听和开放式问题是 MI-CBT 整合取向所必需的核心技术。本书将向读者展示，如何在不同的过程中区别、灵活地使用这些技术。我们会使用反映性倾听来表达准确的共情，并检验自己关于"当事人怎样体验世界"的假设。我们做反映时，会向当事人讲出 / 陈述出"我们所听到的他讲的话"，并可能会突出其中的一些内容，或者再添加上一些含义。我们还会运用反映，有方向、有意图地去着重或强化谈话中的某些内容（如探索矛盾心态、加强动机）。当反映着重于当事人所谈到的自身优势或努力时，这样的反映就是肯定了。同样，我们也可以使用一连串的反映，来摘要当事人的谈话内容。这种篇幅稍长的连串反映（即摘要），可用来汇集当事人先前谈及的内容

---

① 在 MI 中，反映性倾听（reflective listening）又称"反映性陈述"（reflective statement），或简称为"反映"（reflection）。——译者注

与要点，或着重在矛盾心态向着改变倾斜，或用来过渡会谈中的不同内容。

虽然，只通过反映我们就可以进行大部分的谈话与沟通了，但开放式问题的使用可以进一步地唤出当事人的看法、意见、关切、顾虑和动机。MI 认为，询问开放式的问题会有助于谈话的展开，而询问封闭式的问题，则有更大的可能只会获得当事人非常简短的回应（如"是"或"不是"）。当我们以符合 MI 的风格来提供信息和建议时，还会使用提问与反映技术，即后面章节中讲到的"征询－告知－征询－反映"技术：第一步，先就某一话题询问当事人已知的信息，或征求其许可；第二步，我们才给出信息或建议，注意要言简意赅；第三步，我们再询问当事人对此的看法和体会，然后对他们的回应做反映。

以上，只能算以管窥豹，简要地向读者介绍了 MI 的谈话技术，即说什么、怎么说、何时说。在之后的章节中，我们还将为大家展示，如何运用这些沟通技术来让 CBT 更为有效地发挥出作用。

本书的章节组织

本书将聚焦在 CBT 的共同成分上，即那些被广泛研究的 CBT 方法中都具有的成分，如在治疗开始时建立联盟、评估并制订治疗计划、自我监测、认知及行为技巧的训练、促进家庭作业的完成，以及维持改变。每一章会聚焦一个治疗成分，并基于 MI 的四个过程来对每个成分做展开。这里也需要提醒大家，本书的重点在于 MI 技术与 CBT 的整合。本书并不是专门训练 MI 的教科书，对于 MI 技术、技巧的讲解与呈现也不会像 MI 教科书一样面面俱到、精细入微。所以，读者欲知这方面的详情，想要更扎实地打好 MI 的底子，那就还是要阅读 MI 的专著教科书[①]。我们所使用的例子涵盖多种类别的行为和诊断，包括内化症状、物质使用和健康行为。每章还设有可供从业者使用的练习，便于读者自己使用或在培训中使用。本书在最后一章还综述了 MI-CBT 未来的发展方向，并探讨了一些培训上的话题。为了更好呈现 MI-CBT 这种统一的治疗取向，我们在案例中广泛涉及了各种各样的目标行为与问题，如抑郁、肥胖、焦虑、物质滥用及遵医嘱服药等。

---

① 作者在参考文献中已推荐了《动机式访谈法：帮助人们改变》和《动机式访谈手册》。——译者注

MI 从未有意要成为一种全面的心理疗法（Miller & Rollnick，2009），而是只将自己定位于"一种改变行为的方法"而已。但一些研究表明，MI 似乎提供了一种稳固且坚实的基础，来处理其他疗法（如 CBT）中的关系联盟和动机议题。鉴于此，我们认为 MI 不仅仅是一种促进行为改变的工具，还可以对各种心理疗法起到普适的支持作用（Miller，2012）：MI 相信每个人都具有成长和改变的潜力。MI 在治疗会谈中重视当事人的选择与决定。MI 更为理解、接纳和体恤当事人的矛盾心态。还有最后一点，MI 特别关注从业者和当事人的语言，将心理疗法中共同的关系因素具体化、细节化、可操作化。综上所述，MI 或许可以作为一副基本的骨架，对各种心理疗法的实施起到支持与依托的作用（Haddock et al.，2012）。我们将采用一种跨诊断的取向，并力求促进循证方法的落地实操，以此来呈现 MI 与 CBT 共同成分的整合。愿本书可以帮助从业者化繁为简，让大家不必再辗转于众多的治疗手册以及各种各样的培训学习之中，让大家可以通过 MI-CBT 的整合取向，把握其中的核心因素与成分，在面对各类问题以及不同的设置时都能更好地予以应用。

✎ 从业者的练习 1-1

关于 MI-CBT 整合的卡片分类

整合，可以有几种不同的形式。心理治疗的整合需要超越单一的学派/取向边界，放眼于其他不同的理论与技术，看一看有哪些是可以学习的（Strickler，2011）。**技术性整合**（technical integration），指的是整合来自不同取向的技术；**理论性整合**（theoretical integration），则是指将那些来自不同取向的，并可能存在本质区别的理念融合在一起；**同化性整合**（assimilative integration）是较新的一种方式，指扎根在某一种理论取向中，以此作为基础，同时吸纳其他取向的方法与策略。我们希望本书能作为一种资源，便于大家选择适合自己的整合方式。

练习目的：请大家考量 MI 和 CBT 各自的理论成分与技术成分，然后判断并选择最适合自己的整合方式。

指导语：请从表 1-1 中选出对 MI 的描述，在相应的格子中标记"△"；再选出对 CBT 的描述，在相应的格子中标记"○"；对于 MI-CBT 都适合的描述，请同时标记"△"与"○"。

表 1-1		对 MI 的描述		
合作	提供反馈	议题 / 议程设定	问题解决	治疗联盟
唤出动机	征求许可	暴露	个案概念化	给出原理 / 原因
引发因素 / 诱因	共情	目标导向	评估	支持自主性
心理教育	识别引发因素	功能分析	识别歪曲认知	征询 / 引出反馈
反映性倾听	制定改变的方案	技巧 / 技能训练	识别前因与后果	个人成长与责任
家庭作业	处理不和谐	治疗计划	强化改变语句	引出当事人的观点
选项菜单	引导	自我监测	以当事人为中心	结果 / 成效导向
促进活动与胜任感	非评判	检验假设	关注积极 / 正向情感	苏格拉底式提问

做完之后，请再回答后续的几个问题。这个练习也可以通过卡片分类的形式来做：复印 / 打印出表 1-1，一个格子裁剪成一张卡片。然后将只描述 MI 的卡片放在一堆；把只描述 CBT 的卡片放在另一堆；同时把描述了 MI-CBT 的卡片放在第三堆。

然后，思考并回答下列问题。

1. MI 与 CBT 有哪些天然的交集（同时标记了"△"与"○"的格子）？

_____

_____

_____

2. MI 与 CBT 不相交的理论、概念、技术或方法都有哪些？

_____

_____

_____

3. 这些不相交的理论与概念，哪些是你可以创造性地整合在一起的？

_____

_____

_____

4. 如果一些理念可能是整合不了的，那么你将如何运用相应的技术和方法呢？稍后，当你需要在 MI 和 CBT 之间做出选择时，这方面的考量就很重要了。

_____

_____

_____

第**2**章

在治疗开始时建立联盟、培养动机

如果要询问一位助人领域的从业者"工作中最为重要的部分有哪些",他一定会跟你提到从业者和当事人关系方面的话题(如联盟、参与、协作、合作、以当事人为中心)。同样,我们在研究中发现,治疗联盟是行为改变的强力预测因子,而且学界已普遍认同治疗联盟是有效心理疗法的共同因素(Horvath, Del Re, Flückiger, & Symonds, 2011)。医疗领域的研究也表明,那些可以提供有益的信息、尊重和支持患者并且促进合作的从业者,往往能让患者更满意,更愿意投入到治疗工作中来,而且疗效也会更好(Henman, Butow, Brown, Boyle, & Tattersall, 2002;Jahng, Martin, Golin, & DiMatteo, 2005;Kaplan, Greenfield, & Ware Jr., 1989;Ong, De Haes, Hoos, & Lammes, 1995;Stewart et al., 2000;Street Jr., Gordon, & Haidet, 2007;Trummer, Mueller, Nowak, Stidl, & Pelikan, 2006)。在一项关于抑郁障碍治疗的大型研究中(Krupnick et al., 1996),评估治疗联盟的情况可以预测 CBT、人际疗法以及抗抑郁药的疗效,甚至还能预测安慰剂的效果:联盟越稳固,疗效/效果就越好。

"治疗联盟"有两个常用的定义:定义一,聚焦从业者与当事人共事的技能,即"联盟"是从业者与当事人一起工作并在合作目标上取得共识的能力(Greenson, 1971);定义二,则聚焦在当事人的体验上,"联盟"也是当事人对于治疗或关系的一种体验,以及对于从业者是否有助于自己实现目标的知觉和体会(Luborsky, Crits-Christoph, Alexander, Margolis, & Cohen, 1983)。卡尔·罗杰斯（1951）认为，从业者有义务也有责任去建立一种稳固的治疗联盟，这是从业者分内的事，而联盟本身也是有效心理治疗的活性成分。CBT 领域的专家学者们同样指出，从业者务必拿出足够的时间在治疗开始时发展联盟，只有这样，当事人才会有效地配合，从业者也才能在遭遇 CBT 的治疗挑战时仍旧与当事人保持住关系（Beck，2011）。因此，本章将致力于探讨有哪些做法可以促进一种"能使当事人做改变"的治疗关系。大家可以在治疗开始时就使用这些方法来建立稳固的联盟，提升治疗的留存率。之后在 CBT 的治疗过程中，当我们遭遇联盟破裂、进步（行为改变）趋于停滞或者治疗脱落时，我们还将再次用到这些方法。

在一些 CBT 的方案中，初始的几次会谈聚焦的是评估与个案概念化（Beck，2011，p. 48），但在 MI-CBT 中，初始会谈要先进行下述几项任务，然后才会去做评估和概念化的工作。因为我们认为，并且也有研究证据表明（Flynn，2011；Weiss，Mills，Westra，& Carter，2013；Westra et al.，2009），MI-CBT 取向可促进当事人参与治疗，而且还可以提升当事人做改变的动机以及过来参加会谈的动机。在初始会谈时，当事人在经历和体验了 MI 的精神之后，往往就会在心情上得到改善，并感受到了希望与乐观。所以，如果某位当事人并未准备好开始 CBT 的治疗，那我们就需要将正式的评估与个案概念化顺延到第二次或更靠后的会谈中。而且，如果治疗针对的是当事人自己感觉"管用和不舍"的一些行为（如饮酒行为或进食行为），那么比起那些显著的困扰与痛苦（如抑郁、焦虑），当事人会有更大的可能性是不愿意开始 CBT 治疗的。而聚焦于建立和巩固联盟、培养当事人动机的一次初始会谈，对于以上两种情况可能都有帮助（Westra，Constantino，Arkowitz，& Dozois，2011）。

接下来，本章将探讨如何在治疗开始时运用 MI 的导进、聚焦、唤出和计划这四个基本过程。也提醒大家注意，这四个过程不一定非要循序展开，同时也不一定非要在一次会谈中全部进行。如果大家在治疗的过程中感觉当事人的动机明显下降了，还可以再回头翻看本章，运用这里介绍的一些方法。我们也在这四个过程中使用了 MI 的核心技术——反映性倾听和开放式问题——来整合 MI 与 CBT。

导进过程

在导进过程中，我们所做的工作是为会谈及后续展开的治疗过程打下基础。此项工作有可能立竿见影，基础一下子就建立好了，但也有可能路漫漫，需要一个很长的过程，这取决于当事人自身、从业者与当事人之间的沟通互动以及要工作什么样的问题。如果当事人因为困扰与痛苦主动过来求助，或者他已经具有了较强的改变动机，那么导进过程可能会进展得更快一些。但是，如果改变的准备度 / 意愿（readiness）不足，那么导进过程通常也要进行得更久。例如，36 岁的白人男性卡尔在一次车祸肇事之后被法院强制要求进行戒酒治疗，但卡尔并不是真心想来。

在 CBT 初始会谈的导进过程中，我们至少要做三项工作：

- 可能需要提供一些信息（如保密原则、机构规定），并且在方式方法上既可以给出信息，又可以促进联盟；

- 需要搞清楚当事人关心什么、有哪些顾虑、为什么考虑来做治疗，或者为什么不想来做治疗；

- 要探索当事人的价值观与目标，从而建立起一种信任融洽的关系，为之后的进程打下基础。

接下来，我们详细讲讲如何用 MI 来完成这些工作。

开场交流

MI 讲究字字珠玑，我们说的每一句话都有作用。从业者跟当事人说的第一句话就应当即刻促进当事人的参与，并体现出 MI 的合作、唤出、至诚为人以及接纳之精神。这句开场白所传达出的信息是，我们会支持当事人做他们自己希望的改变，而不会去指挥对方"你应该改变什么、应该怎么做"。在"更纯粹"的 MI 取向中，从业者可能会说："咱们在这里，不是由我讲给你改变什么、怎么改变，而是咱们一起探讨和发现'你希望的生活'，还有'如何做到你希望的改变'。"不过在 MI-CBT 中，我们可能还会（基于 MI 的风格）为当事人提供

> 开场白所传达出的是我们支持当事人自己希望的改变，而不是要指挥他们应该做哪些改变、应该如何改变。

信息，也帮助他们学习一些改变的技巧。所以，更符合 MI-CBT 的开场白可以说："在这里，我不会去要求你'必须改变什么，或者一定要怎么做'；相反，咱们可以一起探讨你自己的目标、你所看重的事物，也会一起商量'要实现你的目标，或许可以怎么做'。"

开场白的小窍门：莫贴标签

MI 认为，在做开场白时不要贴标签，也别提诊断，甚至尽量少用"问题"①（problem）这种措辞，因为这类标签或措辞多为贬义，易引发当事人的敌意或防御，并削弱他们做改变的自我效能感。例如，如果我们给卡尔贴上一个"酗酒者"的标签，他可能就觉得反正这个标签也摘不下去，自己就是个酗酒的人——无论你从业者做什么，我这酗酒都是改变不了的。如果当事人还处在矛盾心态中，自己也没想好某种行为或症状算不算问题，那么当从业者频繁地提及"问题"时，就有可能引发当事人的防御。相对地，我们可以只描述行为或症状："你来这里，是要谈谈喝酒的话题。"这样的表达传达出一种非评判的态度，可促进开诚布公的沟通氛围。

在说完开场白之后，就需要当事人来回应了——也许我们只要停住、等待就行，当事人自然会予以回应，但也有可能需要我们再问一个开放式的问题，来引出他们的回应/反馈："这样的安排你觉得如何？"假如开放式问题问起来太过抽象、不好回答，那我们可以尝试问一个多项选择式的问题："你自己预期的安排跟咱们说的一样，还是不一样呢？为什么呢？"当事人每次回应后，我们都要跟上做反映，不仅体现出我们在认真地倾听，而且也表明了这不是一种单向的审查或审问。前文讲过，从业者使用反映性倾听来表达准确的共情，并检验自己关于"当事人怎

---

① 请注意这里的文化及语言差异。有几个不同的英语词汇"problem""issue"以及"question"，在汉语中可能都会被翻译成"问题"一词。但"problem"所对应的"问题"含有贬义，即"出问题、导致麻烦、造成不良后果"的意思；而"issue"或"question"所对应的"问题"是中性含义的，即"话题、主题"或"要问的内容"。所以，读者在使用"问题"这个中文措辞时，还请根据文化背景、语言习惯以及具体的语境做考量，避免传达出负面的含义。——译者注

样体验世界"的假设。同样，我们也会使用反映来有方向、有意图地加强或突出谈话中的某些内容（如关注优势与资源、加强动机）。例如，当事人可能回应说："行啊，反正这类话我以前也听过。"或者，他们怀疑治疗能否起到帮助，于是回应说："我自己都不知道自己想要什么，你又如何能帮助我呢？"这时，我们做反映的方向可能就要朝着这种顾虑或不信任去展开探讨。相对地，如果当事人回应说："嗯，我觉得这次可能会不一样，可能我会有积极的改变吧。"那我们就可以把握住这样的机会，通过反映来强化这种希望与乐观的感受。所以，无论当事人怎样回应、怎样说，反映性倾听都能让我们听见和理解当事人"倾向改变的话语"，并加以强化，不会错失良机；同时，反映性倾听也从细节上体现出我们在认真地倾听，全心投入地关注着当事人！

提供信息：征询 – 告知 – 征询

开场白之后，通常还需要我们为当事人提供一些特定的信息（如保密原则、疗程的大概时长）。威廉·R. 米勒与斯蒂芬·罗尼克（2012）建议，从业者可以将这些信息夹在提问和反映之间给出，从而保持住 MI 的精神。我们把这种类似三明治夹心的信息交换方法称作"征询①– 告知 – 征询"（ask-tell-ask，ATA）。此方法会在 MI-CBT 的整合取向中贯穿使用，所以我们也将其作为一种开场阶段的沟通技巧，在此简要地做一下介绍。

第一步，征求当事人对于从业者分享信息 / 建议的许可（促进合作、支持自主性），或者是询问当事人他们已知的或想知道的信息 / 建议（促进唤出、避免陈词滥调、支持自主性）。第二步，告知当事人相关的信息，要言简意赅。最后一步，对于所提供的信息或建议，征询当事人的看法，比如"你怎么看"或"你觉得如何"。然后再对当事人的回答做反映。而且请大家注意，每当我们提供信息时，说完两三句后就要先停下来征询当事人对此的意见或感受了，切莫自己一个人演独角戏或长篇大论下去。

---

① "征询"在这里有"征求与询问"两层含义，比后面的"征询"含义要广。——译者注

从业者：西莉亚，我想和你说一下保密原则，你觉得可以吗？［征询］①

西莉亚：好的，没问题。

从业者：嗯，我一般不会把你告诉我的内容跟别人讲，除非可能关系到你伤害自己或者伤害别人的情况。而且假如需要告知别人，咱们也会先一起讨论可能需要告诉谁，以及我可能会告诉他们哪些内容。［告知］ 这样的安排，你觉得如何？［征询］

西莉亚：嗯，我觉得还挺合理的。那个"我伤害自己"，你指的是？

从业者：嗯，你想了解，是在什么情况下可能我就必须要跟别人讲了。［反映］ 假如你告诉我，你准备做一些轻生的事情，那么咱们就需要制定一个方案了，好告知你生活中的某个人，来保证你的人身安全。［告知］ 对于这些，想听听你的看法。［征询］

另外，在会谈刚开始时，从业者通常也需要向当事人介绍会谈的进程将如何展开。我们可以按以下方式提供这部分信息："咱们今天在这里交流，（我）更希望多听你讲讲'为什么来访'；同时，我也会稍微跟你介绍一下我自己的工作模式。"在CBT中，会谈通常按一个正式的议程（agenda）②来起始和展开（Beck，2011，p. 60）。在MI中，术语"议题（agenda）③设定"则是指"对治疗目标进行聚焦的过程"（见下文）。而对于MI-CBT整合取向，我们建议从业者在每次会谈开始时使用ATA技术，与当事人合作性地设定这次会谈的议题/议程。并且，这项工作可以在最开始的初接会谈时就进行，即便当时从业者还没有提及任何正式的CBT程序/任务。在下面的对话实例中，我们将为大家示范：（1）征求许可；（2）介绍预计的会谈内容；（3）征询反馈；（4）对当事人的反馈做反映；（5）询问当事人希望加入哪些内容。

从业者：我想跟你交流一下咱们今天讨论哪些内容，你看可以吗？［征求

---

① 在［ ］符号内的内容是从业者所使用的MI技术。——译者注

② 在CBT中，"agenda"习惯翻译为"议程"。——译者注

③ 在MI中，"agenda"习惯翻译为"议题"，强调这是与当事人合作地发现他们所看重的、希望侧重探讨哪些（或哪个）"话题/主题"的一个过程。在MI-CBT中，"议题"或"议程"可根据语境灵活地切换使用。——译者注

许可] 我希望多听你讲讲来这里咨询的原因、你希望达成的目标，另外也会说说如果你决定继续合作，咱们之后可以在会谈中做哪些事情来帮助你达成自己的目标。[告知] 你觉得呢？想听听你的看法。[征询]

卡尔：我觉得挺好的，但我其实真不想来这里做咨询。

从业者：你好像是受到了压力后被迫过来的。[反映] 希望你和我讲讲具体发生了什么，以及你希望咱们今天谈些什么。[通过开放式问题，引向合作性的议题设定]

卡尔：其实也没什么。不过我希望啊，你能签了那些缓刑文件，我需要那些文件。

从业者：收到，你需要确保自己符合缓刑监管的要求。[反映] 我把这一条也加入咱们的议题/议程里来，好有个提醒，今天想着谈这部分。

理解当事人的矛盾心态、价值观与目标

我们与当事人进行了开场交流，也完成了一些最初始的会谈工作，然后我们就需要全身心地投入倾听了。在 MI 中，从业者会使用反映性倾听和开放式问题进行主动的倾听（active listening），促进准确的共情，理解和推测当事人的主观体验并予以检验。托马斯·戈登（Thomas Gordon）提出了（1970）沟通的 12 种路障，它们会阻碍导进过程中当事人的自我探索，也不利于从业者理解当事人：

1. 命令、指导、指挥；

2. 警告、威胁；

3. 告诉别人责任担当、道德说教；

4. 不赞同、评判、批评、责备；

5. 泛泛的称赞、表扬；

6. 羞辱、嘲弄、贴标签；

7. 解释、分析；

8. 宽心、同情、安慰；

9. 退出、打岔、附和、改变话题；

10. 晓之以理、辩论、讲课；

11. 给忠告、给建议、给办法；

12. 提问、探查。

请大家注意，在 MI-CBT 中，我们将在恰当的时机与环节使用路障 11 和路障 12。但从业者的路障式言行也确实会干扰和阻碍导进过程，不利于当事人参与进来。尤其是在初始会谈时，如果咨访双方并未就治疗目标达成绝对的共识，彼此还略有分歧的话，上述的不利影响恐怕会更甚。对于第 12 种路障"提问、探查"，这里也做一些澄清：我们主要做的是反映性倾听，但有时可能也需要提问一个开放式问题来让谈话继续进行下去。而提问封闭式问题，通常只能收获类似"是／否""对／错"形式的回答，不但无助于谈话的延展与推进，而且听上去颇具"探查"的味道，尤其是当从业者连珠炮式地询问封闭式问题时，"查"的味道就更重了。所以，如果我们想淡化这种"探查"的味道，提问之后就需要先做反映，然后才能再问下一个问题，同样问完继续跟上反映性倾听……在下面的对话中，从业者所做的反映性倾听与提问的比例是 2∶1，这是符合 MI 沟通风格的一个重要指标。

> 从业者：卡尔，说说你今天来这里的原因吧。［开放式问题①］
>
> 卡尔：哦，是缓刑监督官让我过来的，而且必须得来。
>
> 从业者：看来，你是被逼着来这里的。［反映］
>
> 卡尔：对，目前我的选择权被剥夺了一些。
>
> 从业者：你觉得，自己也没得选。［反映］
>
> 卡尔：对，我要是不来，就没法继续走缓刑了。
>
> 从业者：所以，继续走缓刑是你目前的主要目标。［反映］
>
> 卡尔：对！
>
> 从业者：那要达成这个目标，你需要做些什么呢？［开放式问题］
>
> 卡尔：呃，我肯定得戒酒啊，但我觉得够呛。［矛盾心态］
>
> 从业者：你需要戒酒来实现自己继续缓刑的目标，同时，这种改变光是想想就很难。［反映］
>
> 卡尔：是啊！

---

① 开放式的陈述，如"听听你的看法""我想知道你怎么看"，是开放式问题的一种变式。——译者注

促进谈话展开的开放式问题还可以有：

- "咱们细聊聊，平常这一天你是怎么过的啊？"
- "目前，你生活中最重要的人都有谁？"
- "展望一年后的生活，你希望有哪些变化呢？"
- "假如你要写一句体现自己人生态度的座右铭，你会怎么写呢？"
- "你最最看重的三个价值分别是什么呢？"（从业者可提供价值表格或卡片，供当事人选择）

请对当事人的回答做反映！

做倾听的小窍门：莫把反映做成提问

我们在一句话结尾处的声调抑扬[①]会影响这句话的功能：如果声调上扬，那么这句话就是提问；如果结尾处是不升不降的轻声化表达，那么这句话就是陈述。我们在做反映性倾听时，使用并保持平稳、轻声化的陈述语调，因为一旦在话尾升调，这句话就变成封闭式问题了。例如，一位当事人讲了自己喝酒的情况，如果从业者这样回应："你喝了一箱啤酒［升调］？"当事人可能会感觉，对方在评判自己，因为从业者的语调呈现出惊讶甚至失望之情。大家可以自己试一试，一句话在结尾处升调听起来是什么感觉；相反，如果我们保持音调的平稳，或者略降一点儿，会呈现出坦诚相告、就事论事的感觉——"你喝了一箱啤酒"——从业者所表达的是对当事人的难处及矛盾心态的理解。

持续语句与不和谐

一直以来，我们都把工作联盟或治疗过程中的波折与阻碍称为"阻抗"。过去，

---

① 也请读者关注汉语在声调上的特点，包括普通话与所用方言之间的共性与区别。——译者注

心理治疗 / 咨询领域对于阻抗的概念化是：当事人的一种消极负面的状态，而且有时甚至还会被上升为一种特质。现在，学界已做出了新的概念化，将阻抗重新理解为：受当事人及从业者两方变量影响的一种人际历程（Engle & Arkowitz，2006；Freeman & McCluskey，2005）。

威廉·R. 米勒与斯蒂芬·罗尼克（2012）对此做了进一步的澄清：在跟没有改变意愿的人工作时，从业者们往往感到颇费周章，步履维艰，通常就会提到"阻抗"这个词了。但是，那种反对改变或者倾向维持现状的言语内容[①]，其实是一个人矛盾心态的正常组成部分。所以，MI 区分了"持续语句"（sustain talk）与"不和谐"（discord）。不和谐说的是关系，如合作上的不融洽，或工作联盟的裂痕。

无论是对持续语句还是对不和谐，从业者运用反映性倾听来回应都是非常有帮助的。此外，减少持续语句的其他方法还包括：从业者先共情地、非评判地与当事人回顾改变的"弊"（坏处），然后再来探讨改变的"利"（好处）。强调并支持当事人的自主性，也可以减少持续语句；因为当人们感到自身的自由遭到限制或控制时，往往都容易产生负面的体验，即心理上的抗拒（Brehm，1966）。从业者可以直接承认或强调当事人做选择的自由，以及个人的责任，如"你说得对，其实没有人可以强迫你做改变""你才是最了解自己的那个人，听听你的想法，应该怎么安排具体的改变方案"，后面这句话也转换了焦点，从回应持续语句转向了引出倾向改变的话语，即"改变语句"（见"唤出"一节）。

而在面对不和谐时，最根本的大思路是：从业者改变自己原有的沟通方式和 / 或内容！威廉·R. 米勒与斯蒂芬·罗尼克（2012）给出了回应不和谐的三种方法：表达歉意、肯定以及转换焦点。表达歉意是从业者通过一句"抱歉 / 对不起"，来反思自己对于这次不和谐的负面影响，如"对不起，如果我刚才一直是在向你说教、讲课的话""很抱歉，如果我没有理解你的意思"。从业者如果不太确定究竟是自己的哪些行为造成了不和谐，那么也可以就"所觉察到的当事人的不和谐体验"表达歉意，如"很抱歉，让你有这种挫败的感受"。第二种方法是做肯定，正如第 1 章所述，肯定是针对当事人积极、正面的品质或优点强项所做的反映性倾听："即便不确定是否真的会有帮助，你也一直没有放弃，一直在努力尝试心理治疗。"

---

① 这类语言即"持续语句"。——译者注

第三种方法是转换焦点，即从业者将谈话的方向转到一个争论性 / 分歧性不强的话题上来。例如，可以转到谈论当事人生活中其他的方面（或许与改变相关联），或者讨论可权宜的中间目标。

聚焦过程

在导进过程中，我们与当事人达成了开启一段旅程的共识；在聚焦过程中，咨访双方则会进一步澄清这段旅程将前往何处。对于这段旅程，细部图先不急于绘制（稍后，在个案概念化和计划治疗方案时再进行这部分），我们和当事人先要合作性地决定旅程的目的地是哪里，以及就搭乘 CBT 前往达成（至少是初步的）共识。爱德华·博尔丁（Edward Bordin）认为（1979），治疗联盟不仅是咨访之间建立起来的积极联结，而且也是双方就治疗任务形成的共识。

> 在导进过程中，我们与当事人达成了开启一段旅程的共识；在聚焦过程中，咨访双方则会进一步澄清这段旅程将前往何处。

在聚焦过程中，从业者会作为向导，与当事人并肩同行。威廉·R. 米勒与斯蒂芬·罗尼克（2012）提出，沟通风格是一个连续体，跟随风格（following style）与指导风格（directing style）分列左右，引导风格（guiding style）则居中。从业者在使用跟随风格时，主要是倾听，同时尽量少去提问、告知信息或给建议；从业者在使用指导风格时，主要是在提供/告知信息，也会提问一些问题，而倾听的最少；从业者在使用引导风格时，倾听、提问与告知相对平衡，并分别对应 MI 的三个核心技术，即反映、开放式问题以及 ATA。

当我们聚焦时，可能会遇到三种情况。

第一种情况：就连一个宽泛的大方向都找不到。这时，咨访双方就要再次回到导进过程，而且会着重探索当事人的价值观与目标，从而先发现一个大方向（总体焦点），然后再通过谈话循序渐进地发展出具体的治疗目标。

当事人萨姆，19 岁的白人男性，大学生，性取向为异性恋，他罹患社交焦虑障碍，在学校很难交到朋友，也没办法与年轻的异性展开约会。所以，萨姆很孤独，会陷入低落抑郁的心情之中，尤其当周末来临时，他只能眼巴巴地看着其他同学都在计划着跟谁出去，找谁小聚，每每此时，郁闷之情自然更甚。偶尔，萨姆也会尝试着参加校园里的派对，但他习惯靠灌酒来缓解自己的紧张感，觉得多喝点儿才能放松，才能谈吐自如；可事与愿违，萨姆常会喝高，然后还得去醒酒。另外，萨姆不怎么去上课，尤其回避那些需要发言与讲话的课程。咨访双方达成了最初的共识：萨姆需要做治疗来处理这些痛苦与困扰，因为他也不希望自己往后的人生就这个样子过下去了。但在此刻，治疗的具体目标并不明确：社交焦虑、抑郁或者酒精使用究竟哪个才是治疗的焦点？所以，咨访双方对此进行了探讨，合作性地选择了将"社交焦虑"作为工作重点。萨姆认为（以及从业者基于个案概念化也认为），这样的安排还可以改善抑郁及过度饮酒的问题。

第二种情况：基于工作设置而言，焦点是清晰明确的（如前文中卡尔的情况，他就是被法院强制要求的治疗酒精使用）。我们作为从业者，有时也会根据自己的专业储备，判断出工作的焦点，但当事人却未必意识到或考虑到这样的焦点。

西莉亚是40岁的白人女性，与丈夫和女儿（青少年）共同生活。西莉亚表现出易激惹、活力不足、兴趣下降等症状，其婚姻也大受所累，处于摇摇欲坠的状态。而且她还共病了一些焦虑症状，主诉有大量的时间都在担心家人或自己会遭遇到不好的事情（比如在人身安全上遭遇危险），尤其担心会发生车祸。西莉亚是因为婚姻问题来访求助的，但从业者在导进过程中发现，她明显是因为罹患了抑郁障碍，才让自己的生活如此不堪。现在，当咨访双方经过导进过程建立了关系之后，从业者也许就可以使用征询-告知-征询来提供一些信息/建议了："我知道，你过来咨询是想改善自己的婚姻情况，但根据咱们谈到的内容，我也想到了一些方面，我可以跟你讨论一下吗？"待当事人许可后，从业者可以接着说："你之前谈到了，抑郁的心情让你很挣扎、很辛苦，我也在想，是否咱们也可以说说抑郁状态对你婚姻的不良影响呢，你觉得呢？"基于MI的精神，我们知道西莉亚当然可以拒绝从业者的提议，或者觉得这两个方面（婚姻关系和抑郁心情）都需要工作。那么下一步，从业者可通过使用反映及开放式问题，来与西莉亚商讨出一个共识性的议程/议题。

第三种情况：可选的治疗目标有很多个，所以咨访双方就必须拉近焦距对准一个点，由此先开始了。有时，当事人正面临着好几个方面的问题（如抑郁、焦虑、酒精依赖、婚姻矛盾等），自己也不知道该从何谈起；有时，当事人所希望的效果也没法一蹴而就，需要分解成若干个步骤，循序达成。所以，我们可以通过摘要技术来总结当事人在导进过程中谈到的话题，并在征求许可后与他们商定出一个共识性的议题。例如，从业者可以这样说："你谈到了自己看重的几件事，比如缓解抑郁和焦虑、跟丈夫更好地相处、自己工作上的情况，以及安眠药可能对你的影响。那现在，如果咱们也来讨论一下——看集中先谈哪一件事——你觉得可以吗？"此刻，从业者有几种做法：如果我们从当事人的主诉中听出，某种行为/症状明显而突出，我们就可以使用 ATA 来提供信息或建议了；另一种做法是，我们可以询问当事人自己的意见，想从哪个话题开始谈；还有一个选项，即会谈先聚焦在最容易发生改变的行为上，这有助于当事人增强自我效能感，之后再针对那些更难改变的行为展开工作，也就是由易到难。

如果同时针对多个目标行为进行治疗，又会怎么样？这方面的研究并不多，但最近的一项综述（Prochaska & Prochaska，2011）表明，当干预同时聚焦在"控制饮食"和"身体锻炼"时，效果不佳；但当同时针对两种成瘾行为（包括吸烟）进行干预时，当事人不饮酒和不吸毒的时间可以更长久。在疾病预防领域，同时聚焦多种行为的干预对癌症的预防效果要好于对心血管疾病的风险防控。至于同时进行干预的目标行为，数量上应该是多少才算合适目前还没有资料可以参考，不过大多数研究的目标行为都不会超过两种。另外，也只有四项研究比较了循序进行的行为改变和同时进行的行为改变，但结果莫衷一是。所以，鉴于目前的资料信息，我们认为由咨访双方合作性地决定"是同时干预，还是循序干预"，这可能是最佳的做法。

聚焦的小窍门：使用视觉化工具

议题规划图（Miller & Rollnick, 2012, pp. 109–110; Rollnick, Miller, & Butler, 2008）是一种视觉化工具，有助于咨访双方合作性地发现（用画圈来表示）当事人的价值观（看重的事物）、目标以及矛盾心态。这些圆圈可以画得大小不一，从而体现出不同的权重分配。我们还可以用箭头来表示，是哪些问题引发了另一些问题，从而聚焦在更核心的问题上，而不是那些更偏旁枝末节的问题（见"会谈工作表 2-1"。从业者还可以跟当事人一起，在白纸上绘制议题规划图，这时就可以根据需要，将有的圆圈交叉重叠在一起了）。图 2–1 展示了西莉亚的议题规划。

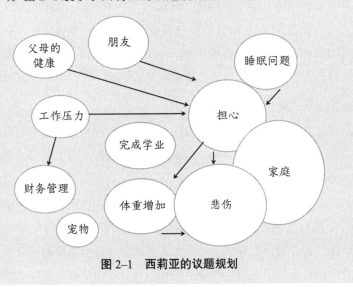

图 2–1　西莉亚的议题规划

唤出过程

当改变的焦点 / 目标确定之后，MI 的工作重心就转向"要唤出当事人对于改变的内部动机"了。我们使用开放式问题和反映性倾听，来引出并强化"改变语句"，即当事人讲出的倾向 / 支持改变的，或者是反对维持现有行为的话语。这些话语体现着改变的愿望（desire）、能力（ability）、理由（reason）或需要（need），而最强、最有力的改变语句还会包含决心/承诺（commitment）①性质的语言，如"我准备好了……"以及"我会去做……"。在治疗的初始阶段，从业者会基于所聚焦的目标行为来引出并强化相应的改变语句，同时，我们还务必就"参加 CBT 的会谈"来引出并强化当事人的改变语句。本章后面的练习 2–1，也安排了相应的练习素材，请大家尝试做一做。

> MI 的工作重心就转向"要唤出当事人对于改变的内部动机"了。

引出并强化关于目标行为的改变语句

我们在导进和聚焦过程中，就应该始终留意着当事人说出的改变语句。然后，我们通过反映性倾听来回应，或者请当事人再详细展开这句话，从而强化了这句改变语句。

> 玛丽 14 岁，非裔美国女孩，罹患原发性肥胖症（非继发于其他躯体疾病）。她跟妈妈和两个弟弟一起生活。妈妈给玛丽报名了减肥课程。我们来看看下面的对话，虽然玛丽的话语中体现着矛盾心态，但从业者依然从中听出并强化了她关于"减肥"的改变语句。
>
> 玛丽：我妈一直唠叨我，她是觉得不难，但这哪有那么简单啊。她要是能少说几句，我也许能做得更好，［改变的能力］ 不过我们俩老是吵啊吵的，倒让我更想吃东西了。
>
> 从业者：你可以更好地依照饮食计划进行，假如你跟妈妈不再吵架的话。［反映能力］
>
> 玛丽：对，她天天数落我吃东西的事。说得我都不想再费这个劲儿了，但我又特想在夏天之前能减点儿体重。［改变的愿望］

---

① 在一些文献中，"commitment"一词常被译为"承诺"。但在汉语中，"承诺"一词通常含有"答应并照办"的含义，所以如果只译为"承诺"并使用这个中文词汇，无法体现"commitment"在 MI 中的含义，而且还可能会在汉语表达上无形增加了"外部动机"的影响，即答应了别人的要求，并保证做到。鉴于此，译者在本书中使用了"决心/承诺"这样的译法，旨在体现"是当事人自己决心要去行动"这类内部动机的含义。此处之考量，也希望能启发读者去全面和深入地理解外来术语的含义，以及可能遭遇的文化差异，从而在真实的实务工作中，可以更灵活地使用语言。——译者注

从业者：请再讲讲，为什么你希望在夏天前减重呢？［开放式问题，请当事人详细展开改变语句］

玛丽：夏天天热，大家出来玩都穿短裤和 T 恤，所以我都不想出门了，我不想让人看见自己这一身的肥肉。［改变的理由］

从业者：所以你想减肥，你希望自己可以出门，跟你的伙伴们在一起。［反映改变的理由］ 这种更自信、更放松的体验是怎样的呢？［开放式问题，请当事人详细展开改变语句］

玛丽：呃……这我想象不出来，因为我从来都没体验过这种感觉，我一般也不在意这些。我朋友挺多的。但我需要减肥，至少在夏天，如果希望感觉好一些的话。［改变的需要］

有时，从业者只靠反映和（请当事人）详细展开就可以引出更多的改变语句，会谈也就从"导进"和"聚焦"水到渠成地过渡到"唤出"过程了。但我们同样会遇到没那么顺利、通过反映和详细展开引不出来的情况。所以，如果谈话不能自然而然地朝着改变语句发展，那么从业者就可以使用开放式问题来协助引出改变语句。当然，如前所述，我们要对当事人的回答做反映，并适时地请他们做更深入、更详细的展开。

针对改变语句发问，可能是最为直接的引出方式了，如"假如你决心改变了，你会怎么做呢""为什么你想要降低自己血液中的病毒数量""假如你能更有精力的话，情况会有怎样的改观呢"。我们也可基于对当事人的了解，灵活地组织语言，提出更贴合当事人的问题。例如，从业者可以跟玛丽说："你之前提到，跟妈妈吵架后自己往往吃得更多。你觉得这里有哪些环节需要做调整呢？"

如果当事人觉察不到改变的需要，那么从业者可以询问他们："你生活中重要的人是怎么看 / 说这个问题的？"当然，从业者也会接着强调自己更看重当事人本人的想法，而不是别人讲给当事人的这些内容："大家全都在跟你讲'你需要改变'，你自己怎么看呢？你觉得现在生活中有哪些方面还可以更好呢？"

如果针对改变语句的直接发问效果有限，或者此刻当事人还特别地矛盾，像这样直接就去问改变语句可能过于生硬了。那么，还有另外几类问题是从业者可以询问的，会有助于引出改变语句。如想象式问题（imagining questions），从业者可以请当事人展望未来，想象一下如果自己做出了改变，未来的生活会是什么样子；也可以请他们回顾过去，当自己的生活还没有被目标行为干扰时，那时是怎样的情况。这类问题还可以有一种变式，即询问极致的情况："假如你继续喝酒的话，最坏的情况可能是什么样的？"以及"假如你决心每天都按医嘱服药，最好的结果可能是什么样的？"

价值观探索类的问题，可有助于在当事人看重的事物 / 目标与其现有的行为之间建立差距。其实，通过之前的反映性倾听，对于当事人看重什么、珍视什么，从业者可能已经有了一些初步的了解，所以在提问这类问题时，自然也是有些方向的。

尤金 23 岁，男性，拉丁裔美国人，他在一年前确诊为 HIV① 感染。尤金觉得，是那个比自己大 10 岁、现在已经进了监狱的前伴侣传染给他的。当父母发现尤金是性少数群体后，就把他撵出了家门，那时他才刚刚高中毕业。现在，尤金跟姑妈住在一起。最近，他也把自己确诊 HIV 感染的事告诉了姑妈。目前，尤金在一家快餐店打工，同时也在社区大学学习烹饪课程。尤金的抗逆转录病毒治疗开始于九个月前，但从上个月就陷入了停滞：他不来就医，药也吃没了。

从业者询问了价值观探索类的问题："保持独立性是你看重的，这对你非常重要。我想知道，照顾好自己的健康，会如何帮助你更好地保持独立性呢？"尤金可能会说："如果我病倒了，那就更得麻烦别人来照顾我了。"

如果是前文提到的卡尔，那么从业者可以跟他说："缓刑中的监管流程，其实已经影响到你的独立性了。那在喝酒上做出一些改变，对于你重新获得这种独立性或许会有哪些帮助呢？"从业者对西莉亚，则可以说："你非常看重自己的婚姻。那改善情绪，对于你改善婚姻关系，可能会有哪些帮助呢？"我们还可以与当事人探讨，如何以一种不破坏其价值观的方式来做改变。例如，玛丽很看重跟朋友们一起玩，一起开开心心的，假如减肥课程要求她必须吃的和别人不一样，有可能就破坏了玛丽所看重的事物（价值观）。所以，询问玛丽可以如何安排减肥计划，以顺应她所看重的事情，这有助于引出改变语句："我在想，有没有一种饮食方案，是

---

① HIV 是"人类免疫缺陷病毒"（human immunodeficiency virus）的缩写。——译者注

能让你跟朋友们出去玩，也能一起去餐馆的。"玛丽可能回应说："假如只要求我少吃点我爱吃的，或者是在菜单里挑点健康的食物，那我敢说，这样的方案我肯定会执行得更好。"

最后，询问一个人的优势强项可提升他的自我效能感，并引出能力方面的改变语句。从业者可以鼓励当事人讲述，之前成功做出改变的经历与故事，不管内容是直接关乎目标行为的改变，还是其他方面的、艰辛或不容易的改变。同样，我们还可以询问当事人之前成功实现的目标、个人的优点强项，或者是他们可获得的、有助于应对挑战的社会支持，如询问"那时是谁帮助了你""你当时是怎么做的，把那件事干成了"。

引出并强化关于"参加会谈"的改变语句

在单纯的 MI 取向中，我们只需引出并强化关于"目标行为"的改变语句，但在 MI-CBT 整合取向中，从业者就需要引出并强化关于"持续参加会谈（以及之后完成治疗任务）"的改变语句了。所以，我们可以使用前文提到的方法，同时聚焦于"参加会谈"而非其他的目标行为上。例如询问：

- "你出于哪些考虑，觉得自己需要来这里咨询"；
- "来这里参加咨询会谈，对于你实现自己的目标——更加地独立——可能有哪些帮助呢"；
- "来这里参加会谈，对于你实现自己的目标——希望改善婚姻关系——可能有哪些帮助呢"。

另外，还有一项工作也是 CBT 的核心成分之一，即从业者提供咨询 / 治疗的原理，基于 CBT 模型来探讨目标问题的发生、发展及维持，并对干预方法做出解释。当事人对咨询 / 治疗原理的接受情况，可稳定地预测干预的效果（Addis & Carpenter，2000）。

在 CBT 取向中，从业者向当事人提供干预工作的原理时，会讲类似下面这样一段话：

咱们会用到一种方法来帮助你解决问题，这个方法叫"认知行为疗法"或

简称 CBT。它的基本原理是：我们怎么想会影响我们的心情感受，还有我们的行为。所以，咱们每周都会见一次，一起找找那些引发你特定想法的情境，然后再探讨如何管理这些想法，从而改变心情与行为。我这样说，你可以理解吗？咱们可以这样做吗？

在 MI-CBT 整合取向中，从业者不是去**直接给出**原理，而是要运用 MI 的技术来和当事人**讨论**原理，同时唤出当事人参加会谈的动机。如在前文提到的案例中，从业者会使用 ATA 和反映性倾听来与尤金讨论方法原理。我们引出当事人参加会谈的理由，并使用"你"字句来加强当事人的自主性。仍然提醒大家，在谈话中尽量少用"问题"这个措辞。至于"CBT"这类术语，虽然不用刻意回避，但也不一定非要提到。

从业者：基于咱们说到的内容，你确定了咨询的目标——你要稳定、规律地服药，从而改善自己的健康状态。［通过反映来聚焦，并用"你"字句强调当事人的自主性］ 你觉得和我见面交流，对于你达成这个目标会有哪些帮助呢？
［征询］

尤金：呃，我其实也不知道，因为咱们要是就这么聊聊，好像也没什么帮助啊。

从业者：所以你也认识到，只是聊聊你的目标这是不够的。［反映］ 所以，在咱们的会谈工作中会特别关注情境、想法、心情和行为，要看这些是如何联系、交互并结合在一起的。［告知］ 举个例子，你觉得情境、想法或者心情，对于你服药这件事有过怎样的影响呢？ ［征询］

尤金：我没听懂你的意思。

从业者：嗯，有的人发现，当自己处在某些特定的场所或地方时，或者当自己是某种心情时，或者是想到了某些事时，就会有更大的可能不去按时吃药了。［告知］

尤金：嗯，对，一般住在伴侣家时我就没有按时吃药。还有，有时我也不想提我感染了 HIV，所以我也就不会按时吃药了。

从业者：嗯，你已经能想起一些容易让你错过吃药的情境、想法或心情了。
［肯定］ 在咱们的咨询会谈中，不只是聊聊这些而已，还会学点技巧，好让你

有办法来调节和应对影响行为的那些情境、想法和心情。[告知] 对于这样的会谈方式，你觉得呢？[征询]

尤金：我觉得挺好的，但你说的"技巧"指的是？

从业者：嗯，你觉得咱们针对想法、心情、行为，以及怎么应对各种情境来进行工作，这都是挺好的安排，同时，对于"学技巧"你还不太清楚说的是什么意思。[反映] 这是指咱们在会谈中会学和练一些方法，用来应对各种情境，或者用来改变行为，你可以自己在会谈之外尝试用一用这些方法。所以，等咱们再见面时，就可以讨论这些方法的使用效果了，看是需要继续多使用、多练习，还是需要换一换，变一变。[告知] 嗯，现在呢？你对于"学技巧"的理解是？[征询]

尤金：我觉得，好像你是要教我些东西来改变目前的状况。

从业者：对，如果这么做能对你的生活有帮助，同时也跟你所希望实现的目标保持一致的话，那我可能会为你提供一些建议。[强调自主性]

尤金：我觉得可以试试看。那之后，我就得每周都过来了？好像我也没什么心理问题啊。

从业者：嗯，你现在理解了这些技巧可以怎样帮助自己，同时，你还不确定自己需要过来做咨询的频率，以及需要来多久，尤其是你也说了，自己并不涉及心理健康方面的问题。[反映] 关于你来咨询的频率，理想的情况是咱们每周一次，这样可以取得最大程度的进步，特别是在初学某种技巧，或者是当你觉得自己很难实现目标时。[告知] 对于为什么每周安排一次会谈，可能会取得最大程度的进步，想听听你的看法。[征询]

尤金：我觉得，可能这样我就有更多的机会练习和使用这些方法了，我也就不会忘掉了。

从业者：你练得越多、用得越多，也就更有可能习惯成自然了。[反映，并略带告知] 咱们的咨询会做多久，这要看你在实现自己的目标时进行到哪一步或者哪一个阶段了。[告知] 你觉得呢，关于频率和进行多久你现在的看法是？[征询]

计划过程

如果从业者觉得已经听到了充足的改变语句，即表明这位当事人愿意继续参与咨询 / 治疗，那么会谈就可以过渡到计划过程了。相对地，如果当事人仍然左右矛盾，但会谈的时间已经所剩无几了（如只剩 10 分钟左右），我们也可以顺势将会谈转入尾声，同时与当事人计划（至少是）下一次的会谈安排。这时可使用连续多句的反映，来摘要总结先前的讨论，以此过渡到计划过程。此处摘要的做法是，先要总结之前的矛盾心态，然后突出改变语句，最后再衔接上一个关键问题（key question）。在西莉亚的案例中，从业者可能会这样做摘要：

> 这时可使用连续多句的反映，来摘要总结先前的讨论，以此过渡到计划过程。

> 咱们就你的婚姻关系、精力水平、心情状况已经做了很多的探讨。你准备好了，愿意改变，你不希望一切照旧。你担心，要花多少工夫、付出多少努力才能改善自己的抑郁情绪；你也希望能确保在此期间婚姻不会走向破裂。你不确定，你的丈夫能不能过来咨询，但你愿意每周都来，如果可以更快地见到效果。那么接下来，你考虑自己会怎么做呢？

关键问题着重于引导当事人去探索自己可以怎么做，如何一步一步地去落实改变。

MI 重视改变的计划 / 方案，强调制定方案时要足够细致，从而有助于落地执行；同时，还要继续唤出动机，使当事人保持参与性。

首先，要设定目标，可以是所干预的目标行为以及"参加会谈"这二者，但如果当事人还没有完全准备好做改变，那么只将"参加会谈"作为改变的目标也是可以的。如在卡尔的案例中，他还没有准备好（下决心）投入戒酒，所以卡尔的改变目标可以设定为：遵循缓刑监管的要求，包括短期内不喝酒以及每周来参加咨询会谈。

其次，我们运用反映、提问并通过 ATA 来提供信息、建议或选项菜单，从而引导当事人去细化具体的改变步骤，如写出下一次会谈的时间、规划好交通线路、有办法提醒自己别忘了；同时，咨访双方还要根据先前的讨论，再次回顾并强化达成这个目标的理由（引出这些理由后，要通过做反映来进行强化）。

最后，咨访双方务必还要想一想可能遇到的困难与阻碍，并商讨出怎么克服（"如果－那就"）的方案，例如："如果我家的保姆病了，那我就请我妈给看一下孩子。我会提前跟她商量，看她能不能帮我应对这类紧急情况。"此时，从业者的专业储备可就派上用场了——在经许可后，我们可以向当事人分享有关的知识与技巧，并为他们提供多种解决阻碍的方法选项。类似地，如果有些困难是当事人自己没有提出，但从业者担心可能会遇到的，那我们还可以使用 ATA 来向当事人表达这方面的关切与担心：

> 我还想到了一些可能遇到的困难，是否也可以跟你提一下呢？有的当事人也跟我讲过，有时他们就不想去解决自己的问题了，所以也就不想过来咨询了。他们说的这种情况，如果联系到你自己的话，你怎么看？

改变的计划／方案可以只是口头版本，但如果能够写下来的话（见"会谈工作表 2–2"），就对执行意图进行了编码，这会增加落地执行的可能性（Gollwitzer,1999）。还有一种方式可以备选，即从业者替当事人记录写下相应的计划／方案，然后在会谈结束时复印一份给他们。在当事人谈出改变方案的各步骤后，从业者要肯定当事人的见解、点子，反映出希望与乐观，从而增强他们的自我效能感，最后从业者还要就上述的讨论内容对当事人做摘要。

在萨姆的案例中，三个方面的问题（没有朋友也社交焦虑、心情抑郁、饮酒过量）好像都和他的社交焦虑有关。虽然萨姆好像也明白这一点，但要做出改变可能还是会遇到困难，比如他害怕进行暴露练习。在萨姆的改变计划中，目标可以是：降低焦虑从而可以交到朋友，这也会缓解抑郁的心情，而且不用在社交场合过量饮酒了。表 2–1 是萨姆所填写的改变计划表。从业者做了最后的摘要总结，对萨姆想到的点子进行了肯定，突出了改变语句，传达出希望，并使用"你"字句强调了萨姆的自主性："你自己讲到了就算不容易，也要治疗社交焦虑的理由，讲得都很到位。你也知道，来参加会谈，循序渐进地将自己暴露在害怕的场景中，这些都会有助于你达到自己的目标，而且你还想出了一些克服困难的办法，都特别有创意。我希望，你我可以一起合作，咱们一起去实现你为自己设定的这些目标。"

表 2–1　　　　　　　　　　　　　萨姆的改变计划表

我的计划

我想做的（行为 / 行动 / 改变）

可以交到朋友

跟人发起聊天时，不用那么紧张了

改善我的抑郁心情

这样做对我很重要，因为

我不想就这样一个人过一辈子

我想交个女朋友

我不喜欢自己喝高的样子

我不想孤孤单单的

我准备按以下步骤进行（做什么、何时做、在哪儿做、怎么做）

用行为疗法来治疗焦虑

来参加会谈，跟咨询师讨论暴露练习的情况，无论当时是否顺利

可能遇到的困难	怎么办
如果……	那我就……
我太紧张、太害怕了，所以不想做暴露了	跟咨询师说说，从更低的恐惧层级开始做暴露
我不想来咨询了	努力回想一下自己想做改变的理由，我还可以跟咨询师说说为什么就不想来了
我心情不好，所以什么家庭练习我都不想做了	努力回想一下我来做咨询的理由（看看自己前面填写的内容）

制订计划的小窍门：运用相应的技术，引出决心 / 承诺语句

　　使用开放式问题直接询问当事人的决心 / 承诺以及要采取的步骤，可巩固他们的治疗决心，如"为什么你觉得自己一定要来参加会谈呢""为什么你觉得现在是时候找人聊聊，来做些改变了"。如前所述，我们始终要对当事人的回答做反映，从而强化改变语句，并可以通过提问再来详细展开这些内容。另外还有一种方法，是使用关于决心 / 承诺的量尺问句（见"会谈工作表 2-3"）：从业者先请当事人对其付诸改变计划的决心 / 承诺打分，然后

再询问他们，为什么选择了这个分数，而不是更低的分数，如"你说自己'有些确定'，那为什么你并没有选'完全不确定'呢"，从而引出改变语句。此处请大家注意，如果我们问的是"为什么没有选择一个更高的分数"，那么引出的就会是当事人的持续语句了。

> 从业者：关于怎么有规律地过来咨询，你自己想到了很多办法。那你有多确定，自己会去落实这份计划呢？是有点确定、非常确定，还是百分之百确定呢？
>
> 卡尔：挺确定的，我会去做。
>
> 从业者：嗯，你挺确定的。[反映] 那为什么是挺确定，而不是一种更犹豫、更没有把握的状态呢？[开放式问题，引出决心/承诺语句；相反，如果后半句问的是"而不是一种更加坚定、更有把握的状态呢"，反而会引出持续语句]
>
> 卡尔：嗯，因为我知道，要是我不按计划落实，其实麻烦事会更多，而且我也特别想重获自主权、解除管制。
>
> 从业者：所以你是挺有决心去落实这份计划的，因为你明白这对自己的未来会非常重要。[通过反映来强调自主性]

MI-CBT 的两难情境

从业者在初始阶段的会谈中整合运用 MI 和 CBT 时，会遇到哪些两难情境呢？或者说，此时 MI 和 CBT 之间可能会出现哪些分歧呢？在 MI 中，如果当事人还没有"准备好"，那从业者可能会继续培养动机，同时将计划过程和行动部分推后进行。但在 CBT 中，可能矛盾心态还没有处理充分，当事人就会进入 CBT 的干预了。我们的建议是，在当事人准备好进入下一步工作之前，从业者或许可以安排一次或者甚至两次以上的会谈来培养动机；同时，从业者也需要做到心中有数，计划好在之后的某一时刻就要将工作转到 CBT 的步骤中了。而如果当事人的矛盾心态特别严重，那他们可能都需要先等上一等，稍后再过来进行治疗干预。在后续的 CBT

会谈中，如果当事人的矛盾心态再次干扰了会谈的进展，从业者可以继续导进、聚焦以及唤出当事人对于"改变目标行为"和"参加会谈"的动机。

另一种两难情境与从业者所在的组织机构有关。这些组织机构一般都有自己的设置和规范，比如要在初始会谈中进行书面记录或者评估，但这类规定是有可能干扰到导进过程的。所以最为理想的安排是，在初始会谈之后再来进行这些工作，但基于上述现实中的规定，我们建议：在初始会谈中，从业者可以考虑至少先拿出10~15 分钟进行导进，然后才是做组织机构或治疗手册所规定的工作内容。如果必须先做评估性的初始访谈，从业者（评估者）也请注意平衡反映与提问的比例，具体的做法，我们将在第 3 章予以介绍。

✍ 从业者的练习 2-1

引出并强化关于"参加会谈"的改变语句

前文讲到，"改变语句"是当事人对于"改变目标行为"和"参加会谈"所表达出愿望、能力、理由、需要以及决心 / 承诺的语言。从业者可以有的放矢地运用开放式问题来引出改变语句，然后通过反映与详细展开（当只反映不足以推动谈话时）再予以强化。所以，如果谈话是基于 MI 来进行的，那么我们可以听到这样的展开顺序：（1）从业者的提问；（2）当事人的改变语句；（3）从业者做反映性倾听（有可能再接一个问题）来强化改变语句。

练习目的：对基于 MI 的谈话展开顺序加深认识，练习引出与强化改变语句的方法。

指导语：请大家先看下面三个对话示例，然后依照示范，完成题目 1~6，如有需要可以自行补充每个题目背后案例的细节信息。这些题目涵盖了谈话顺序中的三种成分，有针对地进行练习。在前三题中，大家只需要完成其中一种成分（从业者引出改变语句的提问；当事人说出的改变语句；从业者对改变语句做反映）。在后三题中，大家就要多发挥自己的创造性，来完成其中两种成分了。

例题 1

- **从业者引出改变语句的做法**：今天你来咨询，是因为？
- **当事人说出的改变语句**：唉，是我妈让我来的呗。
- **从业者强化改变语句** [反映 / 提问]：嗯，所以你也是希望妈妈别再那么多插手你的事了。要是真能如此，你说会有哪些好处呢？

例题 2

- **从业者引出改变语句的做法**：如果展望未来，咱们的咨询合作或许会给你的婚姻关系带来哪些改善呢？
- **当事人说出的改变语句**：嗯，要是您能帮我精力上更好一些的话，也许我就能和我丈夫一起做些他喜欢的事情了。
- **从业者强化改变语句** [反映 / 提问]：如果通过治疗抑郁让你恢复了更多的精力，就有助于改善你的婚姻关系了。

例题 3

- **从业者引出改变语句的做法**：如果回顾过去，请跟我讲讲那些你控制住了自己、少喝酒的经历吧。
- **当事人说出的改变语句**：曾经啊，我练过一阵儿 10 千米长跑，那时我是戒了酒的。
- **从业者强化改变语句** [反映 / 提问]：所以听起来，如果戒酒方案里也包含锻炼身体的目标，那似乎更适合你，也会更有效果。

第 1 题

- **从业者引出改变语句的做法**：为什么你觉得自己需要做些有利于健康的事情了？
- **当事人说出的改变语句**：因为那种病恹恹的感觉我自己都烦了，我也不想什么事都麻烦伴侣来做。
- **从业者强化改变语句** [反映 / 提问]：_____

_____

_____

第 2 题

- **从业者引出改变语句的做法**：对于你喝酒这件事，你太太是怎么说的？
- **当事人说出的改变语句**：_____

_____

- **从业者强化改变语句〔反映 / 提问〕**：好像少喝酒也有利于你的婚姻关系。

第 3 题

- **从业者引出改变语句的做法**：_____

_____

_____

- **当事人说出的改变语句**：我觉得，说说压力管理这方面会有帮助。
- **从业者强化改变语句〔反映 / 提问〕**：你能认识到过来咨询的好处，比如咱们在压力管理上可以有所进步。

第 4 题

- **从业者引出改变语句的做法**：你说过，照顾好家人是你现在最看重的事情。假如咱们一起合作来改善抑郁的心情，这对于你实现自己看重的目标会有哪些帮助呢？
- **当事人说出的改变语句**：_____

_____

- **从业者强化改变语句〔反映 / 提问〕**：_____

_____

_____

第 5 题

- **从业者引出改变语句的做法**：_____

_____

_____

- **当事人说出的改变语句**：我觉得吧，假如你可以帮助我解除缓刑管制，那我就可以重回正轨，重新振作起来了。

- **从业者强化改变语句**［**反映 / 提问**］：_____

  _____

  _____

第 6 题

- **从业者引出改变语句的做法**：_____

  _____

  _____

- **当事人说出的改变语句**：_____

  _____

  _____

- **从业者强化改变语句**［**反映 / 提问**］：你特别想穿其他类型的衣服，而减掉一些体重会帮你实现这个目标。

会谈工作表 2-1

议题规划图

　　请在圆圈中填写你所看重的事物（价值观）、你的目标、让你感到矛盾的事情，以及对你重要的那些人际关系与环境。圆圈越大表示越重要。

改变计划表

我的计划

我想做的（行为/行动/改变）

_____

_____

_____

这样做对我很重要，因为_____

_____

_____

我准备按以下步骤进行（做什么、何时做、在哪儿做、怎么做）

_____

_____

_____

可能遇到的困难	怎么办
如果……	那我就……
_____	_____
_____	_____
_____	_____

决心尺

这里有一把尺子，刻度从 1~10，1 代表"完全不确定"，而 10 代表"特别确定"。那为了做到你想做的改变，你有多确定自己每周都会来参加会谈呢？

1	2	3	4	5	6	7	8	9	10
完全不确定				有些确定					特别确定

你的选择是_____。

那为什么你选择了这个分数，而不是一个**更低**的分数呢？请列出三点原因：

1._____

_____

_____

_____

2._____

_____

_____

_____

3._____

_____

_____

_____

第 **3** 章

评估与治疗计划

在完成了初始阶段的工作后（建立了治疗联盟、理解了当事人的矛盾心态、选择了治疗的焦点、培养了动机并且就"参加会谈"做了计划方案），从业者接下来就要对评估、个案概念化以及治疗计划加以细化和完善了，即便此时的当事人可能还是会对改变感到矛盾。在本章中，我们会基于 MI 的四个基本过程，来探讨评估、个案概念化及治疗计划的制订。同样，这些工作既可以安排在一次会谈中进行，也可以放在若干次会谈中展开，因为正如前面所述，这四个过程不一定就是依次循序进行的，也可能会出现交叉与重叠。从业者可能更倾向的是，不放在会谈中分析评估时所收集到的这些信息，而是安排在会谈以外再来进行，因为这样不但时间上更宽裕，而且也可以先跟自己的督导或团队做探讨，然后等下次会谈时再跟当事人商讨治疗的计划与方案。那如果是这样安排的话，我们就要在一次会谈中完成评估与初步的个案概念化，并继续培养当事人参与治疗的动机；然后，等下一次会谈时，我们才会和当事人讨论具体的治疗计划，同时继续促进着他们的参与（导进）。

CBT 的初始评估，旨在收集足够的信息，从而合作性地制订治疗计划。所以我们要认识到，这是一个咨访双方彼此分享信息并且可能对计划做出调整的持续性过程。在传统的认知模型中（Beck，2011，pp. 29–39），是情境与事件引发了自动思维，然后又是自动思维导致了情绪、行为以及生理上的反应。而这些反应又会反过来继续引发负面的自动思维，从而形成恶性循环，使问题维持下去。自动思维框定了一个人对情境的建构，并决定着这个人的反应；自动思维，又受信念的影响，包括核心信念和中间信念（态度、规则及假设）。所以，CBT 的评估旨在详细解析这种循环中各因素之间的相互作用。而恶性循环的打破，则会通过当事人学习面对相应的情境时怎样更具适应性地（也是更切合实际地）思考和行动，继而使那些驱动自动思维和后续反应的信念也得以改变。相对而言，强调行为激活的 CBT 则是通过帮助当事人开展感到愉快或提升胜任感的活动，来减少回避并打破造成负面情绪的循环（Martell，Dimidjian，& Herman-Dunn，2010，p. 197）。所以，该形式 CBT 的评估与治疗计划会针对当事人每天与每周的日常作息进行分析，并探讨这些活动模式和治疗目标之间的关系及影响。

CBT 的诸多方法也都会用到行为功能分析（Martell et al.，2010，pp. 64–69；Miller，Moyers，Arciniega，Ernst，& Forcehimes，2005；Naar-King et al.，2016；Parsons，Golub，Rosof，& Holder，2007）。这种功能性评估旨在理解目标行为的前因[①]（antecedents）与后果（consequences），或者基于五个 W——为什么（why）、是什么（what）、在何处（where）、在何时（when）以及都有谁（who），来理解问题和症状。例如，可能是一些特定的地点、人物或一天中的某个时刻引发了当事人的饮酒、吃东西、抑郁心情或者是没有按时服药。另外，也可能是一些想法、感受、行为或者生理症状出现在了目标行为（或负面情绪）之前或者之后。所以，我们务必针对目标行为去分析"做"与"回避"的前因和后果（比如"做"会体验到痛苦；"回避"会体验到压力缓解）。一旦我们理解了当事人行为的前因与后果，就可以继续探索他们的优势与资源了，从而基于这些资源发展出一套量体裁衣的治疗计划 / 改变方案。

导进过程

在初始评估阶段，治疗联盟仍然是脆弱的，当事人一旦有了"被审问"感，或者是从业者过早询问了一些敏感的话题，那么治疗联盟都可能出现裂痕。所以，还

---

① antecedent 的译法还有"前置事件""先行事件"或"前件"，含义同"trigger"（诱因 / 引发因素）。本书采用"前因"的译法，是考虑到在 MI 中更提倡使用当事人所熟悉和习惯的语言措辞，而不一定非要使用一些陌生的专业术语来提供信息。MI 认为，使用当事人熟悉的语言可能更有利于合作。——译者注

请**谨言慎行，如履薄冰**。而这也是为什么 CBT 的从业者往往都会将评估工作视为"治疗铺垫"的原因所在。在 MI 以及 MI-CBT 中，我们认为咨访双方的每一句话都是重要的，都有意义和作用，双方的每一次交谈也都是在导进当事人，是使其参与治疗并且培养改变动机的一次契机。所以，评估与发展治疗计划的过程，其本身就是一种干预形式。

> 在初始评估阶段，治疗联盟仍然是脆弱的，当事人一旦有了"被审问"感，或者是从业者过早询问了一些敏感的话题，那么治疗联盟都可能出现裂痕。

开场交流

评估会谈及后续的 MI-CBT 会谈，其导进过程都包含三个常设的部分：（1）核对上次会谈时的改变方案；（2）设定本次会谈的议题；（3）讨论设定这些会谈内容的原因。

核对上次会谈时的改变方案

无论选用了哪种干预模块，在每次会谈开始时，大多数从业者一般都要"核对"自上次会谈至今当事人的情况，我们可以通过开放式问题来做这些工作。另外，有些从业者也喜欢使用简版的疗效监测工具（如抑郁量表）来进行辅助。但从业者需要先与当事人就此达成共识：要使用哪个量表来测量负面情绪；在每次会谈开始时请当事人先填写量表从而监测情绪状态；然后再结合咨询中的方法与技巧来回顾量表结果的发展与变化，并进行讨论。

在 MI-CBT 中，我们会专门询问在上次会谈时请当事人去尝试的改变方案 / 方法。首先，我们询问当事人对于自己所设定之目标、相应执行步骤，以及如何克服困难的"如果 – 那就"方案等内容的记忆，并始终反映倾听他们的回应，同时肯定他们有能力回忆起自己的改变方案。其次，我们引出并辨识当事人已经出现的任何改变，无论这些改变是大是小，我们都会通过肯定性的反映来强化当事人的进步。请注意，这里的做法有别于"泛泛的夸奖"。如第 1 章所言，反映性倾听可以是肯定性质的，即从业者对当事人话语的反映会着重并突出他们的优点（优势）或努力，而我们所给出的夸奖或赞扬是自己对于"当事人表现如何"的看法或意见。如果当事人今天来参加会谈了，这本身就足以配得上从业者反映一句真挚且有力的肯定（如"即便你还不确定咨询/治疗是否会有帮助，但你今天仍然坚持过来了"）。如果当事人未能达成自己的目标，或者继续着旧有的目标行为，我们对此要做共情。基于 MI 的风格，我们不会给当事人"开方子"直接告诉他们解决办法或者应对技巧；相反，我们会引导当事人回忆在上次会谈时他们讲过的改变语句（愿望、能力、理由、需要以及决心/承诺语句），从而再次唤出他们的动机。最后，我们会继续做反映性倾听，并通过开放式问题促进当事人的详细展开，从而强化他们关于"改变目标行为"和"参加会谈"的改变语句。

就本次会谈的议题达成共识

一般来讲，CBT 的会谈都始于设定议程。对于 MI-CBT 而言，我们建议从业者在每次会谈开始时都使用 ATA，从而合作性地设定会谈的议题：（1）征求许可；（2）告知计划的会谈内容；（3）征询反馈；（4）反映当事人的反馈；（5）询问当事人想加入的内容。如果这是一次（或若干次的）评估性会谈，从业者可以参考下面的示例。

从业者：我想就今天的会谈做个计划，你看可以吗？［征求许可］通常在这个环节，咱们会详细聊聊你的感受、想法和行为，以及是什么引发了这些。［告知］这样的安排，你觉得如何？［征询反馈］

西莉亚：我觉得挺好的。但我也不知道能不能说得全面，因为有些事我可能不记得了。

从业者：你不确定能不能准确地回忆起来当时是什么引发的，以及自己有怎样的反应。［反映］这方面咱们可以一起合作，来看看怎么办。［注入希望］你看，还有哪些内容是你希望咱们在今天的会谈里也来讨论的？［通过开放式问题，合作性地设定议题/议程］

西莉亚：倒也没有了吧。不过，昨天我跟我丈夫大吵了一架。

从业者：你最近在夫妻相处上不太顺利，昨天就发生了这样的事。［反映] 咱们当然可以说说这一块儿，同时，还可以从引发因素① 以及你后续反应的角度来看看如何理解这件事。

讨论设定这些会谈内容的原因

当设定好会谈内容（议题/议程）之后，从业者下一步就要与当事人讨论这么安排的原因了。如前文所述，在 MI-CBT 中我们并不会**直接告诉**当事人设定这些会谈内容的理由，而是要通过征询 – 告知 – 征询和反映性倾听与当事人**讨论**这样做的原因与道理。这种做法旨在引出当事人自己对于"进行这些会谈内容"的理由，而不是由从业者越俎代庖替他们讲出来。当我们与当事人讨论学习某种新技巧或者完成行为功能评估的原因时，务必要引出他们自己的理解与看法——"会谈中要做哪些工作"以及"为什么这些工作是重要的"。在导进当事人参与会谈议题的过程中，讨论"为什么重要"，这其实已经结合并融入唤出过程中的一些做法了。

> 从业者：咱们说了，要详细评估一下是什么引发了你错过吃药，那我也在想，你觉得咱都会谈到哪些方面呢？［征询］
>
> 尤金：嗯，我觉得会说到"时间"吧，最有可能在什么时间错过了吃药。
>
> 从业者：对，咱们想知道在哪个时间"错过了吃药"，［反映］ 同时也想了解你当时所处的情境，还有你当时的想法和心情。［告知］ 你觉得，为什么详细探讨这些以及理清它们之间的关系会比较重要呢？［征询］
>
> 尤金：我觉得，也许通过这些你就可以帮助我想出办法了。
>
> 从业者：你希望，咱们可以想出办法来管理好这些"引发因素"。［反映］ 当咱们清楚了都是哪些因素引发的"没按时吃药"，就可以针对这些情况制定具体的方案了。比如，当你住在伴侣家时，或者当你出现了某种想法或心情时，比如你不想管 HIV 了、不想治了，或者当你对自己很失望、很灰心时，

---

① 原文为 trigger，指引发或触发性的事物/事件，为中性词汇，并无褒贬；中文上"诱因"这个译法虽然常见，却略带贬义。同时，在 MI 的语境下，从业者会非常关注措辞的褒贬色彩，因为说话措辞上的选择，可能就将相应的信息传递给了当事人。因此，本书采用了"引发因素"这个译法，旨在传递一种更为中性的含义（尤其是当 trigger 一词出现在对话中时）。另外，分享上述反思也希望以此为例，可有助于读者在实务工作中觉察、考量并灵活地使用语言。——译者注

咱们对于这些就都可以制定出具体的应对办法了。［告知］ 你觉得呢，你对这些做评估的原因有什么看法？ ［征询］

尤金：我觉得挺有道理的。

合作式评估

通常，评估工作会以"一问一答"的访谈形式来进行。这样做的隐患在于，会让当事人有被审查感，而且也背离了 MI 的精神（合作、接纳、至诚为人、唤出）。所以，下面将介绍如何基于 MI 的精神与技术来完成一次正式的或非正式的评估工作[①]。第一步，即便当事人已经许可了做评估，但出于对其自主性的支持，我们仍然要对使用表格或评估工具（见"会谈工作表 3–1"至"会谈工作表 3–3"的评估表格[②]）继续征求当事人的许可。同样，我们也要向当事人表达，他们是可以拒绝的，或者对此提出不同的选择。第二步，反映／摘要当事人在先前会谈时说过的话，特别是他们讲过的、有利于评估工作的改变语句或信息（如在之前议题规划时讲过的话）。第三步，使用开放式问题引出更丰富、更详细的信息。第四步，当事人对每一个开放式问题的回应，从业者都要做反映性倾听。这样一来，即便不能将倾听（R）和提问（Q）的比例提升到更理想的 2∶1，但至少可以保证 R∶Q 为 1∶1（Moyers，Martin，Manuel，Hendrickson，＆ Miller，2005）。

如果从业者希望将 RQ 比提升到 2∶1，该怎么做呢？我们可以在做完反映后，先尝试停顿／沉默。因为通常在反映后，当事人对此会回应更多的信息，只要谈话继续进行没有中断，那我们就可以先屏住，不问下一个问题；除非谈话要进行不下去了，这时从业者可能就需要再次提问开放式问题以引出新的方向了。所以，我们在做完反映后可以先默数 5 下（5 秒），给当事人留出思考的空间，接下来可能无须我们再额外引领谈话，他们也会去详细地展开相应的内容。最后，还有一点要提

---

① "正式"的评估结构性更强，"非正式"的评估不倚重结构性，因此灵活性更强。——译者注

② "会谈工作表 3–2"可用来探讨各种行为的前因与后果，还可以用于分析和促发低频行为，了解当事人对于刺激控制的主观体验。另外，该表格还可以作为一种聚焦的工具，从中再选出要进一步做更复杂功能评估的目标行为。"会谈工作表 3–3"可用来探讨"不合意行为"的引发因素、维持因素以及二者之间的交互作用，该表格还可以作为一种聚焦的工具，从中再选出特定的方面，进一步做更复杂的功能评估，尤其适合作为视觉化辅助素材来引导当事人。

醒大家，我们最多连续问三个问题（而且中间是要做反映的），就要做一次摘要了。第 1 章讲过，摘要是篇幅稍长的连串反映，用来总结当事人说过的话。威廉·R.米勒与斯蒂芬·罗尼克（2002）将摘要比作"采花集一束，递还当事人"，所以摘要可以将评估工作的方方面面总结在一起，在向当事人呈现时，就将谈话的方向过渡到接下来的个案概念化以及治疗计划了。

从业者：请跟我讲讲，最近一次你吃得特别多是在什么时候呢？［开放式问题］

玛丽：嗯，上周五，比萨饼吃得太多了。

从业者：嗯，上周五吃了太多的比萨饼，在这么个时间，你想按照减肥计划走，其实是挺不容易的。［反映］（停顿）

玛丽：对，我们家周五晚上都会点比萨饼，也会看电影。

从业者：似乎周五晚上就是比萨饼之夜了。［反映］（停顿，当事人没有回应）都有谁参与晚上吃比萨饼和看电影的活动啊？［开放式问题］

玛丽：我妈还有我弟。我妈总会买两大张比萨饼。

从业者：所以你们周五晚上的常规安排，就是引发因素里的一种了。你跟家里人一起看电影和吃比萨饼，而且妈妈还总是买很多的比萨饼，这会让你很难控制饮食。［摘要］

第五步，我们可以继续评估与探讨其他的引发因素。请注意，从业者也一定要评估正向或积极行为（如按时吃了药、控制住没喝酒、缓解了抑郁心情）的前因。也就是说，当事人最有可能做出正向的目标行为时，他们正处在怎样的情境中？使用了什么方法？获得了哪些社会支持？如果从业者根据自己与其他当事人合作过的经验，认为可能还有一些引发因素与个案有关，那么就可以通过 ATA 来与当事人分享这些建议了。从业者请考虑使用选项菜单，这样就交给当事人自己来选择哪些引发因素最为重要了，从而支持了他们的自主性，而非指挥着他们去关注特定的因素。如果当事人回应的信息非常有限，那么从业者可以使用补漏性质的反映技术（Resnicow & McMaster, 2012）。例如，对于当事人明显没有提及的内容，我们可以这样反映："我发现，你没有提跟太太吵架的事，以及这对你喝酒的影响。我在想，当咱们讨论引发因素时，为什么你没有提到这一点呢？"但在补漏反映

（omission reflection）之后，我们也要有退一步、缓一缓的准备，因为当事人有可能依旧回避这些内容，或者出现不和谐（如"我觉得这不算什么啊"或者"我不想谈这个"）。最后，如果评估会谈时所获得的信息实在有限，不足以支撑后续的个案概念化与治疗计划，那么从业者还可以考虑通过当事人的自我监测活动（详见第4章）来获得更多的信息，使评估工作更全面、更完整（详见表3-1）。

表 3–1	合作式评估指南

1. 对使用表格或评估工具征求当事人的许可

这里有一张表格，可以帮助你理解自己的情况，比如都有哪些因素引发了这样的体验 / 行为。表格里列出了一些问题，能帮助咱们逐渐地深入、具体地看看你这几个月来的经历，还有事情的发展。你觉得呢？咱们使用这个表格来协助讨论，可以吗？

2. 反映 / 摘要当事人在先前会谈时说过的话，特别是他们讲过的、有利于评估工作的改变语句或信息

在咱们第一次咨询时你提到过，如果想今年夏天能跟朋友们轻松、开心地出去玩，自己就需要减肥了。请跟我讲讲，你觉得要实现自己的目标，你可能需要做些什么呢？

3. 使用开放式问题

在你可以按时吃药的时候，通常都是怎样的情况呢？

4. 反映倾听当事人对于每一个开放式问题的回应——让反映（R）与提问（Q）的比例至少达到 1 : 1

当不在伴侣家过夜时，你按时吃药的可能性往往会更高。

· **先有大约 5 秒的停顿 / 沉默，再问下一个问题**

你觉得，为什么会这样呢？

· **最多连续问三个问题，就要做一次摘要了**

所以，当你按时睡觉、早晨在家，同时还提醒自己"必须吃药，没有借口"时，你就更有可能每天按时吃药了。

5. 运用 MI 的方法拓展当事人有限的回应

· **ATA**

社交焦虑的人会感到困难的事，你有哪些了解呢？［停顿，等待当事人的回应］ 对，在别人面前吃东西，还有面向很多人的演讲，这些都是社交焦虑的常见困难。我还知道其他的一些情况，你有兴趣听听吗？［反映当事人的回应；征求许可］ 嗯，一些社交焦虑的人感到困难的事还有跟别人目光接触、参加聚会、跟比较权威的人物（如领导或上司）交谈，或者去赴约会有可能也让他们感到很困难。那在这些情况中，有哪些也是你会担心和焦虑的呢？

续前表

- **选项菜单**

  你提到过，自己会通过喝酒或者避开一些情境来缓解紧张焦虑，就比如那种你可能得当着全班同学讲话发言的情境。以上这些，你想先谈哪方面呢？或者你可能还想到了其他的方面、其他的事是你最想谈一谈的？

- **补漏反映**

  我记得，你讲了你在易怒状态时你丈夫的反应，但你还没有提到女儿会如何反应。

- **下次会谈前的自我监测**

  嗯，咱们今天交流了一些话题，另外我也在想，当你发现自己在担心家人或自身的安全时，同时也把那个时间或日期记录下来，这么做你觉得怎么样？［反映当事人的回应］有人反馈说，当他们开始担心时，把当时的经过和情况记下来、写下来，会有助于理解究竟是什么引发了自己的担心。也许，这种做法咱们也可以借鉴借鉴，希望可以更好地帮助到你。你觉得呢？听听你的看法。

导进评估的小窍门：询问日常的一天

如果当事人辨识不出行为的引发因素，那么从业者可以用开放式问题询问他们平时一天是怎么度过的，从而获知更多的信息（Rollnick et al., 2008）。我们请当事人回顾每天的经历，包括做了什么、和谁有交流、都有什么感受。例如，我们可以询问："请你想一想，昨天是怎么度过的。请你带着我，咱们一起来回顾这一天的经历。"或"请你讲讲，昨天都发生了什么事。如果你愿意，也请告诉我你对这些事的感受都是怎样的。"而且，我们可能既需要询问周中的日常一天，也需要询问周末的日常，因为当事人的行为习惯以及情绪模式在周中和周末可能会很不一样。我们会使用 MI 的方法来询问，先要征求许可，同时也要平衡倾听与提问的比例。

从业者：咱们谈了焦虑对你的影响有多大，似乎对你来说，这也是目前最迫切的问题。［反映］

萨姆：是啊，只要人一多或者只要想到自己是在人多的地方，我就挺焦虑的。

从业者：人多是你焦虑的主要原因。［反映］听得出，在这种情况下，你有多不舒服。［表达共情］我在想，如果要更好地理解这种焦虑，是否

可以请你带着我，咱们一起回顾你平常一天的经历，我也会问问你焦虑的时刻，你觉得这样可以吗？［征求许可］

萨姆：没问题。我一般是早晨十点左右起床，然后就在自己屋里吃早饭。

从业者：十点吃早饭。［反映］ 你这时的焦虑水平有多高，拿咱们用过的那把尺子量的话，从 1 分到 100 分的话？

萨姆：大概 5 分吧。

从业者：你非常地放松。［反映］ 好，那然后呢，你要去做什么事了？［开放式问题］

萨姆：然后，如果上午有课，我就得着手准备一下了。

从业者：准备上午的课。［反映］ 这会儿，你的焦虑水平是？［开放式问题］

萨姆：嗯，涨点儿了，就跟我必须得出门时的焦虑程度差不多。

聚焦过程

在传统的 CBT 中，认知概念化提供了一种透过认知模型（情境→自动思维→反应／结果→自动思维）来理解当事人的框架。而在其他形式的 CBT 中（短程或更偏行为的取向），关注的重点则更多地集中在了那些有助于促发或削减目标行为（或问题）的引发因素（如有什么人在、是什么时间、什么情况、什么地点）上。这些引发因素可以包括自动思维与信念，但除此以外，其所涵盖的范畴可能还要宽泛很多。但不管是 CBT 的哪一种特定取向或形式，其评估与概念化的目的都是相同的：与当事人合作性地确认——是哪些想法、感受、行为、情境或者其他的引发因素形成了循环，维持着问题，它们之间又有着怎样的联系——从而找到可以介入和干预的切入点。所以在第 2 章中，咨访双方还只是聚焦在目标行为或症状上，但在转入了评估与概念化后，焦点就将进一步落在干预／介入的靶点和任务上了，从而再逐渐形成一个治疗计划。

我们可以认为，这是一个从"为什么改变"到"如何改变"的过程（Resnicow，McMaster，& Rollnick，2012）。因为到目前为止，咨访双方还主要是在讨论"为什么要改变以及为什么要参加 CBT 的会谈"。如果从业者并不清楚当事人对于改变的理由，那请先考虑第 2 章中的做法。但只要听到了当事人讲出了一些"为什么想要改变"的语句，即使其还在矛盾心态中，还会犹豫摇摆，此刻我们向着"如何改变"做详细的展开也是合情合理的。在 MI-CBT 中，我们会与当事人合作性地探讨"如何改变"：是将当事人自己的知识经验及偏好习惯，与我们所储备的循证资料（包括研究上的发现以及循证干预指南）及临床经验相结合起来（Stetler，Damschroder，Helfrich，& Hagedorn，2011）。这里可以使用征询 – 告知 – 征询技术（即先询问当事人对可能进行的干预有哪些了解，从业者接着将自己所了解的可能起作用的方法与技巧告知对方，然后再征询当事人的反馈），或者"行动反映"（action reflection）技术来进行。

行动反映

从业者在提供建议时，会以符合 MI 的方式来运用 ATA 技术；但在这之前，仍然可以先做行动反映（Resnicow et al.，2012），然后再使用 ATA。行动反映可将之后可能的行动或者干预方法融入反映中来（如"你说到靠少吃点儿，估计是不会管用的，所以似乎是有必要，得有一个更详细、更具体的饮食方案才行"）。相比起来，ATA 是由从业者来提供新的建议，而行动反映则是使用当事人自己说过的话来引入新的点子或可能的循证干预方法。而且因为行动反映仍属于反映性倾听的范畴，是对当事人观点的反映，所以也无须像 ATA 一样征求许可。

> 行动反映，使用当事人自己说过的话来引入新的点子或可能的循证干预方法。

行动反映可分为行为建议（behavioral suggestion）、认知建议（cognitive suggestion）和行为排除（behavioral exclusion）三个亚型。在行为建议中，我们对当事人遇到的阻碍做反映，并将其重构（reframe）为一句关于"行动"的陈述。例如，卡尔担心自己对酒的心瘾[1]（cravings），从业者会先做反映并接着说："所以

---

[1] 心瘾又称心理依赖，表现为主观上强烈的渴求。——译者注

探讨一些技巧来管理这种心瘾，可能会对缓刑期的戒酒有些帮助。"而在玛丽的案例中，她说自己已然对任何事都感觉不到快乐了，从业者或许可以这样回应："（所以）回想起那些曾经让你开心、快乐的事，也许能帮助你发现如何再把这种感觉重新带回到自己的生活当中。"

认知建议的做法类似，但从业者所反映的行动或方法是围绕着"认知"而非"行为"来展开的，如"你觉得自己什么事都做不好，于是你就放弃了。所以当这些想法涌现时，有办法让自己继续做事也许是有帮助的"。此外，如果考虑采用第三代的 CBT 取向，从业者还可以这样说："你之前也尝试过了改变想法，所以一种接纳想法但改变行为的方法可能更适合你。"

当事人有时也会谈及哪些干预方法是不太奏效的，所以我们做的行动反映也要去表达相应的行为排除。行为排除这一反映的通用形式是："听起来似乎 X 这种方法并不太管用，所以咱们自然也会从方法列表里把它拿掉。"例如，玛丽因为减肥的事总被妈妈数落，一直心灰意冷，从业者这样回应她："听起来，让妈妈来提醒你可能是不太奏效的办法，如果她总是数落你的话。"使用行为排除这种反映亚型，还可以传达或体现出我（从业者）在用心倾听，也听明白了有一些干预方法是当事人不想考虑的。例如，尤金偶尔会酗酒，他并不觉得这件事会干扰自己遵医嘱服药的行为，从业者可以这样做行动反映："你觉得酗酒不会影响到自己服药的事，那咱们就先不聚焦讨论这件事了。"这句反映所传达出的是，从业者在用心倾听当事人优先想谈的内容，从而避免了引发当事人针对从业者建议或劝说的不和谐回应，如"对，但是……"这类话。行动反映虽然是放在本书"个案概念化"的部分来阐述的，但我们从初始会谈开始，以及在后续的会谈中，其实可以贯穿地使用该技术，从而确保那些干预目标能始终贴合当事人自己的经验，当事人也会将干预的计划或方案体验为来自他们自己的想法、意见或点子，而不是出自从业者这里。

聚焦评估的小窍门：做好行动反映

因为行动反映将建议或提议融入了反映之中，所以该技术也有助于我们避免"翻正反射"，即从业者的一种倾向——很想去纠正自己认为不对的事物。如前文所述，这一倾向体现了从业者对于当事人的自主性缺乏支持，往往也会损害双方的合作关系。对此，当事人可能出现的不和谐语句或持续语句有"（你说的这些）根本没用"或"对，但是……"。而结合以下的几点做法，我们还可以进一步地避免翻正反射，并降低当事人出现不和谐或持续语句的概率。第一点，我们说话的口气要自然放松，别太严肃或正式了；同时，也要留有余地，话别说得太满，保持着试探性，如"我也说不好，不过，或许这会有点帮助""假如有一种办法，能在不被唠叨的情况下获得一些支持，那也许你就会让你太太来帮助你了"。第二点，我们通过多使用"你"字句表达，来支持当事人的自主性，如"听你提到""你说过""基于你谈到的"。第三点，我们所给出的建议需要笼统一些，是更偏一般性的（如"想一想你丈夫可以怎样帮忙"），而不是那种更具体的建议（如"请让你丈夫也过来参加会谈"）；或者是提供了选项菜单的建议（"你觉得你的丈夫可以更多地帮助你，比如你想到了请他帮忙提醒你，请他规划一下出行的安排，或者，之后可能也让他来参加咨询会谈"）。

摘要

当咨访双方有了较为充分的焦点后，就要向唤出过程过渡了。先来唤出当事人对于干预目标的动机，然后再进一步地制定出具体详细的改变方案。在 CBT 中，这种过渡工作包括：从业者分享基于诊断的个案概念化，并就认知行为模型做心理教育（Beck，2011）；或者围绕着问题进行阐释与说明，包括症状、引发因素以及对当事人生活的影响（Papworth，Marrinan，Martin，Keegan，& Chaddock，2013）。而在 MI-CBT 中，只要引导当事人充分聚焦在干预目标和循证方法上就可以了，不见得非要给出官方诊断。也就是说，如果我们能引导当事人辨识出自己的症状及其引发因素，其实也就无须使用"重性抑郁障碍"这种诊断标签了。而围绕着问题进行说明，虽说能避开诊断标签，并聚焦在症状与引发因素上，但还是没有将潜在的干预目标涵盖进来，也没有去把握可以提升当事人希望与乐观的契机。当然，对于有些当事人而言，获知自己的诊断结果也许会更好，能有助于他们常态化自己的问题，而且既然"存在诊断"似乎也就意味着"存在有效的治疗方法"。

在 MI-CBT 中，我们会通过做摘要来过渡到唤出过程之中。这个摘要会体现出评估与概念化的内容，并以一个关键问题收尾，即询问当事人在了解了这些信息后，打算 / 准备怎么做。例如：

> "咱们刚才谈到了，很多不利于你减肥的情况。想到减肥，你会心情低落，这让你更容易躺着，更少去运动。当心情低落时，你会吃得更多。而你家在休闲娱乐时，不健康的食品也常会出现。所以你在考虑，如何找到一项既有趣又能燃烧卡路里的运动，怎样管理那些容易让自己心情低落的想法与感受，以及如何能让家人更好地支持你，而不是数落和唠叨。"

做完这个摘要后，我们会跟上一个关键问题，旨在询问下一步治疗计划："那你觉得，下一步可以怎么做呢？"或者替代性的做法是，如下一节所示，我们也可以使用一个开放式问题来收尾，旨在引出改变语句："那假如你找到了一项自己喜爱的运动，你觉得会带来哪些积极的变化呢？"

从业者可以考虑使用一张图表来记录那些备选的干预目标（Miller，2004）。有些从业者喜欢在整个会谈中一直做笔记，但我们发现这可能也会造成从业者的分心，无法专注于谈话过程。相对地，或许从业者可以在做摘要时再来填写相应的图表（见"会谈工作表 3–4"①）。例如在图 3–1 中，玛丽在"饮食"和"活动"上做了不健康的选择，这些是要干预的目标行为，而相应的引发因素则在方框中予以记录。后续的治疗计划，将处理那些首要的引发因素。有些从业者喜欢将所有的引发因素全部记录在一张图表中，而另一些从业者则认为，将有利的促进因素和不利的阻碍因素区别出来，各自记录在单独的一张图表中可能更有帮助。

---

① "会谈工作表 3–4"可用来摘要总结各种行为的前因与后果，该表格还可以作为一种聚焦与计划的工具，尤其适合作为视觉化辅助素材来引导当事人。

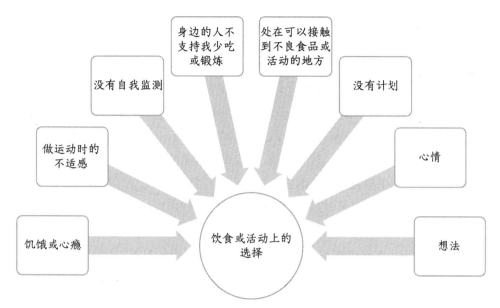

图 3–1　聚焦的例子：摘要总结出玛丽的干预目标

唤出过程

在第 2 章中，我们讨论过如何唤出和强化改变语句，即那些对于改变目标行为表达出愿望、能力、理由、需要以及决心／承诺的语言。而现在，我们要探讨的唤出工作，已经从"要不要改变"向着"如何改变"侧重得更多了，即便矛盾心态此刻依然存在也需要探讨。所以，我们现在要留心和引出的改变语句，自然也是那些有关"如何改变"的愿望、能力、理由、需要以及决心／承诺的语言了，如"我想学习如何拒绝甜食"或者"我需要找到办法让自己多锻炼、多运动"。第 2 章讲到，从业者可通过开放式问题来引出改变语句，那现在就要针对可能的治疗成分／方法来进行提问了。从业者仍然可以参考使用导进及聚焦过程中所用过的会谈工作表，然后针对潜在的干预目标引出当事人的改变语句："你想去思考，如何安排出时间来做那些曾经让自己开心的事，那你为什么想要思考这些呢？"或者"假如你学到了一些方法，能够将自己那些回避诊断的想法都管理好了，那后面会发生的最好的情况可能是怎样的呢？"请从业者务必留意，一定不能忽略这个唤出的过程，不要想当然地认为"只要我们跟当事人分享了个案概念化和治疗计划，就足以建立他们参与治疗的动机了"。

个性化反馈

有证据表明（Walters，Vader，Harris，Field，& Jouriles，2009），MI 结合评估反馈会更有助于唤出改变的动机（相比未结合 MI 的评估反馈而言）。个性化的反馈会提供事实性信息，旨在提升当事人对目标行为的关切与重视，促进他们对引发因素的觉察，从而培养他们对于治疗计划 / 方案的动机。这些信息既来自客观的评估（如实验室的检验结果：尿检筛查），也出自当事人的自陈报告。我们会使用 ATA 技术，只提供事实信息，不掺杂对结果的评判与分析。我们还将引出当事人从个案概念化的角度对反馈信息的解读，从而培养他们自己对于治疗计划 / 方案的动机。可用于反馈的评估信息，包括目标行为的程度、其所造成的问题或后果（包括健康方面的客观信息）、相应的引发因素以及治疗的目标[①]［参见"我想要的治疗"问卷（William R. Miller & Janice M. Brown，1994.*What I Want from Treatment Questionnaire*）］。

从业者：我想先问你，对于填过的那些问卷，有哪些信息是你想了解的呢？［征询］

卡尔：我想知道，填这些有什么用？我其实真的喝得不多。

从业者：你觉得自己喝酒并没有过度。［反映］ 根据你填写的问卷报告，当你将喝酒的天数相加累计时，你回答说自己在过去一个月里喝酒的日子有 20 天，总共喝了 100 杯。［告知］ 刚刚你也谈到了你对于自己喝酒的看法，那如果结合了问卷上的信息，现在你是怎么看的呢？ ［征询］

卡尔：呃，可能我也没有注意到，我是差不多天天喝这么多吧。

从业者：所以你也想知道，自己会不会一不注意，就喝超了。［反映改变语句］

卡尔：对，喝点酒我觉得没问题，但是不能天天都喝，我不想成为那种人。

从业者：像那种天天喝酒的人不是你希望的样子。［反映改变语句］ 你也在问卷中提到了，你感觉最没有信心去自控的是社交场合，还有就是在喝酒的心瘾特别强烈时。［告知］ 那你觉得，咱们要不要也在治疗方案中说说这些呢？

---

① 请注意，前后两次出现的"目标"，各自对应的英文原文不同。"目标行为"原文为 target behavior，指要干预的对象或靶点；"治疗目标"则为 treatment goals，指希望达到的效果或情况。——译者注

［征询］

卡尔：我在这些方面肯定需要帮助啊，如果我还想继续走缓刑的话。［改变语句］

从业者：所以你认为，治疗方案中应该包括一些技巧，用来应对社交场合以及管理对酒的心瘾。［反映关于治疗方案的改变语句］

有时，当事人可能会质疑客观性评估或主观性自陈问卷的结果，如"这说得肯定不准，反正这里面问的问题都挺弱智的。"跟回应各种持续语句时一样，从业者可以只通过反映性倾听，或使用第 2 章中讲过的其他技术来进一步探索当事人是如何看待、怎样理解这种状况的，如"嗯，所以在你看来，这个评估并不准确。那你觉得自己喝酒的情况如何呢？在你看来，影响你实现自己目标的最大阻碍是什么呢？"通过这种方式，我们强调了对当事人观点的尊重，同时也继续培养着当事人对于治疗计划 / 方案的动机（还有一些提供反馈的方法详见表 3–2）。

表 3–2	进行反馈讨论的小窍门

1. 引入个性化的反馈

  你记得我之前提过，咱们会一起看看你做过的这些测验还有评估的结果。

2. 肯定当事人的参与，并强调自主性

  我知道题目很多，所以要感谢你投入了这么长的时间。如果你觉得可以，我希望分享一些信息，然后也请你告诉我，你觉得这些信息对你有多大的帮助。

3. 基于背景脉络，给出反馈信息

  这里总结一下你的评估结果：你向我分享了一些非常重要的信息，关于你从前到现在的情况，你所经历的和正在经历的那些事。你觉得，如果我也谈谈我对这些信息的理解和看法，是否可以呢？

4. 提醒当事人注意，特定的评估工具 / 方式会得出特定的结果，并解释使用这一评估工具或方式的目的所在，如自陈式评估或评估员来主导的评估、不同的提问类型（如多项选择题、判断题）、提问的例子、评估与吸毒有关的问题、评估没有按时服药的频率、评估抑郁情绪的引发因素

5. 对评估的目的做概要性介绍

  这上面的得分，会说明 / 会告诉咱们……

续前表

6. 给出当事人的分数或结果

你可以看到，你的总分是 43 分……

但从业者一定要非评判地给出这些信息，并且接受当事人的异议与不认同。与不和谐共舞，引出当事人对此的回应

你怎么看这个分数 / 结果？这些信息跟你目前的生活状况符合的程度如何？

并在征得许可后再提供相关的信息

如果你想了解的话，我这里有一些内容，是关于衣原体如何影响你 HIV 状况的，可以和你分享一下。

7. 反映或摘要当事人的回应。在这里使用双面式反映往往是有帮助的

你觉得这些信息不完全准确，并不是都符合你的情况，同时，其中有些信息也让你觉得，没有按时服药确实对自己的影响很大，所造成的不良身体状态又跟之前住院时的一样了。

8. 也反映当事人的非言语行为

我注意到，当我讲到这些时，你一下子睁大了眼睛，很惊讶的样子。在你听到自己上个月喝了多少酒以后，你有怎样的体会或想法呢？

或者

我注意到，当我讲到这些时，你的情绪有些低落，这似乎对你有触动。

9. 先做个过渡，再谈下一个评估结果

咱们刚才一直都在说病毒量，下面的内容可能也会告诉咱们一些重要的信息：关于你的物质使用，与目前的状况之间是怎样的关系。

或者

咱们刚才主要讨论了回避害怕的情境会如何维持你的焦虑；现在，我想问问你，当你不得不待在这类情境中时，会发生怎样的情况呢？

10. 中间要做几次摘要

不仅抑郁状态不利于你去关心和维护你所在意的人、事、物，而且吸毒的快感也会让你想要放手一切，都无所谓了。

11. 结尾再做一次摘要

所以，你做过的这些评估表明：你有一半的时间没有按医嘱服药，你的病毒含量很高，你在喝酒时服药的剂量往往还会不足。而对于戒酒，你还是有些矛盾，虽然你也挺希望自己在吃药前可以不喝酒的。你觉得，是这样吗？

12. 通过询问"这些行为与人生目标之间的关系 / 二者的一致程度如何"来引出当事人的改变语句

有一件事你总是提起——可以多恢复一些精力照顾孩子们——这对你非常重要。现在，把这件重要的事和这些评估结果放在一起看的话，你有怎样的思考呢？

计划过程

从前面三个过程一路走来，如果我们在评估性会谈里已经评估了引发因素、聚焦了干预目标（targets）并且培养了针对这些目标的改变动机，那我们自然也做过了一些跟计划有关的工作了。所以到了计划过程，我们将进一步细化治疗方案，以及就下一次的会谈做好计划。在评估性会谈中，计划过程应包含以下步骤。

征求许可

第一步，从业者先征求当事人的许可，然后再来讨论治疗的计划/方案。因为，虽然当事人可能已经发现了（就如初始会谈时一样），后续的每一次会谈也都会在结束前去讨论改变的方案，但他们也许还是不愿意对此做充分、细致的讨论，尤其是在涉及研究或保险所需的那种书面方案时。当然在评估性会谈中，如果已经经历过前三个过程并已完成，那么当事人通常也会准备就绪，愿意去探讨计划方案了。不过只要有可能的话，还是请从业者尽量使用 ATA 来讨论方案背后的原理，并且还要回应当事人可能出现的不和谐或持续语句（使用第 2 章提到的方法）。

回顾干预目标并确定优先顺序

第二步，从业者通过做摘要来回顾双方已经确定的目标、已填写好的表格，并征询当事人是否有任何的遗漏或误解。然后，从业者和当事人一起来确定这些话题或内容的优先顺序。同样，我们是在一如既往地引导当事人考虑自身的偏好与倾向，还有那些体现着轻重缓急的客观依据，但仍由他们自己来做决定。

> 从业者：咱们谈到了那些引发因素，而且你也觉得，如果搞明白了自己的想法与症状之间的联系，这会对你有帮助。提升精力或活力，改善和你丈夫的关系，这些也都是后续会谈中咱们可以讨论的话题。你看还有哪些内容，也是你希望优先去讨论的呢？［征询］
>
> 西莉亚：嗯，我一直想着再回去上学。
>
> 从业者：上学也是你优先考虑的事。咱们也把它纳入你的计划里来。［告知］从 CBT 的角度来看，这跟"提升活力水平"算同一类的话题，因为上学

也需要早起、出门、完成功课和作业，以及跟别人进行沟通和交流。你觉得呢，也听听你的看法？［征询］

西莉亚：我觉得有道理。

从业者：嗯，那咱们也一起来看看，哪几个话题是在之后的几周里先来集中讨论的。咱们看看哪些是对你最重要的，同时我也会提供一些信息，来说一下可能先讨论哪个话题，也许会对你最有帮助。

西莉亚：我想解决自己的婚姻问题，不过我也知道，其他方面比如焦虑、精力不足等，确实也会让我一直陷在目前的状态中出不来。

从业者：婚姻是你最想谈的话题，同时你也认识到，可能也需要先处理其他的方面，然后再探讨婚姻关系的话题，这样自己可能也会处理得更好了。所以，管理焦虑和担心、提升活力就都很重要了。当然，还是请你来决定——咱们先从哪个话题开始。而后开始的话题咱们后续肯定也是会探讨到的。

西莉亚：我觉得就先谈焦虑担心，还有我陷入自己的想法出不来这些吧。提升活力这个话题还挺有意思的，不过我也没想好现在谈不谈这个。

合作性地细化治疗方案

第三步，是基于先前讨论出的优先顺序，来细化治疗方案（见"会谈工作表3–5"[①]）。最好是经当事人许可后再做书面的记录。出于支持当事人自主性的考量，从业者也应向其提供选项：是当事人自己来记录，还是由从业者代笔记录。而且，也不是说方案中的每一条都得在会谈中讨论完成，因为有些内容本就需要当事人自己去完成（如预约医生、拿出更多的时间陪女儿）或在相应的转介设置下（如在支持性的团体中）完成。对于每一个目标行为（target），从业者都需要与当事人合作性地细化其中待解决的问题、总体目标（goals）和具体目标（objectives），以及计划使用的干预方法（详见表3–3）。我们会使用开放式问题、反映性倾听以及ATA，从而将当事人自身的知识经验、偏好倾向与从业者所具备的关于循证治疗的信息（如自我监测、技巧／技能训练、制定活动时间表）整合在一起。

---

① "会谈工作表3–5"可用来探讨评估和／或治疗中的问题或议题，该表格主要作为一种做计划的工具，但也可以用来协助聚焦工作。

表 3–3　　　　　　　　　　　　　　　　卡尔的治疗方案

目标行为 / 症状 / 问题	总体目标和具体目标	治疗方案
1. 酒精使用	（1）遵守缓刑监管的条款：酒精检测无阳性	对喝酒做自我监测 管理对酒的心瘾 学习拒绝的技巧
2. 抑郁心情	（1）当心情低落时（在 0–100 分的量表上高于 20 分时），不喝酒 （2）每天至少做一件愉快的事情	（1）自我监测心情 （2）制定活动时间表
3. 婚姻矛盾	（1）改善与太太的关系	沟通技巧 管理"全或无"的思维模式 愤怒管理

对我来说，为什么这个方案很重要
请列出三点原因：
1. 我不想进监狱
2. 我不想跟老婆离婚
3. 我想省点钱，所以希望咨询有效果，别没完没了地做下去

　　对于某一特定的引发因素，应该针对性地使用哪种具体的干预方法呢（是使用认知重建、接纳取向的方法还是行为实验）？如果这方面的证据并不明确，那么从业者可以向当事人提供相应的选项，然后一起来决定优先选择哪种方法。如果咨询 / 治疗工作采用的是模块化的形式，那么从业者可以和当事人合作性地选出具体的模块，并安排好模块的工作顺序。如果从业者所认为的重要的干预目标及方法，对于这些还没有来得及引出当事人的看法并与之讨论，那我们完全可以继续使用 ATA 和选项菜单来做这部分的工作："有人分享说'不想让别人知道自己感染了 HIV，这有时也会让自己耽误了按时吃药'。他们提到的这个引发因素，你怎么看呢？"

　　在对焦虑障碍 / 问题的 CBT 干预中，从业者会和当事人一起去面对那些困难的治疗任务（如暴露练习，要求当事人专门去做一些引发其焦虑体验的事情，先要引出显著的痛苦或不适感）。所以，从业者需要理解这些困难，形成一种合作性的个案概念化，然后也一定要跟当事人解释这种方法是如何起作用的，并帮助他们理解参加暴露治疗将会更长期地降低焦虑感。因为，当事人一想到自己不得不面对那些高焦虑的事物，很有可能会放弃治疗。

萨姆：哎呀，咱们谈到的这些让我有些不太明白了，你怎么希望我做这种事呢。

从业者：对，我讲的这些好像是挺难做到的，尤其是那些较高恐惧层级的情境。[反映]

萨姆：是啊。那种得发言、做报告才有成绩的课，像我这样的人，别说真去上了，就算光想象一下都够呛。

从业者：想象这件事就会让你很焦虑。[反映]

萨姆：甚至咱们现在说到这个事，我都开始出汗了。

从业者：嗯，所以这也要取决于你自己，看你是否做好了准备愿意去解决这类恐惧了。[强调个人选择] 如果从一些很低的情境开始，你觉得怎么样？等之后你准备得更充分一些了，咱们再来处理更高的情境。

萨姆：嗯，这样应该可以。

从业者：嗯，你知道，循序渐进、逐步地将自己暴露在害怕的情境中会帮助你克服这些。[反映] 那么你想从这个层级列表的哪个位置开始呢？[强调个人选择]

萨姆：从"去学生餐厅吃饭，而不是在自己的房间"开始怎么样？

巩固对治疗方案的决心／承诺

第四步，我们还会通过做摘要来概括重温当事人对于"为什么改变"以及"如何改变"的改变语句，从而引导他们巩固自己的决心／承诺，并关注方案中的后续步骤：

尤金，你讲了自己为什么要按时服药——因为你想维持身体的健康，也想让自己保持独立性。所以，你也知道下面这几件事的重要性：监测自己没有按时吃药的频率；在伴侣家过夜时要做好计划；管理对自己现状的负面想法。你想先从"监测自己没按时吃药的频率"还有"在伴侣家过夜时要做好计划"开始着手做。看看我漏掉了什么，没有提到？

如果当事人做了补充，或有所更改，从业者要先对这些内容做反映，然后再对治疗方案进行必要的调整。接下来，就要询问当事人对于执行这个方案的决心 / 承诺语句了，如"你有多确定自己会去落实这个方案呢"或"为什么你觉得这个方案是自己一定要去落实的呢"。我们始终会通过反映性倾听或引导详细展开，来强化当事人的决心 / 承诺句。另外，还可以考虑使用第 2 章讲到的"决心尺"来引出和强化这种语句。

> 询问当事人对于执行这个方案的决心 / 承诺语句。

计划下一次的会谈

第五步，在 MI-CBT 中，我们会在每次会谈的最后，针对接下来的这一周制定出具体的改变方案，包括接下来这一周的目标、达成目标的具体步骤，以及解决困难阻碍的"如果－那就"方案。此刻，当事人选择的目标可能是"减少问题行为 / 症状"，但如果他们还不具备相应的技巧或技能，设定这样的目标恐怕为时尚早。所以相对地，目标可以设定为更小的行为改变，如"我不喝烈性酒了""明天我去遛狗"等。在 MI-CBT 中，我们也会在治疗的开始阶段就引导当事人关注会谈以外的练习。因为这些练习任务本身就可以被视为改变方案中的一部分步骤，包括：复习治疗方案；补充信息（如记录问题行为、症状或情境以及访谈家庭成员）；为下一步的干预做准备（如拟定自己的愉快活动清单）；完成自助性的干预（如参加支持性小组、阅读相关的文章或书籍、做 5 分钟的冥想练习）。同样，从业者与当事人讨论这些练习及其背后的原理，也将使用 ATA 来进行：先尽可能地引出当事人对此的了解与理解，然后我们再来提供信息。各章在末尾处，基本上都给出了与该章内容有关的改变计划表（见"会谈工作表 3–6"），表 3–4 也向大家展示了西莉亚所完成的、针对评估性会谈的改变计划。后续，我们还会在第 7 章的"家庭作业"中进一步地讨论如何提升当事人做练习的动机，还有当他们没做练习时如何去管理不和谐及持续语句。

表 3–4	西莉亚的改变计划表
我的改变，起步计划	
我想做的（行为 / 行动 / 改变）	
弄明白我的想法与症状之间的关系	
提升自己的活动水平	
改善和我丈夫的关系	

续前表

这样做对我很重要，因为
我不希望自己受制于那些想法和担心
我希望，开车时可以不用总担心自己或者别人会遭遇不测
我想回去上学
婚姻对我很重要
我想恢复精力

我准备按以下步骤进行（做什么、何时做、在哪儿做、怎么做）

下次会谈前，把那些会引发我焦虑的事物列个清单。这件事我会放在周三做，因为周三我不用忙孩子们的事

请我丈夫开车带我去参加下次的会谈，假如我觉得自己去不了的话

（要询问当事人参加会谈的计划，如果他们没有主动提起的话）

可能遇到的困难	怎么办
如果……	那我就……
我想不起来去列清单	先在手机日历上给自己设个提醒，以免忘记
我想不出引发自己焦虑的事物	请我丈夫和女儿帮我一起想想
我需要我丈夫开车送我去参加下次的会谈，但万一他没有时间的话	提前也跟我姐或者邻居打个招呼，有个备案

从业者：咱们讨论了让你焦虑的各种情境，现在我也想谈谈，如何在会谈以外取得进步的事。你觉得呢，对此你有什么看法？

萨姆：嗯，我觉得可以。我之前就听说CBT会有"家庭作业"。

从业者：对，一般会有的。我喜欢叫作"会谈以外的练习"，因为叫"家庭作业"的话有点像学校里的功课，不过不管怎么叫吧，咱们可以稍微讨论一下这个方面吗？

萨姆：没问题。那接下来你准备怎么布置呢？

从业者：很感谢你会这样问我的看法，因为"家庭作业"这个词听起来也更像是要由我来布置任务了。不过咱们不会这样做，因为咱们会一起商讨来达成共识，会共同决定——你可以在会谈以外尝试用哪些方法或步骤来帮助自己继续进步，所以这还是有区别的。你觉得呢？

萨姆：嗯，你的意思是，家庭作业做什么我也有发言权。

从业者：不只是有发言权，而且你和我会一起讨论，也会一起看看哪些内容或练习是最适合你的。

萨姆：好的，我明白了。

从业者：那你觉得，为什么咱们这种做法对于治疗焦虑会很重要呢？

萨姆：啊，我觉得有可能，你让我做的练习会挺难的。

从业者：对，这有可能。所以，如果咱们能沉下心来确保这个过程，不是由我来让你做，而是咱们一起讨论怎么做会更好，难度不会太大让你做不到，也不会过于简单让你获得不了进步。你觉得这样如何呢？

萨姆：嗯，我觉得这样就好多啦。

MI-CBT 的两难情境

有一个两难情境是从业者始终要面对的：如果矛盾心态依旧存在，那我们接下来要怎么办呢？这方面最典型的体现就是，在谈到治疗方案时，当事人对此并没有决心 / 承诺。当然，矛盾心态也会体现在其他几个过程中，我们通过当事人的持续语句或不和谐语句就可以注意到这一点。所以接下来，从业者可以选择继续进行纯MI 性质的会谈（遵照第 2 章的做法）；或者，也可以尝试推动 CBT 的干预，看看情况如何。因为我们认为，一个人对于改变的矛盾心态或多或少始终都是存在的；同时，只要从业者和当事人能就治疗方案达成一定程度的共识，那么 CBT 就可以进行了。比如我们可以选择这样的做法：先来看一看，当事人对于尝试治疗方案中的某一个或两个方法（如自我监测、锻炼身体）有没有决心 / 承诺，后续再看当事人对整个治疗方案的决心 / 承诺。有时，干预的时限性也会促使当事人下决心先就某个方法尝试几周，然后再决定是否继续。如果当事人完全拒绝了 CBT，我们认为先进行若干次的 MI 会谈能有助于其矛盾的天平向着改变的一侧倾斜，但大部分有关 MI 的研究所关注的会谈次数目前还都较为有限（Lundahl & Burke, 2009）。因此，我们推荐大家参考动机增强疗法（Miller, Zweben, & DiClemente, 1994）的思路，即开始先进行几次 MI 的会谈，进行一个月之后[①]，再来看当事人是否愿意

---

① 动机增强疗法（motivational enhancement therapy）的设置是先进行四次 MI 的会谈，所以按照这个思路，如果会谈是一周一次，为期正好是一个月。——译者注

进行 CBT 的会谈了，还是更希望后续以自己的方案来解决。

所以另一个两难情境就出现了，即当事人自己偏好的解决方案与从业者所了解的循证依据不一致，甚至背道而驰。有时，当事人的见解无伤大雅，例如他们可能认为补充营养会有利于改善抑郁，所以纳入治疗方案也是可以的；而有时，当事人希望的方案可能就明显背离了实证依据，如当事人自己更倾向选择"适度饮酒"，但研究表明戒除取向的方法才更有可能取得成效。所以我们认为，从业者可以通过 ATA 来提供这方面的信息，但最终仍会遵循当事人自己的倾向与选择。而且，双方可以将当事人的这个选择理解为一种假设（hypothesis），然后一起收集证据，看看这样的方案在开展之后是否可行及有效（在时间跨度上既要足够以检验假设，也要避免过长而导致治疗失败）。如果未能出现双方希望的结果，那么从业者和当事人也就可以考虑选择其他的选项了。所以基于以上，即便从业者无法背离伦理，违心地表达出一种乐观的态度，也仍然可以表达自己是真心希望当事人的方案可以奏效，从而进一步地建设治疗联盟，当事人在之后遇到困难与阻碍时也才会认真地考虑从业者给过的建议。而如果当事人自己的方案是被明确禁止的做法（如"治疗 HIV 的药我只想隔一天吃一次"），那么基于伦理要求，从业者必须使用 ATA 来提供相应的信息，而且也不能遵照当事人的方案来继续进行。

最后还有一种两难的情境是，我们会遇到拒绝做家庭作业的当事人。对此，从业者可以尝试引出做家庭作业的原因，以及当事人觉得这有用、可行、可尝试的观点。CBT 通常强调说，更多的进步发生在会谈以外的时段，而家庭作业就是实现这种进步的载体。如果当事人坚定拒绝做家庭作业，而从业者又认为 CBT 不能没有家庭作业，那从业者就可以向当事人解释这一点：在当事人愿意做家庭作业之前，CBT 是没有办法进行的；同时，从业者可运用前文提到的动机增强疗法。当然，这里还有其他的选择，即从业者只提供 CBT 的某些治疗成分，并向当事人说明：没有家庭作业的话，这些治疗成分可能效果发挥得更慢或更有限，不过即便如此，从业者依然真心愿意与当事人共进退，一起尝试一下。所以大家可能也发现了，对于这个两难情境其实没有所谓的"正确答案"。我们认为，治疗不是"全或无"的，只要当事人参与了治疗的某一些内容 / 成分，就胜过他们完全不参与、不治疗，所以从业者同样要小心，也别因为治疗成分的不完整，就打击了当事人对于疗效的信心。

✎ 从业者的练习 3-1

行为功能评估的三种方式

传统的行为功能评估是以一问一答的访谈形式来进行的。我们提出另外两种方式，既可秉持 MI 的精神、使用 MI 的技巧，也可以培养当事人对于治疗方案的动机。方式一，每提一个开放式问题后面就要跟上一个反映性倾听，而且在连续的三个问题之后还会做一次摘要。方式二更妙，即我们会反映从先前谈话中获知的信息，并将其整合到功能评估里来，此时从业者可以使用反映后的停顿或者开放式问题，来引导当事人详细展开。

练习目的：基于 MI-CBT 的整合取向，练习如何进行行为功能评估。

指导语：版本 1 里有关于五个方面的问题，摘自关于减肥的行为功能评估，所针对的目标行为是"过度饮食"。注意，我们也可以就"少吃"或"遵照用餐计划"来提问。请大家练习使用另外的两种形式（版本 2 与版本 3）来做评估，并填写完成相应的内容。

版本 1：访谈

1. 询问"人物"：当你吃很多食物时，比如吃了一大碟子后感到撑得慌，给自己加餐又吃了一顿，或者是吃了不利于减肥的零食，通常在这些时候，你身边有没有特定的人在？比如，是不是跟一些特定的朋友、同学、兄弟姐妹或者是家人在一起时，你更有可能会吃得过多？

玛丽：是我的家人，我跟他们在一起时肯定会吃得特别多。我跟朋友们在一块时不会吃得太多，不过也有例外，比如我们去一些特别的地方吃饭时。

2. 询问"地点"：有没有什么地方或场合是不利于你少吃的？比如，在学校、教堂、亲戚家、邻居家，或者是在快餐店？

玛丽：跟朋友们出去玩时，我们一般会去麦当劳或者小吃店。我觉得在这些地方自己会更容易失控。

3. 询问"情绪"：你是否留意到，当自己没控制住而吃得更多时，你正处在某种情绪、心情或者感受中？可能会是悲伤、愤怒、疲惫或者是无聊，等等。

玛丽：我感到悲伤和无聊时就会吃得多。比如，当我想到了自己的体重或者我不想动弹时，我就感到很悲哀。还有，当我没事情可做时，也觉得无聊。

4. 询问"时间"：一天中有没有某些时间，或者是一周中有没有某几天，会更不利于你少吃呢？比如你晚上吃东西时、在学校吃午饭时、当你妈妈去上班时或者你在看电视时，会不会更容易吃得多？

玛丽：周五放学后我和朋友们去逛街玩时，还有周五跟我妈晚上吃比萨饼看电影时，我都容易吃多。

5. 询问"想法"：当你没有控制住吃得更多时，有没有一些特定的想法是你当时会想到的？比如，想到没有希望了、想到了自己被别人排斥或拒绝？

玛丽：我不知道。可能当我感到自己要失控了，好像在想"我停不下来了"，事后我又会怪自己，会想自己又做错了。

版本 2：提问 – 反映 – 提问 – 反映并摘要

首先，请将封闭式问题转变为开放式问题。然后，请在每一个提问之后都加入反映，并在三个提问后做一次摘要。从业者所做的反映性倾听，可以只是一种简单的改述，也可以更为复杂一些，比如做一个行动反映。下面的例子，是关于第一个问题（"人物"）的做法展示。

1. 询问"人物"：当你吃很多食物时，比如吃了一大碟子后感到撑得慌，给自己加餐又吃了一顿，或者是吃了不利于减肥的零食，通常在这些时候，你身边有没有特定的人在？比如，是不是跟一些特定的朋友、同学、兄弟姐妹或者是家人在一起时，你更有可能会吃得过多？

从业者［开放式问题］：当你吃得过多时，你身边一般会有哪些人呢，比如朋友或家人？

玛丽：是我的家人，我跟他们在一起时肯定会吃得特别多。我跟朋友们在一起时不会吃得太多，不过也有例外，比如我们去一些特别的地方吃饭时。

从业者［反映］：主要是和家人在一起时你会吃多，而跟朋友们在一起时你只在一些特别的地方会吃得多。

行动反映：主要是和家人在一起时你会吃多，而跟朋友们在一起时你只在一些特别的地方会吃得多，所以想想办法，能让他们协助和支持你少吃可能是有意义的。

2.询问"地点"：有没有什么地方或场合是不利于你少吃的？比如，在学校、教堂、亲戚家、邻居家，或者是在快餐店？

从业者［开放式问题］：＿＿＿＿＿＿＿＿＿＿＿＿＿＿＿＿＿＿＿＿＿＿

＿＿＿＿＿＿＿＿＿＿＿＿＿＿＿＿＿＿＿＿＿＿＿＿＿＿＿＿＿＿＿＿＿＿

玛丽：我跟朋友们出去玩时，我们一般会去麦当劳或者小吃店。我觉得在这些地方，自己会更容易失控。

从业者［反映］：＿＿＿＿＿＿＿＿＿＿＿＿＿＿＿＿＿＿＿＿＿＿＿＿＿

＿＿＿＿＿＿＿＿＿＿＿＿＿＿＿＿＿＿＿＿＿＿＿＿＿＿＿＿＿＿＿＿＿＿

3.询问"情绪"：你是否留意到，当自己没控制住而吃得更多时，你正处在某种情绪、心情或者感受中？可能会是悲伤、愤怒、疲惫或者是无聊，等等。

从业者［开放式问题］：＿＿＿＿＿＿＿＿＿＿＿＿＿＿＿＿＿＿＿＿＿

＿＿＿＿＿＿＿＿＿＿＿＿＿＿＿＿＿＿＿＿＿＿＿＿＿＿＿＿＿＿＿＿＿＿

玛丽：我感到悲伤和无聊时就会吃得多。比如，当我想到了自己的体重或者我不想动弹时，我就感到很悲哀。还有，当我没事情可做时，也觉得无聊。

从业者［反映］：＿＿＿＿＿＿＿＿＿＿＿＿＿＿＿＿＿＿＿＿＿＿＿＿＿

＿＿＿＿＿＿＿＿＿＿＿＿＿＿＿＿＿＿＿＿＿＿＿＿＿＿＿＿＿＿＿＿＿＿

摘要：所以你自己也发现了，你吃得多一般都是跟家人在一起，跟朋友们则是去麦当劳或者小吃店。当你吃多时，你感到失控了，还会觉得自己做错了。

4.询问"时间"：一天中有没有某些时间，或者是一周中有没有某几天，会更不利于你少吃呢？比如，你晚上吃东西时、在学校吃午饭时、当你妈妈去上班时，或者你在看电视时，会不会更容易吃得多？

从业者 [开放式问题]: _____

_____

玛丽: 周五放学后我和朋友们去逛街玩时, 还有周五跟我妈晚上吃比萨饼看电影时, 我都容易吃多。

从业者 [反映]: _____

_____

5. 询问 "想法": 当你没有控制住吃得更多时, 有没有一些特定的想法是你当时会想到的? 比如, 想到没有希望了、想到了自己被别人排斥或拒绝?

从业者 [开放式问题]: _____

_____

玛丽: 我不知道。可能当我感到自己要失控了, 好像在想 "我停不下来了", 事后我又会怪自己, 会想自己又做错了。

从业者 [反映]: _____

_____

总的摘要: _____

_____

版本 3

请试试看, 在不问任何问题的情况下, 只从一段谈话的点点滴滴中留意, 哪些答案是可以被发现并收集起来的。

从业者: 玛丽, 为了制订出最有效的计划, 咱们可能会想想那些引发你吃得特别多的因素, 比如人物、地点、想法还有心情。

玛丽: 嗯, 我心情低落时肯定会吃得更多。比如, 当我感到一切都没有希望了, 还有我妈买了比萨饼我们晚上看着电影吃时, 还有当我实在是受不了了、忍不住时。

从业者：跟家人在一起时你会吃得更多，特别是晚上看电影时，还有你心情不好觉得没有希望了，以及感觉自己承受不住了，你也会吃得更多。

玛丽：对。其实跟朋友们在一起时我吃得不多，除非我们去了麦当劳或类似的地方。我们也只是偶尔去这些地方。

关于"人物"，你（从业者）了解到了什么？ _____

关于"地点"呢？ _____

关于"心情"呢？ _____

关于"想法"呢？ _____

关于"时间"呢？ _____

还有哪些问题是你想询问的呢？ _____

_____

从业者的练习 3-2

评估性会谈中的 MI 精神

练习目的： 请判断，哪种形式 / 版本最符合 MI 的精神。

指导语： 请就"从业者的练习 3-1"中的每一种形式 / 版本的行为功能评估，都和伙伴做角色扮演；并基于 MI 精神的四个成分（合作、接纳、至诚为人、唤出），使用下列表格中的刻度数字，来为每次的角色扮演评分。然后请讨论，在 MI 精神与 CBT 评估会谈之间可以进行怎样的平衡。

行为功能评估　版本 1：访谈

合作						
我们彼此对抗（摔跤型）			我们一起协作（共舞型）			我们同在一室，但没什么太多的互动（站桩型）
1	2	3	4	5	6	7

接纳						
我抵制当事人的选择和 / 或施压迫使他们去改变（指导型）			我觉察并尊重当事人的选择，包括不去做改变（接纳型）			好像我对当事人的心愿或选择也没什么关注和感觉（看客型）
1	2	3	4	5	6	7

至诚为人						
疗效或数据要比当事人的需求更重要（冷漠型）			我会促进当事人的需求实现，这在我的主观上和行动上都会体现（共情型）			情绪左右了我对当事人需求的反应（同情型）
1	2	3	4	5	6	7

唤出						
我会给出做改变的理由（主张型）			我会引出当事人自己对改变的看法（引导型）			我就随着会谈聊，聊哪儿算哪儿（跟随型）
1	2	3	4	5	6	7

行为功能评估　版本 2：提问 – 反映 – 提问 – 摘要

合作						
我们彼此对抗（摔跤型）			我们一起协作（共舞型）			我们同在一室，但没什么太多的互动（站桩型）
1	2	3	4	5	6	7

续前表

			接纳			
我抵制当事人的选择和 / 或施压迫使他们去改变（指导型）			我觉察并尊重当事人的选择，包括不去做改变（接纳型）			好像我对当事人的心愿或选择，也没什么关注和感觉（看客型）
1	2	3	4	5	6	7

			至诚为人			
疗效或数据要比当事人的需求更重要（冷漠型）			我会促进当事人的需求实现，这在我的主观上和行动上都会体现（共情型）			情绪左右了我对当事人需求的反应（同情型）
1	2	3	4	5	6	7

			唤出			
我会给出做改变的理由（主张型）			我会引出当事人自己对改变的看法（引导型）			我就随着会谈聊，聊哪儿算哪儿（跟随型）
1	2	3	4	5	6	7

行为功能评估　版本 3：在谈话中收集

			合作			
我们彼此对抗（摔跤型）			我们一起协作（共舞型）			我们同在一室，但没什么太多的互动（站桩型）
1	2	3	4	5	6	7

			接纳			
我抵制当事人的选择和 / 或施压迫使他们去改变（指导型）			我觉察并尊重当事人的选择，包括不去做改变（接纳型）			好像我对当事人的心愿或选择也没什么关注和感觉（看客型）
1	2	3	4	5	6	7

续前表

至诚为人						
疗效或数据要比当事人的需求更重要（冷漠型）			我会促进当事人的需求实现，这在我的主观上和行动上都会体现（共情型）			情绪左右了我对当事人需求的反应（同情型）
1	2	3	4	5	6	7

唤出						
我会给出做改变的理由（主张型）			我会引出当事人自己对改变的看法（引导型）			我就随着会谈聊，聊哪儿算哪儿（跟随型）
1	2	3	4	5	6	7

✎ 从业者的练习 3-3

行动反映

练习目的：练习用行动反映来回应，从而将干预的方法／思路融入反映性倾听之中。

指导语：对于每一类的行动反映，请大家先尝试写出自己的答案，然后再看后面给出的参考答案。

1. 行为建议：对当事人遇到的阻碍做反映，并将其重构为一句关于"行动"的陈述。

（1）尤金告诉你，自上次失约没来就医后，他的抗逆转录病毒药物就没有了，他也没再服药。你可以怎样回应他呢，既要表达对他困境的理解，又要给出一句关于"行动"的陈述？

_____

_____

（2）卡尔说他不想做戒酒治疗，但也不想失去家庭或者进监狱。他不想自己被千夫所指，也希望一切都可以回到车祸之前。

_____

_____

2. 认知建议：对当事人遇到的阻碍做反映，并将其重构为改变想法的建议。

（1）西莉亚担心开车会让自己或家人受伤。而她又需要开车上下班、接送孩子上学和参加体育比赛，以及去购物、就诊、看牙，等等。她觉得自己是没希望克服对于安全的这种担忧了。

_____

_____

（2）玛丽说自己不可能减肥成功，因为她妈妈只会唠叨数落，还买垃圾食品回家。她想在夏天之前减肥，但又觉得自己根本就做不到，因为得不到妈妈的支持。

_____

_____

3. 行为排除：对当事人遇到的阻碍做反映，并确认出要排除的方法。

（1）卡尔想在家族聚会上尽量少喝酒，尝试了至少两次，但是都不行。他希望能顺利解决喝酒的问题，但又不想就这样不跟亲戚们见面了。因为，喝酒也是他们家族聚会中的传统项目。

_____

_____

（2）萨姆尝试靠"酒壮怂人胆"来克服自己聚会时的社交焦虑，但他喝得酩酊大醉，结果事与愿违。他也觉着这个办法不管用，但也不知道还能怎么办。

_____

_____

参考答案

1. 行为建议：对当事人遇到的阻碍做反映，并将其重构为一句关于"行动"的陈述。

（1）尤金告诉你，自上次失约没来就医后，他的抗逆转录病毒药物就没有了，他也没再服药。

<u>所以，如果你可以来就诊的话，就可以开处方药了，按你自己希望的情况。</u>

（2）卡尔说他不想做戒酒治疗，但也不想失去家庭或者进监狱。他不想自己被千夫所指，也希望一切都可以回到车祸之前。

<u>如果你可以来参加治疗会谈，那就不必受大家的指责和唠叨了。</u>

2. 认知建议：对当事人遇到的阻碍做反映，并将其重构为改变想法的建议。

（1）西莉亚担心开车会让自己或家人受伤。而她又需要开车上下班、接送孩子上学和参加体育比赛，以及去购物、就诊、看牙，等等。她觉得自己是没希望克服对于安全的这种担忧了。

<u>这种对于安全的担忧让你难以承受，同时，找到一种办法可以去做你需要做的事，即便当你出现了那些想法时，这可能是很重要的。</u>

（2）玛丽说自己不可能减肥成功，因为她妈妈只会唠叨数落，还买垃圾食品回家。她想在夏天之前减肥，但又觉得自己根本就做不到，因为得不到妈妈的支持。

<u>你觉得在家里得不到支持，所以找到一种方式来感受希望、信心与力量，这可能是咱们合作中非常有意义的一环。</u>

3. 行为排除：对当事人遇到的阻碍做反映，并确认出要排除的方法。

（1）卡尔想在家族聚会上尽量少喝酒，尝试了至少两次，但是都不行。他希望能顺利解决喝酒的问题，但又不想就这样不跟亲戚们见面了。因为，喝酒也是他们家族聚会中的传统项目。

<u>你已经试过了在家族聚会上少喝酒，同时你也不希望就不见亲人们了，所以你可能要想一想其他的办法了。</u>

（2）萨姆尝试靠"酒壮怂人胆"来克服自己聚会时的社交焦虑，但他喝得酩酊

大醉，结果事与愿违。他也觉着这个办法不管用，但也不知道还能怎么办。

　　你现在也觉得这种做法并不能帮你在聚会上放松，所以或许咱们先要在其他的环境下帮你发展出、建立起这方面的技巧或技能。

从业者的练习 3-4

引出并强化关于 "治疗计划" 的改变语句

练习目的：练习使用唤出式问题，来引出针对"治疗计划/方案"的改变语句。然后，再做反映来进一步支持与强化改变语句。

指导语：请大家完成题目 1~6，如有需要可以自行补充每个题目背后案例的细节信息。这些题目涵盖了谈话顺序中的三种成分，有针对地进行练习。在前三题中，大家只需要完成其中一种成分（从业者引出改变语句的提问；当事人说出的改变语句；从业者对改变语句做反映）。在后三题中，大家就要多发挥自己的创造性，来完成其中两种成分了。

第 1 题

- **从业者引出改变语句的做法**：你希望的情况是？
- **当事人说出的改变语句**：我想跟亲人们聚聚，同时也不要喝高了。我还是想继续走缓刑的。
- **从业者强化改变语句 [反映/提问]**：＿＿＿＿＿＿＿＿＿＿＿＿＿
＿＿＿＿＿＿＿＿＿＿＿＿＿＿＿＿＿＿＿＿＿＿＿＿＿＿＿＿＿＿＿

第 2 题

- **从业者引出改变语句的做法**：那你觉得自己可以怎么做呢？
- **当事人说出的改变语句**：＿＿＿＿＿＿＿＿＿＿＿＿＿＿＿＿＿＿
＿＿＿＿＿＿＿＿＿＿＿＿＿＿＿＿＿＿＿＿＿＿＿＿＿＿＿＿＿＿＿

- **从业者强化改变语句[反映/提问]**：你觉得可以只喝几杯啤酒，然后就离开，你觉得这是个办法。

第 3 题
- **从业者引出改变语句的做法**：_____

  _____

- **当事人说出的改变语句**：最好的情况是，我能继续走缓刑，而且我觉得如果我可以做到的话，我太太是不会跟我离婚的。
- **从业者强化改变语句[反映/提问]**：你能认识到事情是可以按照你希望的方式来发展的，只要咱们可以找到相应的、适合你的解决办法。

第 4 题
- **从业者引出改变语句的做法**：玛丽，咱们谈到了你希望妈妈做改变的方面，比如她买回家的食物，还有当你吃东西时她对你说话的方式。那么，你希望自己做出哪些改变呢？
- **当事人说出的改变语句**：_____

  _____

- **从业者强化改变语句[反映/提问]**：_____

  _____

第 5 题
- **从业者引出改变语句的做法**：_____

  _____

- **当事人说出的改变语句**：我知道我得少吃，也要在两顿饭之间忍住别吃零食了。可能我也需要多喝水，还有远离快餐类的食物。
- **从业者强化改变语句[反映/提问]**：_____

  _____

第 6 题
- **从业者引出改变语句的做法**：_____

  _____

- **当事人说出的改变语句**：_____

  _____

- **从业者强化改变语句**［**反映 / 提问**］：所以为了减肥，这些改变是有必要的。

参考答案

第 1 题

- **从业者强化改变语句**［**反映 / 提问**］：你希望参加家族聚会，同时还别喝得太多了。

第 2 题

- **当事人说出的改变语句**：也许我可以只喝几杯啤酒，然后就撤吧，而不是在那儿待一天。

第 3 题

- **从业者引出改变语句的做法**：如果你能成功做到的话，之后最好的情况会是怎样的呢？

第 4 题

- **当事人说出的改变语句**：我希望自己的饮食可以更健康一些，还有就是要开始锻炼了。
- **从业者强化改变语句**［**反映 / 提问**］：你考虑得很清楚，这些都是健康减肥的理念。

第 5 题

- **从业者引出改变语句的做法**：关于健康饮食，你有哪些了解呢？
- **从业者强化改变语句**［**反映 / 提问**］：所以健康饮食是你现在最看重、最优先的事情，而且要怎么做，你自己也已经有了一些想法。

第 6 题

- **从业者引出改变语句的做法**：那为什么这对你很重要呢？
- **当事人说出的改变语句**：我要是不改变饮食习惯，肯定是没办法减肥啊。

会谈工作表 3-1

行为功能评估表

针对不希望出现的行为，理解其发生的时间与原因，将有利于制定出避免或管理这种行为的方案。你最常出现的行为是_____。请在下表中填入相应的信息。

在哪里 / 情境	出现的人物	在什么时间	心瘾	想法	心情

会谈工作表 3-2

行为功能评估表（简版）

　　针对不希望出现的行为，理解其发生的时间、原因以及相应的后果，将有利于制定出避免或管理这种行为的方案。请在"引发因素"一栏，列出你认为导致_____的情境、人物、地点，等等。在"结果"一栏，请写出当你遇到了该引发因素后发生了什么。

引发因素	结果

CBT 模式评估表

    针对不希望出现的行为，理解其发生的时间与原因，将有利于制定出避免或管理这种行为的方案。请思考＿＿＿＿＿＿＿＿＿最有可能发生时的情况。并使用下图来描述：当那种不希望的行为出现时，最常见的情境、想法、情绪、身体症状，以及你受影响之后的行为或活动水平。

    这些因素是彼此影响的，所以改变其中的一个方面（即想法）就可以联动其他的方面，从而改变这种不希望出现的行为。

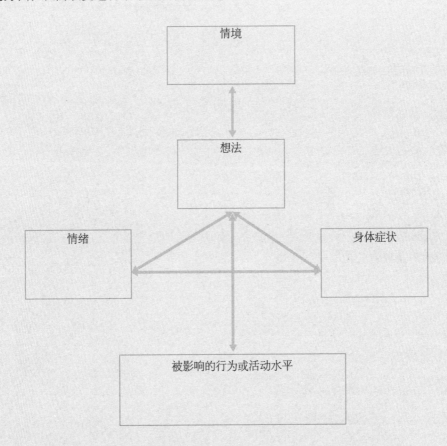

会谈工作表 3-4

评估总结表

　　对于你不希望出现的行为，在评估完其引发因素之后，请你和从业者一起填写完成下图。请将那个不希望出现的行为，填写在圆圈中，并将相应的引发因素填写在各个方框中。然后，请你从中选出四个影响最大的引发因素，即最有可能造成了这个不希望的行为出现（#1 是最大可能造成，#2 是第二大可能造成，#3 和 #4 以此类推）。有了这些引发因素，在制定管理这个行为的治疗方案时，就可以将它们考虑进来了。

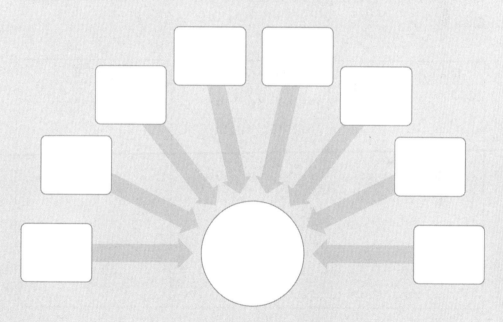

治疗方案 / 计划

请你和从业者一起填写完成下表。请先在第一栏中写出任何你不希望出现的行为，或其他需要在治疗中处理的问题。然后针对第一栏里每一个目标行为（target）/ 症状 / 问题，在第二栏中写下你自己的治疗总体目标和具体目标。最后，请在第三栏中写出相应的治疗方案 / 计划。很多人都发现，针对每一个不希望出现的行为，比较有帮助的做法是处理对其影响最大的四个引发因素，并在最右侧的治疗计划中写下具体的方案。同时在整个治疗过程中，治疗方案也可以根据需要做出调整与修改。

目标行为 / 症状 / 问题	总体目标和具体目标	治疗方案

对我来说，为什么这个方案很重要？

请列出三点原因：

1._____

2._____

3._____

评估的改变计划表

我的改变，起步计划

我想做的（行为 / 行动 / 改变）

_____

_____

_____

这样做对我很重要，因为

_____

_____

_____

我准备按以下步骤进行（做什么、何时做、在哪儿做、怎么做）

_____

_____

_____

可能遇到的困难   **怎么办**

如果……   那我就……

_____   _____

_____   _____

_____   _____

_____   _____

第 4 章

自我监测

自我监测是当事人观察并记录自己的行为、想法、生理体验或者情绪感受的过程，也是 CBT 的核心成分之一。自我监测既可以作为一种评估工具（见第 3 章），也可以作为一种干预方法来使用。从传统上看，对想法进行自我监测是 CBT 较早就使用的干预方法，即通过"思维记录表"来追踪当事人对情境的反应，并关注其想法、情绪及行为之间的联系（Beck，2011，p. 195；Leahy，2003，p. 8）。而针对非合意行为 [①] 的前因与后果进行自我监测，同样也是 CBT 中的共同成分，即所谓的"行为功能评估"或"行为功能分析"。例如，焦虑障碍的干预基础就是当事人对自己的不适感、生理症状、行为回避以及引发焦虑的因素进行自我监测（Newman & Borkovec，1995）。而治疗抑郁障碍的行为激活，其干预基础则是当事人监测自己的活动，既包括了痛苦不舒服的活动也包括愉快开心的活动（Martell et al.，2010）。

> 自我监测会有助于提升干预的成效。

在涉及行为改变的诸多领域都有证据表明，自我监测会有助于提升干预的成效。例如，包括自我监测在内的干预促进了当事人按医嘱服用 HIV 药物（Parsons et al.，2007；Safren et al.，2001）。有元分析发现，对血糖和血压的自我监测会促进当事人的保健效果（McIntosh et al.，2010；Uhlig，Patel，Ip，Kitsios，& Balk，2013）。增加对食物摄入及身体锻炼的自我监测，也与更好的减肥效果正相关（Burke，Wang，

---

① 非合意行为，即不希望出现的行为，也是要减少或消除的目标行为。——译者注

& Sevick，2011；Olander et al.，2013）。而针对物质使用的循证干预方法，同样包含了自我监测的环节，用于当事人提早觉察和发现自己的心瘾，并识别出环境中的引发因素（Fisher & Roget，2009，p. 930）。而当研究者欲通过当事人的自我监测来评估其饮酒行为的基线水平时，竟发现自我监测本身就可以显著地降低饮酒行为，以至于都很难再区分和检验出其他方法的效果了（Kavanagh，Sitharthan，Spilsbury，& Vignaendra，1999；Sobell，Bogardis，Schuller，Leo，& Sobell，1989）。另一些针对不同行为的研究也发现了自我监测的类似效果（Humphreys，Marx，& Lexington，2009）。不过，虽然自我监测有效，但很多当事人对此的投入与执行却都不充分（e.g.，Newman，Consoli，& Taylor，1999；Vincze，Barner，& Lopez，2003）。而 MI 与 CBT 的整合，能有助于当事人更充分地参与和落实自我监测（Smith，Heckemeyer，Kratt，& Mason，1997；Westra et al.，2009）。

导进过程

让我们来回顾一下，MI-CBT 会谈的初始导进过程所含有的三个常设部分：（1）核对上次会谈时的改变方案；（2）设定本次会谈的议题；（3）讨论设定这些会谈内容的原因。

首先，是核对当事人上次会谈时的改变方案，这也会涉及回顾家庭作业或练习任务，处理这方面的困难（没做或未完成练习）的具体策略可参见第 7 章。只要当事人取得了一些进步，即他们朝着自己的目标有所进展、行为上有所改变，哪怕是非常小的进步，从业者也要运用 MI 的技术来对此做肯定。同时，我们也会关注未达成的目标，并考虑针对其中的进展与不足进行微型的行为功能分析（参见第 3 章）：从业者可分别针对任何成功做到的部分以及差强人意的目标达成情况，简要地引出其前因与后果（或称"引发因素"与"结果"），并考虑如何将这些信息融入之后的治疗方案中。例如在下面的对话中，从业者运用了倾听与开放式问题，很快将西莉亚的讲述组织成了以"前因 / 后果"为视角的一种理解，并将这种发现带入到后续的治疗计划之中。

从业者：你说到了这个周三过得很糟糕。[反映] 请讲讲具体的情况吧。[开放式问题]

西莉亚：当天我连起床都特别困难。外边一直下着雨，我不敢开车了，所以就打电话请了病假。然后我就特别内疚，因为我又干了这种事，而这让我心里更不好受了。

从业者：嗯，天气不好会引发害怕的感受。相应的后果就是，你会打电话请病假，然后你觉得这样特别不好，这又让你的抑郁心情更加严重了。[反映]

西莉亚：对，然后我就一直躺在床上，更跟自己过不去了。

从业者：嗯，一种恶性循环。所以，既然咱们要在治疗方案中探讨怎么管理这些引发因素，那咱们就需要先说清楚这里面的关系——天气不好会如何影响你的精力或活动水平，内疚的想法又怎样推动了这种恶性的循环。[通过行动反映，将行动上的建议（进行行为功能分析）融进了治疗计划]

等讨论完上周的方案与目标后，接下来，从业者就要与当事人合作性地设定会谈的议题与议程了，并且要探讨设定这些内容的原因，从而导进当事人更充分地参与到会谈中。如第 3 章所述，我们会征求许可，告知所计划的会谈内容，引出反馈，对反馈做反映，并询问当事人想加入哪些内容。此处有一些要点，请大家留意（详见表 4–1）。

表 4–1	自我监测的导进指南

1. 将会谈的议题 / 议程与当事人在先前会谈中讲过的目标及改变语句联系起来，并继续使用"你"字句表达，来支持和强调其自主性

上次你提到，你最看重、最优先的事是维持好身体的健康，不让 HIV 干扰到自己的人生目标，比如你要完成学业、靠打工自给自足，而且也不想埋没自己的创造力。那么，咱们今天就来集中学习，怎样监测服药的剂量。

2. 只对治疗的内容或任务做总体性地讨论，并不展开具体的细节

咱们今天会一起学习一种技巧，来帮助你记录自己的饮食和运动模式。[具体的内容在聚焦过程中才讨论]

3. 只要发现当事人对会谈的议题 / 议程有矛盾心态，就立刻讨论设定这些内容的原因，而不要等到议题 / 议程都定下来后再讨论 [先使用 ATA 引出当事人对此有哪些了解，再询问为什么这可能是重要的]

从业者：咱们今天会一起学习一种技巧，来帮助你记录你对于安全的担心模式。然后……

续前表

当事人：（打断从业者）啊，我觉得这没什么用。因为发生得很快，我根本意识不到，就已经心烦意乱了。

从业者：所以你很难想象，自己是可以记录这种担心的，因为在你没有觉察时它就开始了。那么，关于别人是怎么记录担心的你有哪些了解呢？

当事人：呃，在面对担心时他们可能比我更理性一些吧。

从业者：所以他们就可以更早地觉察到这种担心的出现，然后也就能记录得更好了。（停顿）我觉得你说得差不多。等咱们谈到怎么做记录时或许也可以想一想能有什么方法，帮你也提早发现这些迹象。

当事人：我觉得我还挺需要这方面的。

从业者：那你觉得，在自己担心时做记录为什么是重要的呢？

当事人：嗯……我感觉啊，这能让咱们知道我什么时候担心、什么时候不担心。

从业者：讲得好，太到位了！知道什么时候发生以及什么时候不发生，这非常有助于咱们找到解决的办法、之后要怎么做；而且还能知道哪个对你有效果、哪个不管用。听听你的看法，你觉得呢？

当事人：嗯，也许之后我就真的能控制住这种担心了。

4. 请注意导进过程的重点是倾听并理解当事人，所以在导进过程中切勿做治疗计划、问题解决、技能 / 技巧训练或使用其他的 CBT 技术

从业者：咱们今天会花点时间看一看，哪些因素有利于你每天服用抗逆转录病毒的药物，而哪些因素又是不利于你服药的。

当事人：好的，我一直觉得，没有制定时间表是一个不利因素。我觉得自己可以先弄一个吧。

从业者：嗯，你已经考虑到自己可以怎么做来推进这个事了。咱们把这个记在表里，标注重点。同时，在说具体怎么制定之前，你觉得咱们是否可以先拿出几分钟，来看看还有哪些因素是影响你服药的呢？这样一来，咱们就可以多考虑到一些情况了，等你之后采取行动时可能也就更顺利了。

当事人：嗯，说得对。

5. 请根据当事人的需求，来决定是使用正式的术语，还是用通俗的叫法来描述会谈的任务 / 内容（就直接使用当事人的语言，或者从业者先体会一下当事人措辞的正式程度，据此再相应地调整措辞）

你说自己曾经记过心情日志。那现在也做些类似的记录，你觉得会起到怎样的帮助呢？

你说自己之前用过手机 App 来记录心情。那现在也做些类似的记录，你觉得会起到怎样的帮助呢？

第一点，为了促进当事人的参与，请将会谈的议题 / 议程与我们在先前会谈中

听到的、当事人自己的目标及改变语句联系起来。也请继续使用"你"字句表达，来支持和强调其自主性。

第二点，在导进过程中，我们只对治疗的内容或任务做总体性的讨论，并不展开具体的细节，例如"根据你所制定的方案，今天会探讨怎么监测和记录咱们的工作"（总体性的讨论），而非"今天咱们会实践和练习，对于接下来的这一周，你怎么记录自己每天的心情"（具体的展开）。因为前一种做法，可以为我们留出足够的空间，等进入聚焦过程后，再跟当事人合作性地商定出自我监测的具体细节。

第三点，如果从业者感觉当事人对于会谈的议题或议程心有矛盾，那么即刻就讨论设定这些内容的原因会更有帮助，而不要等到木已成舟，即先把议题议程都定下来后再做讨论（请见下面的对话）。在讨论做自我监测的原因时，我们可以先引出当事人对这个方法有哪些（what）了解，然后再引出为什么（why）这么做可能比较重要。从业者可以补充的、做自我监测的一个原因是：所记录的信息可以在后续的会谈中回顾，用来评估、制定方案或监测进步。

> 先引出当事人对这个方法有哪些了解，然后再引出为什么这么做可能比较重要。

从业者：你之前提到有一个很大的问题，就是当你想到要在班里发言，或者当教授找你时，你就会很紧张。[反映]

萨姆：对，我就开始出汗，我能感觉到自己开始发热，估计我脸也红了。我不喜欢这样，太尴尬了，太囧了。

从业者：嗯，所以，你的目标之一就是要降低自己在这种时候的紧张与焦虑。[做反映，来强化改变语句]

萨姆：是啊，我要是能不这样就好了。

从业者：你希望这一类的反应越来越少。[反映] 好，那咱们就针对这部分一起来合作。比如，对焦虑进行监测会是一种有帮助的做法。想听听，你对于这么做是怎么理解的？[征询]

萨姆：好像是要写下来吧。

从业者：对，是要做记录的。方式之一就是写下来，当然一会儿咱们还会讨论其他的方式，你可以再看看，哪一种更适合自己。[告知] 那为什么做记

录可能是比较重要的呢？［征询］

萨姆：呃，我猜啊，大概是想知道治疗有没有效果吧。

从业者：没错。对焦虑做监测的一个主要原因就是，咱们想知道治疗起不起作用。因为可以了解到，你的这些焦虑反应经过一定的治疗后，有多大程度的变化。［告知］还有其他的原因吗，你还可以想到的？［征询］

萨姆：我不是很确定啊，但我想起咱们说过，会具体看看我在焦虑情境下的想法。

从业者：对，咱们说过 CBT 的一个核心内容是认知。［反映］所以，下一个原因就是，在你监测那些让自己紧张的情境时，咱们也想具体看看你当时想到了什么。等你发现了这些想法之后，咱们就可以尝试设计出最佳的方案来管理它们了。［告知］

第四点，注意在导进过程中务必先不要进入问题解决或使用其他的 CBT 技术，因为导进过程的重点是倾听并理解当事人。等当事人准备好了转入计划过程后，再进行问题解决。虽说这四个过程也不一定非要循序地展开，但过早地转入计划过程还是会干扰到导进、聚焦以及对当事人动机的唤出。从业者需要先和当事人讨论为什么做监测，再聚焦要具体监测什么以及怎么监测，并要引出和强化当事人对于这个任务的动机，之后才是问题解决的时机。

第五点，请从业者自己来决定，是就使用这个正式的术语——"自我监测"，还是采用另一种更接地气的通俗叫法。并且，也请考量当事人的相关需求以及偏好习惯。在下面玛丽的案例中（青少年减肥），从业者就认为无须使用术语"自我监测"，而是换成了类似"做记录"以及后来的"写日志"这样的措辞。

从业者：你是准备讨论一下咱们今天会谈的计划，还是希望咱们再多谈一谈你上周的情况呢？［征求许可］

玛丽：哦，我觉得上周的情况咱们都谈过啦。

从业者：好的，那咱就看看可能有助于你实现减肥目标的办法吧，其中一个就是对自己的饮食和运动做记录。所以咱们今天可以花点时间，考虑一下你想不想做这件事。［告知］那刚才我说到的"做记录"，你觉得这指的是什么呢？［先来问"有哪些"（what）了解，后面再去问"为什么"（why）重要］

玛丽：不知道，因为我做不到每时每刻把每件事都写下来，毕竟我是在学校上课啊，而且我也真不想让别人知道我在干什么。

从业者：所以，你是担心"做记录"就意味着得立刻写下所有的事。[反映] 你说得没错，做记录可能意味着要记下发生的事情，就跟写日志一样。不过呢，具体怎么记、记什么、什么时间记，这些都还是有很多选择的，咱们一会儿可以说说这些。[告知并铺垫聚焦过程] 那咱们现在先谈谈，你觉得做记录为什么可能是比较重要的呢？[征询]

玛丽：我也不知道说得对不对啊，我是想说，有时候人吃的比自己以为的要多。

从业者：对，是这样的。你已经认识到了，做记录能帮助自己关注饮食，有一些研究也表明单是做记录就能产生一定的减肥效果。[反映] 而且，做记录还可以帮你发现，自己在什么时间容易吃得多、哪种食物容易吃得多，以及在哪些情境下自己更容易控制不住。[告知] 这些做记录的理由，你怎么看呢？[征询]

玛丽：都挺有道理的。不过，我也希望能有办法记得住。一天下来，我经常是什么都想不起来了。此外，我要是心情不好或者在看电视时，那根本就想不起来关注自己在吃什么了！

从业者：对于怎么做到你是有些顾虑的，等咱们探讨具体怎么做记录时可以聊聊这些。[反映并铺垫聚焦过程和计划过程] 现在，我还是希望可以先确认一下，咱们的理解是一致的，那就是今天的内容似乎你是想先从"对饮食做记录"谈起。稍后，咱们还可以再谈谈"对运动做记录"的事。[行动反映]

玛丽：对，我觉得挺好的。咱们可以先说记录饮食的事。

持续语句与不和谐

在第 2 章，我们介绍了"持续语句"（反对改变的话语）与"不和谐"（关系上的问题）这两个概念。我们也强调了，持续语句是矛盾心态的一个正常组成部分。在说到"自我监测"时，持续语句可能表现为当事人对于"不做监测"的愿望、能力、理由以及需要。他们常会讲的话涉及担心投入不了时间做这件事、觉得这太难

了、觉得自己想不起来做、害怕因为做了记录而让别人发现了自己的问题或知道了
自己在接受治疗。当事人有时也会担心，这种自我监测会让他们想起那些自己还没
有准备好去面对的问题，特别是当要监测的内容本身会引发负面的情绪时。所以，
当事人可能不太想去承认这些问题，尤其是那些他们自己也觉得丢人的症状（如暴
食），或者是那些触犯法律的行为（如成瘾物质使用）。另外，还有一些症状可能本
身就具有保护功能（如焦虑可避风险、进食能阻悲伤），而一旦着手记录它们，可
能就意味着要开始摒弃这种方式了。

以上这些内容及其相关的持续语句，都是治疗过程中的一个正常部分。如第 2
章所述，反映性倾听对于回应持续语句以及加强治疗联盟都有着很好的效果。强调
当事人的自主性也可以软化持续语句，即除了像之前的例子一样继续使用"你"字
句来表述，从业者还会特别强调当事人有非常强大的自由选择权，如"其实这完全
是由你来决定，自己在多大程度上要做这种记录。我可以给出的建议是，这对大多
数人起作用、有帮助，但你才是最了解自己的人，你知道怎样做才最适合自己"。
另外，确保当事人感受到是有一些选项可供选择的，这也会减少他们的持续语句，
如"关于记录些什么，多久记录一次，以及还可以使用哪些工具或表格，这些方面
都是有很多选择的，供你考虑"。这里请大家注意，提供选项和问题解决是不一样
的，前者我们只提出备选的选项，如"你可以记在纸上，或者录在手机上，还可以
通过一些新的 App 来记录"。而后者，我们则建议对方去采取一种不同的方式，如
"你觉得自己会想不起来，所以也许你可以设置手机铃声来提醒自己"。这后一种
表述，后续可能会在聚焦或计划过程中用到，不过也是在经过许可的情况下才会进
行的。

接下来，我们谈谈与症状保护性作用有关的内容。当事人可能很难去想象，没
有症状的日子会是什么样的。例如，焦虑的保护性体验是"可以避免潜在的危险"。
回避了恐惧的情境，在短期上能让当事人体验到舒适与轻松。但问题也会接踵而
至，因为他们为此失去了、错过了自己人生中看重的事物。所以，从业者要帮助他
们先着手开始做监测，并使其安心——先做监测，也会有利于之后的再打算："咱
们第一步所要做的就是记录这些症状，这也能帮助你之后再来决定——要不要做改
变，以及可能要在哪些方面做改变。或许，做记录也可以给你提供一些信息，关于
自己希望什么、想要什么。你觉得呢，听听你是怎么看待这种方法的？"

如果从业者忽视了持续语句，或者在不知不觉中就落入了要说服对方或问题解决的模式，那么恐怕就将遭遇不和谐了。如第 2 章所述，回应不和谐的方法包括表达歉意、做肯定以及转换焦点，而且这些方法也可以组合运用。例如，我们可以就施压当事人迫使他们去做还没有准备好的事情来表达歉意，然后对他们愿意做出的改变进行肯定："你仍然想要完成自己的目标，虽然还没有准备好去记录自己喝酒的情况。"转换焦点就是将谈话的方向转到一个争论性 / 分歧性不强的话题上来：我们可能需要先放一放自我监测的话题，并转而讨论治疗方案中的其他内容（详见本章 "MI-CBT 的两难情境" 部分）。

还要提醒大家，针对某些行为的过度自我监测是有害的。例如，对于罹患强迫症（obsessive-compulsive disorder，OCD）的当事人，从业者就需要考虑他们是不是在强迫性地自我监测（Craske & Tsao，1999）。而对于过度担心的当事人，自我监测也可能变成他们获取保证的一种方式，从而维持着他们的担心。特里·威尔逊（Terry Wilson）和凯利·M. 维特赛克（Kelly M. Vitousek）也提出（1999），对于神经性厌食或贪食的患者，要谨防他们监测或计算食物的热量。

聚焦过程

在聚焦过程中，从业者会去澄清和明确要对什么做监测，以及怎样做监测。我们建议，从业者针对当事人具体的目标行为或症状回顾有关的文献，关注在特定的循证疗法中自我监测是怎么做的。这样一来，从业者就有了相应的信息储备，并在使用 ATA 时提供相关信息。本书提供了一些可用的自我监测工具（见 "会谈工作表 4–1" 至 "会谈工作表 4–5"），并结合了可以引出改变语句的问题。另外，去熟悉一些新兴的技术对从业者也是有帮助的，因为这可以为自我监测加入更多的选项，而且也与时俱进。但目前我们并没有数据可以表明，自我监测的哪种选项与最佳的疗效相关。鉴于此，我们认为所谓 "最佳选项" 就是当事人自己愿意去做的那种自我监测的方式！

我们先来看要对什么做监测。虽然从目标行为 / 症状的角度看，这一点好像比较明确，但从业者和当事人可能还需要去讨论并决定每一次需要监测多少信息。例如，当事人可以去监测自己的饮酒次数、饮酒量、酒的种类、喝酒的场所或者身边的人物。监测对象的选择最好是先易后难，先从简单的、便于监测的信息开始，然后从业者再与当事人合作性地讨论"提高监测的复杂性会有哪些好处与挑战"，从而制定出最佳的方案。因为如果目标一上来定得太高，那么当事人很可能会遭遇失败，然后放弃该任务（Marlatt & Gordon，1985）。

而对于如何做监测则会涉及不同的工具选项（写日志 vs 用设备、填表格 vs 用电脑），以及要以怎样的频率或间隔来做监测。例如，克里斯托弗·R.马特尔（Christopher R. Martell）等人（Martell et al.，2010，pp. 70–71）在讲解针对抑郁症的行为激活时就提出了一些选项，如按小时进行监测、按一天中的时间组块（每3~4 小时为一个周期）进行监测，以及时间取样法（抽取几个时间段监测行为，如周一13：00 至 15：00、周三8：00 至 11：00，以及周六18：00 至 21：00）。如果行为的发生频率并不是很高，例如某位当事人的酗酒豪饮行为是一周一次或一周两次，那么这位当事人可以监测自己的每日饮酒行为，或者也可以去考虑监测一些更频繁发生的行为（如对酒的心瘾），或者还可以只在每天晚上监测一次自己的饮酒行为。

总的原则仍然是，在给出信息前先引出当事人的看法与点子。因为，相对于从业者所给出的做法，当事人遵照并执行自己想到的点子或做法的可能性更大。当然，如果我们担心当事人无法想出或选择切合实际的应对办法，那么在征得其许可的情况下，我们是可以表达这些关切与担心的。在下面的例子中，从业者通过使用ATA 和反映性倾听，与尤金讨论了自我监测的不同选项，并选择和聚焦了其中的一种方法。

从业者：我们介绍了自我监测，你也说了记录自己吃药的情况对你是很重要的。那现在，你觉得咱们是否可以具体看一看你打算监测什么，还有你打算怎么做这种监测呢？［征询］

尤金：我一天得吃两次药，早晚各一次。

从业者：所以听起来，你需要记录早上和晚上的服药剂量。［反映］ 那你打算怎么做呢？［征询］ 有的人喜欢当时立刻就做记录，而有的人则喜欢留到当天的最后时刻——临睡前再做记录。［告知］

尤金：当时立刻记录吧，这样就不会想不起来了。不过，我也真不希望因为记这个一整天都过得不踏实。

从业者：嗯，所以你更想放在当天的最后时刻再记，同时也希望自己能有办法别忘了这件事。[反映] 关于适合自己的监测方式，你有什么想法或点子呢？[征询]

尤金：我觉得最好是用手机。我可以设置一个提醒铃声，然后就能想着做记录了。

从业者：嗯，你想到了一个好办法——用手机辅助提醒。[反映] 好像有一些新的 App 也可以用来记录服药的情况。[告知]

尤金：我可以搜搜看。

从业者：那咱们就先按你想到的方式开始——设置每晚的闹铃提醒，响铃后就记录一下自己在当天的早上和晚上有没有服药——你觉得怎么样？[征询] 之后咱们还可以再找找其他的 App 来辅助你做每周的计划，如果你有兴趣，也觉得需要的话。[强调自主性]

尤金：这个方案不错。不过我最好马上就设置一下闹铃，省得之后又忘了。

从业者：嗯，你有个好习惯——此刻的事此刻就做，避免之后忘了。[肯定] 另外，还有一些信息也是人们常会记录的，尤其是在没能按时吃药时——那时谁在自己的身边，自己的心情如何——类似这些引发因素吧。你觉得呢，对记录这些内容你怎么看？[征询]

尤金：我也不知道，我说不好自己想不想记录这些。

从业者：嗯，所以你更希望先从简单一点的开始，就先记录自己早上、晚上有没有吃药。[反映] 同时，如果之后有需要的话，咱们再考虑加入其他的信息。[行动反映]

唤出过程

在聚焦完自我监测的对象及方式之后，我们就要使用开放式问题来引出当事人针对特定目标行为的改变语句了，如"对你来说，为什么用手机 App 记录每天的饮酒行为可能会比较重要呢""如果你在这一周每晚都能做到监测和记录自己的饮食，那么可能带来的最好的变化会是怎样的呢"。动机既有"重要性"的维度，也有"信心"的维度（Miller & Rollnick，2012），而当我们转向更为结构化的 CBT

工作时，唤出当事人的信心就更加重要了。CBT 强调效能信念（efficacy beliefs）的重要性，即当事人对于干预的成效以及自己遵照治疗建议的能力都具有信心，且保持乐观的态度（Lynch，Vansteenkiste，Deci，& Ryan，2011）。而 MI 恰恰就细化了一些技术来支持自我效能感。肯定或反映一个人的积极品质及优势强项就是这样的一种技术，如"为了解除缓刑管制，你在持之以恒地努力着"。从业者还可以将这种肯定与当事人现在的目标行为联系起来，如"同时，这种持之以恒的品质好像也会帮助你更好地完成'做记录'这件事"。

探索个人的优势强项

有几个类型的问题可用来支持当事人的自我效能感。第一类，询问并鼓励当事人讲述与目前任务直接相关的、在过去曾经发生过的成功经历或事件，例如："你提到过曾经有一段时间自己每天都会记账，那时你在经济上稍紧一些。当时你是怎么做到每天都能想起来做记录的呢？"第二类，我们也可以与当事人探讨他们曾经遭遇过的困难与挑战，并引出其相应的优点与强项来做肯定，例如："你讲过你曾经努力保住了在加油站的工作，即便当时没有人帮助你运输油品。你是怎么克服这些困难的呢？"第三类，我们还可以询问当事人在以往成功达成的目标、他们个人的优势及强项，以及他们所拥有的可以帮助克服困难的社会支持，例如："当时是谁帮助了你？""这些你所做的事情，带来了怎样的变化？"

遇到不太容易找到自己优点的当事人，从业者可以考虑跟他们讨论别人（如朋友和家人）是如何谈论其优点与强项的。从业者还可以借助一种结构化的工具（见"会谈工作表 4-6"），邀请当事人从列表中做选择，或者也可以打印制作成一打卡片（如"细心""厚道""坚强"等）再请当事人选择。然后，从业者可以接着询问开放式问题，如这些品质是如何在当事人的生活中有所体现的（体现在过往的成功上，或者是联系当前的任务来看）。例如："你提到自己一直是一个坚强的人。那么，假如你决定了要去/做……这种坚强的品质将如何帮助你呢？"

使用量尺问句

前面几章讲过，我们可以使用量尺问句来促进当事人的决心/承诺语句，而这种类似的用法可广泛见于 MI 的干预或会谈中（Miller & Rollnick，2012）。从业者会先征求当事人的许可，然后讲解这把"尺子"的刻度：1 代表最低，10 代表最高（如"会谈工作表 4–7"所示）。接下来请当事人从 1 到 10 来打分："你有多大的信心自己可以去 / 做……"在当事人回答（打分）后，从业者要先对此做反映。然后，第二步才是询问当事人为什么没有选择一个更低的分数。这里询问更低的分数，其实提升了当事人回应能力方面改变语句的可能性。因为我们是在引导当事人讲出自我效能方面的话，从而去支持自己刚才的结论——他们本已打出来的分数，而不是要他们去说明"为什么不是更有信心"。这里也要提醒大家，如果当事人给出的是 1 分，那就说明我们需要考虑调整治疗方案了。下面的例子展示了如何使用量尺问句。

从业者：我想听你说说，关于用写日志来记录下一周的喝酒行为、你对酒的心瘾，你自己有多大的信心，你看可以吗？

卡尔：可以啊。

从业者：嗯，那如果用一把刻度从 1~10 的尺子来量的话，有人选择了 1 分，代表他完全没有信心去做这件事；而有人选择了 10 分，代表他对此信心满满；当然也有人选择了 4 分、5 分或者 6 分。那么，你会选择多少分呢？

卡尔：大概 5 分吧。

从业者：嗯，你选择了中间的程度。似乎你有一些信心能做到，同时你也有些不太确定。那你为什么给出了 5 分，而不是一个更低的分数呢？

卡尔：嗯，因为我很想解除缓刑管制。而且我也明白，如果连这件事我都处理不好，那别的也别想了，准砸锅。所以，只要我决心去做了，那我觉得自己就能做好。

从业者：嗯，所以当你下定决心去做一件事时，你是相信自己可以做到的。［肯定］ 在咱们的治疗中，把引发因素和心瘾写出来、记下来，可以帮助你处理好很多事，也会有助于你解除缓刑管制的。［行动反映］

使用量尺问句的小窍门：问一下"怎样才能达到更高一点的分数"

询问当事人"做些什么这个分数会更高一点"将有助于他发现提升自我效能感的途径，而且在他开始考虑要如何去做这些事情的时候，谈话也就朝着计划过程在发展了。

*从业者：*你说到，关于用写日志来记录下一周的喝酒行为、对酒的心瘾以及相关的引发因素，你的信心是 5 分。那可以做些什么或许这个分数你就会给的稍微高一点了呢？

*卡尔：*我估计啊，要是能有些办法帮忙提醒我一下，（分数）可能会更高点吧。我是怕自己给忘了，特别是回到家一团乱、心情很差时。

计划过程

在聚焦过程中，从业者与当事人更加具体地探讨了"要监测什么"以及"如何做监测"；而在计划过程中，当事人将细化那些执行及落实的步骤。如前几章所述，改变的计划／方案涉及：重申目标，细化达成目标的步骤，识别困难阻碍，并设计出克服阻碍的方案。所谓细化步骤，即探讨记录日志的具体做法与细节，并讨论如何将自我监测融入当事人的日常生活中（见"会谈工作表 4–8"和表 4–2）。在研究文献中，通常称这一过程为"执行意图的形成"（Gollwitzer，1999），即识别并确认出那些相应的、特定的引发因素，从而有利于某一具体行动的落地执行。在本书中，我们称之为"在那时 – 我就去"方案，如"我刷完牙就去记录心情"。所以，从业者先要引导当事人去形成一个"在那时 – 我就去"的方案或称"执行意图"，然后共同探讨可能会遇到的困难与阻碍，并再次制定出一个"如果 – 那就"的应对方案来，如"如果我写日志的本子找不见了，那我就先给自己发一封电子邮件，把要记录的信息写在邮件中，回来等找到本子了再誊上去"。从业者也可以询问当事人，请他们讲讲自己周中的日常一天是怎么度过的，还有在周末通常他们会怎么过，这将有助于当事人基于现实的环境来执行和落实自我监测。

表 4–2　　　　　　　　　尤金的改变计划表：做自我监测

我做记录 / 监测的计划

我想做的（行为 / 行动 / 改变）

从现在开始每天都吃药

每次约了医生都准时去见面

管理好自己的健康，这样我就能维持住健康的状态了

这样做对我很重要，因为

我不希望自己年纪轻轻就死了

我不想又病恹恹的，连自己都照顾不了

我希望父母可以看到我是可以照顾好自己的

我不想传染给别人

做记录 / 监测对我有怎样的帮助

如果我写下来，我就会更好地记住。我就可以知道，自己通常是在什么时候没有吃药的

我准备按以下步骤进行（做什么、何时做、在哪儿做、怎么做）

我会在时间表里安排出吃药的时间，把它作为我的一项日常事务

每天我会在临睡前记录自己这一天吃药的情况

可能遇到的困难	怎么办
如果……	那我就……
我想不起来去记录和列出引发因素	在手机日历上设个响铃提醒
到了该吃药时我没带着药	尽量准时服药，不拖延；随身带着一天剂量的药
我没有私人空间去写记录	用手机给自己发个消息，回来再去誊写
我不想吃药了	提醒自己为什么吃药很重要
	还有吃药是如何帮自己维持住健康的

从业者：上次，你讲了自己平常的一天——从醒来到睡觉是怎么度过的。我也在想啊，你觉得这个"做记录"的方案可以怎么结合到自己每天的生活中来呢？［开放式问题］

西莉亚：我早上一起来就忙得要命，得给孩子们做早饭，一个个把他们都弄好了去上学。所以，也许我一起来就应该先做个记录吧，而不是等我忙起来再说。我通常会在刚一醒时，就有很多不好的想法出现了。

从业者：所以在早上一醒来时，你就会想着先去记录下这些想法，然后再下楼去做早饭。［反映和"在那时－我就去"的方案］那接下来在这一天中，你会如何接着写这个日志呢？［开放式问题］

西莉亚：可能要等我到了工作单位再写吧。

从业者：嗯，所以接下来等到了工作单位，你会继续做这个记录。［反映］那么，对于做这件事你可能会遇到哪些困难呢？［通过开放式问题引出困难与阻碍］

西莉亚：我可能会忘带，还有可能我也不希望公司里的其他人看见我在写这个。

从业者：忘了带还有担心被别人看见，会有这些困难。［反映］那咱们可以怎么克服这些困难呢？［开放式问题］

西莉亚：我也不知道啊。

从业者：如果咱们讨论一下可行的办法，也看看都有哪些选项，你觉得可以吗？［征求许可从而去提供信息，并设有选项菜单］

西莉亚：请你给我讲讲吧，你想到什么办法的话。

从业者：嗯，有的人会随身携带小型的记录本或表格，比如放在包包里或者是折叠起来放在手机壳里，这样就方便使用了。也如你所说，更喜欢这种拿纸笔写下来的记录形式。［告知］对于这些方便做记录的方法，你觉得怎么样呢？［征询］

西莉亚：我觉得放包包里可行，但我还是不知道在公司写怎么才能不让别人看见。啊，不过，好像我一般也会带着包包去洗手间，所以我其实可以在那儿写一下。

从业者：嗯，你自己也想到一些好点子来做这件事。［肯定］你会把记录本放在包包里随身携带，如果没有私人空间，那你就带着包包去洗手间，在那儿写。［"如果－那就"方案］

如果当事人想不到任何的困难或阻碍，那此刻从业者就需要更谨慎和留意了。珍妮特·波利维（Janet Polivy）与彼得·赫尔曼（Peter Herman）讨论过（2002）自我效能感中的一个重要概念，他们称之为"虚假希望综合征"（false hope syndrome），即"人们对于自己所尝试的改变，在速度、程度、难度以及效果上都可能抱有不切实际的期望"（p. 677）。过度自信并设置不切实际的目标，往往并不利于一个人做出成功的改变。所以，我们可能需要引导当事人制定一种更加符合现实情况的方案，即从业者在征得许可的情况下也会提出一些可能遇到的困难与阻碍，并以提供选项的方式来呈现这些信息，例如："有的当事人说他们经常想不起来去做记录，有的说担心别人看见自己的记录，还有说自己会忘了事情的细节所以写不出来。你怎么看，你觉得自己可能会遇到些什么呢？"即便当事人此刻否认了会遇到这类困难，等他们在下一周做记录时真的遇到了，也能回想起来这些讨论，而且后续也将更有动机去制定和使用应对的方案。如果当事人此刻也认同了从业者分享的信息，那么从业者就先要引出当事人自己对于克服这些困难的想法或点子，然后再去提供不同的方法选项。

> 从业者先要引导当事人去形成一个"在那时 – 我就去"的方案，然后共同探讨可能会遇到的困难与阻碍，并再次制定出一个"如果 – 那就"的应对方案来。

做计划的小窍门：用视觉化的活动[①] 来促进目标的达成

有研究表明，一个人对于情境与目标之间的联系（在什么时候，我就会去做什么）进行视觉化（visualization）体验，相比只在口头上表决心、做承诺而言，他最后去落实这个目标的可能性更大（Gollwitzer & Sheeran, 2006）。还有一些学者发现，当人们想象了自己在未来遇到某一线索时去采取了相应的行动，那么他们的前瞻性记忆（记得要在未来的某一时间去完成一项行动）会得到增强（Chasteen, Park, & Schwarz, 2001）。因此，引导当事人去想象/视觉化其改变方案中的内容，比起只在口头上讨论，可能会更有助于促进他们去落实自己的方案。这种视觉化的做法，可以在征得许可的情况下请当事人想象有关的情境以及他们希望出现的行为，这样就可以了。另外，还可以做得更为正式一些，

> 引导当事人去想象/视觉化其改变方案中的内容，可能会有助于促进他们去落实自己的方案。

---

① 在其他的 MI 文献中，该活动也被称作"预想"（envision）。——译者注

即使用引导式意象来工作：从业者会引导当事人使用所有的感官通道，在一种放松的状态下去想象"线索－行为"之间的联系（在那时－我就会），请见"会谈工作表4-9"（Andersson & Moss, 2011；Utay & Miller, 2006）。

MI-CBT 的两难情境

有一个重要的两难情境就是，如果当事人没有准备好去做自我监测，而从业者又认为自我监测是治疗的关键部分，那该怎么办呢？对此，我们有三种选择。第一种选择，从业者可以告知当事人自我监测是 CBT 的必要成分，所以如果当事人还没准备好做自我监测，那么可能也就是没有准备好做 CBT 的干预了。如第 3 章所述，从业者这时可以只使用 MI 来与当事人会谈，或者是先请他们等一等，等准备好了做自我监测之后再回来参加 CBT 的会谈。第二种选择，也可以先进行不含自我监测的 MI-CBT 干预，之后如果进步有限，可以再邀请当事人重新考虑做自我监测。第三种选择，相对于全面、完整的自我监测，双方也可以商讨替代性的变式，比如更简短且只有判断题的行为检核表，或在周中通过电话或短信来核对并收集目标行为的信息，或者是在下次会谈开始时再回忆和访谈这方面的信息。

从业者的练习 4-1

体验自我监测

对于成功的 CBT 干预而言，自我监测是非常重要的一个部分，但这做起来其实并不容易！当事人常会诉苦说"没有时间做、想不起来做、没有私人空间做"，或者就是不想去按时按点地关注自己的目标行为 / 症状 / 问题。我们使用 MI 的技巧，会有助于培养当事人做自我监测任务的内部动机。

练习目的：请你观察自己的自我监测，从而体验并理解当事人对此的体会与感受。你也可以去体验一下，动机（重要性和信心）与完成这些监测任务之间的关系。

指导语：请选择两个你考虑要做改变的行为。第一个是你的意愿更强、更准备去做的改变，而第二个则是你意愿不那么强、还没准备好去做的改变。下面，请分别对每个行为在相应的"尺子"上打分。

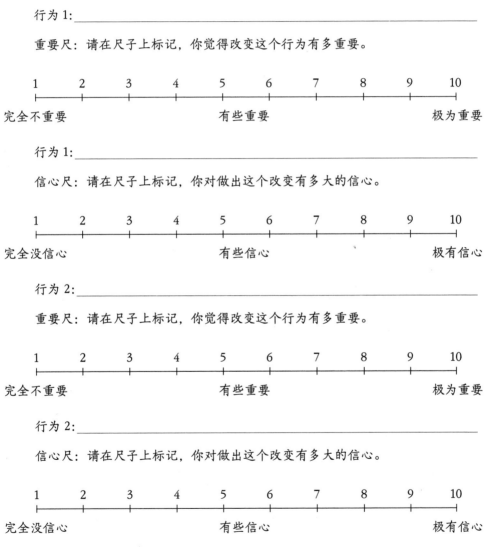

行为1：_____

重要尺：请在尺子上标记，你觉得改变这个行为有多重要。

| 1 | 2 | 3 | 4 | 5 | 6 | 7 | 8 | 9 | 10 |

完全不重要　　　　　　　　　有些重要　　　　　　　　　极为重要

行为1：_____

信心尺：请在尺子上标记，你对做出这个改变有多大的信心。

| 1 | 2 | 3 | 4 | 5 | 6 | 7 | 8 | 9 | 10 |

完全没信心　　　　　　　　　有些信心　　　　　　　　　极有信心

行为2：_____

重要尺：请在尺子上标记，你觉得改变这个行为有多重要。

| 1 | 2 | 3 | 4 | 5 | 6 | 7 | 8 | 9 | 10 |

完全不重要　　　　　　　　　有些重要　　　　　　　　　极为重要

行为2：_____

信心尺：请在尺子上标记，你对做出这个改变有多大的信心。

| 1 | 2 | 3 | 4 | 5 | 6 | 7 | 8 | 9 | 10 |

完全没信心　　　　　　　　　有些信心　　　　　　　　　极有信心

接下来，请针对每个行为制定出自我监测的方案。你可以选择先监测其中一个行为，也可以选择同时监测二者。然后，你要决定具体监测什么，以及你打算怎么做。如果可以的话，针对每个行为的自我监测都尽量持续做上几天。如果大家是在小组中使用这个练习，或者你是跟一位练习伙伴一起做的，那么就请伙伴来引导你对每个行为都做为期三天的自我监测。

我对行为 1 的监测方案

重要尺：请在尺子上标记，你觉得这个自我监测方案对于行为 1 有多重要。

信心尺：请在尺子上标记，你对完成针对行为 1 的自我监测方案，有多大的信心。

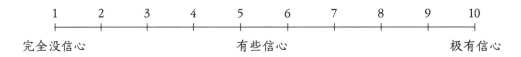

我对行为 2 的监测方案

重要尺：请在尺子上标记，你觉得这个自我监测方案对于行为 2 有多重要。

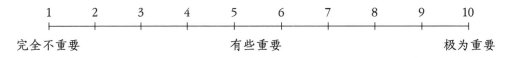

信心尺：请在尺子上标记，你对完成针对行为 2 的自我监测方案，有多大的信心。

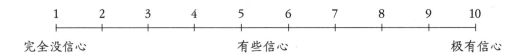

等你完成了为期三天或更久的自我监测之后，请思考并回答以下的问题。

对于行为 1，完成这些相应内容的自我监测，你觉得难易程度如何？

_____

_____

对于行为 1，完成这些相应内容的自我监测，你觉得有哪些困难或阻碍？又有哪些有利的因素呢？

_____

_____

_____

对于行为 2，完成这些相应内容的自我监测，你觉得难易程度如何？

_____

_____

_____

对于行为 2，完成这些相应内容的自我监测，你觉得有哪些困难或阻碍？又有哪些有利的因素呢？

_____

_____

_____

你觉得第一套尺子（针对行为改变的重要尺与信心尺）和第二套尺子（针对自我监测的重要尺与信心尺），二者之间是什么样的关系呢？

_____

_____

_____

你觉得自己在行为改变上的评分（第一套尺子），和你完成这些任务之间有怎样的关系呢？

_____

_____

你觉得自己在自我监测上的评分（第二套尺子），和你完成这些任务之间有怎样的关系呢？

✎ **从业者的练习 4-2**

引出并强化关于"自我监测"的改变语句

练习目的：练习使用唤出式问题，来引出针对"自我监测"的改变语句。然后，再做反映以进一步支持与强化改变语句。

指导语：请大家完成题目 1~6，如有需要可以自行补充每个题目背后案例的细节信息。这些题目涵盖了谈话顺序中的三种成分，有针对地进行练习。在前三题中，大家只需要完成其中一种成分（从业者引出改变语句的提问；当事人说出的改变语句；从业者对改变语句做反映）。在后三题中，大家就要多发挥自己的创造性，以完成其中两种成分了。

第 1 题
- **从业者引出改变语句的做法**：你可以怎样监测自己摄入的热量呢？
- **当事人说出的改变语句**：我可以把自己每天的饮食都写下来。我姑姑就是这么做的，而且她瘦了好多呢。
- **从业者强化改变语句**［反映／提问］：_____

第 2 题

- **从业者引出改变语句的做法**：你觉得，为什么记录自己每天的饮食对你很重要呢？

- **当事人说出的改变语句**：_____

  _____

- **从业者强化改变语句 [反映 / 提问]**：所以，这之所以对你重要，是因为如果有了正确的信息，你就可以做出更健康的选择了。

第 3 题

- **从业者引出改变语句的做法**：_____

  _____

- **当事人说出的改变语句**：我明天早晨就开始。
- **从业者强化改变语句 [反映 / 提问]**：嗯，你会马上开始。

第 4 题

- **从业者引出改变语句的做法**：尤金，咱们说了用写日志的方式来记录你每天有没有服药。假如你每天都做了记录，那可能带来的最好的变化是什么呢？
- **当事人说出的改变语句**：_____

  _____

- **从业者强化改变语句 [反映 / 提问]**：_____

  _____

第 5 题

- **从业者引出改变语句的做法**：_____

  _____

- **当事人说出的改变语句**：我已经能安排好自己工作的时间还有上课的时间了。所以，我现在是知道该如何安排好事情的，虽然之前跟医生的预约我没去。

- **从业者强化改变语句 [反映 / 提问]**：_____

第 6 题

- **从业者引出改变语句的做法：**_____

  _____

- **当事人说出的改变语句：**_____

  _____

- **从业者强化改变语句〔反映 / 提问〕：**让这成为你日常的一部分，是非常关键的。

参考答案

第 1 题

- **从业者强化改变语句〔反映 / 提问〕：**所以，你能想象到那个情景——你为了减肥也在记录着自己的饮食。

第 2 题

- **当事人说出的改变语句：**因为，把我每天吃了什么、喝了什么记录下来的话，就能让我知道这些热量都是从哪里来的了，还有我在饮食上哪些摄入得不足。这可能也会有助于我妈妈了解我在哪些食物上常会出问题、热量摄入得多还控制不住。

第 3 题

- **从业者引出改变语句的做法：**你打算什么时候开始做记录呢？

第 4 题

- **当事人说出的改变语句：**我可以更健康一些。而且，这也能让我更好地知道，什么时候我的药就快吃完了。
- **从业者强化改变语句〔反映 / 提问〕：**嗯，你不仅感觉到更健康了，而且你还能提前做好计划让自己保持住这种健康的状态。

第 5 题

- **从业者引出改变语句的做法**：你有哪些优点或强项可以帮助你完成每天的记录？

- **从业者强化改变语句**［**反映/提问**］：嗯，你知道怎么提前做好计划了，也知道要如何履行自己的责任了。

第 6 题

- **从业者引出改变语句的做法**：你觉得，怎么发挥出这些优点和强项来帮助自己管理好服药这件事？

- **当事人说出的改变语句**：我得让这件事成为自己日常的一部分，我可以把它写进自己的时间表里，这样我就不会再忘了。

会谈工作表 4-1

自我监测的包包①卡

对"不希望出现的行为"做监测／记录，可以帮助你减少、消除或管控这种行为。同时，这也有助于你评估一段时间以后的进步。这种包包卡更方便你随身携带，随时记录那种不希望出现的行为。请复印并剪裁出这张卡片，你可以把它放在自己的钱包或手包中。

迷你备忘卡

每当＿＿＿＿＿＿＿＿出现时，就在相应的空格中写上"正"字的一个笔画。

周一		周五	
周二		周六	
周三		周日	
周四		为了实现自己的目标，今天你会做出怎样的选择呢	

---

① "包包"这个措辞更加通俗和口语化，这里泛指可随身携带的钱包、手包或挎包。——译者注

会谈工作表 4-2

我是如何应对的

对于"不希望出现的行为",请你监测/记录自己是如何应对它的,这可以帮助你减少、消除或管控这种行为。同时,这些记录也将有助于你评估一段时间以后的进步。

每当＿＿＿＿＿＿＿＿＿＿＿＿＿＿＿＿＿＿出现时,请在下表中完成记录。

日期 / 时间	情绪	我是如何应对这种情绪的	这种应对有帮助吗 为什么
例子: 周一 /16:00	例子: 生气	例子: 当时我弟弟让我很火大。我出去散步了,也好远离是非之地	例子: 有帮助。我感觉等回家时我也不生气了,散步让我换了换脑子,想到了不同的东西

117

饮食监测日志

监测 / 记录自己的饮食，可以帮助你做出更健康的改变，比如在食物和饮料的种类选择上、在每天进餐时间的安排上，等等。同时，这些记录也将有助于你评估一段时间以后的进步。请每天都填写这个表格（包括回答下面的问题），并计算你当天摄入的热量总和。[1]

日期：＿＿＿＿＿＿＿ 我每天的热量摄入目标：＿＿＿＿＿＿＿＿＿＿＿＿＿＿

我今天几点吃了东西	我今天吃了什么、喝了什么	我吃了多少	食物的来源与加工方式	有多少热量
当天吃东西的时间	面包、面包圈、圆面包、薄脆饼干、曲奇饼、干酪、炸薯条、牛奶、黄油、果酱、拌料、蔬菜、水果、烧汁、甜点、饮品、常餐、轻食餐、低脂餐、低热 / 低糖餐	一杯、一汤匙、一茶匙、一拳的量、半个棒球的量、一副扑克牌的体积、整包 / 罐 / 瓶	自己家、奶奶家、餐馆（名字）、学校、便利店、烘焙、油炸、烧烤、煮熟、生吃、无皮	对照食品标签，参看计算食物热量的书籍，网上查
			热量总和	

_____

① 一般用于衡量红肉类的摄入量。同时，也请读者注意食物种类及度量单位上的文化差异。——译者注

我今天在饮食上做得不错的是

_____

_____

_____

_____

根据监测记录我打算做怎样的调整

_____

_____

_____

_____

记录饮食监测日志，为什么对我重要，三个原因

1._____

_____

_____

2._____

_____

_____

3._____

_____

_____

会谈工作表 4-4

活动量监测日志

监测/记录每天的活动量和看电子产品的时间，可以帮助你做出更健康的改变，比如在活动类型的选择上、在每天活动时间的安排上、在活动的剧烈程度上，等等。同时，这些记录也将有助于你评估一段时间以后的进步。请每天都填写这个表格（包括回答下面的问题），并计算你在这一周消耗的热量总和，以及看电子产品的总时间。

日期：_____　　　我每天的活动目标：_____

	我今天都做了哪些日常活动或运动	这项活动或运动，我做了多长时间	这项活动或运动的剧烈程度如何	这周消耗的总热量是 这项活动或运动消耗的热量是	我今天看了多长时间的电子产品
	列出当天进行的活动/运动	比如 5 分钟、30 分钟	圈出每项活动/运动的强度：轻松、中等或剧烈	写出每项活动/运动所消耗的热量	一个小屏幕代表 30 分钟时间：包括看电视、电脑、平板以及手机。请圈出当天的用时
周一			轻松 中等 剧烈 轻松 中等 剧烈 轻松 中等 剧烈		
周二			轻松 中等 剧烈 轻松 中等 剧烈 轻松 中等 剧烈		
周三			轻松 中等 剧烈 轻松 中等 剧烈 轻松 中等 剧烈		

续前表

	我今天都做了哪些日常活动或运动	这项活动或运动，我做了多长时间	这项活动或运动的剧烈程度如何	这周消耗的总热量是 这项活动或运动消耗的热量是	我今天看了多长时间的电子产品
周四			轻松 中等 剧烈 轻松 中等 剧烈 轻松 中等 剧烈		
周五			轻松 中等 剧烈 轻松 中等 剧烈 轻松 中等 剧烈		
周六			轻松 中等 剧烈 轻松 中等 剧烈 轻松 中等 剧烈		
周日			轻松 中等 剧烈 轻松 中等 剧烈 轻松 中等 剧烈		
			总计		

这一周我在活动 / 运动上做得不错的是

_____

_____

_____

_____

根据监测记录，我打算做怎样的调整

_____

_____

_____

_____

针对"家长支持"的自我监测

回看孩子的饮食和活动量日志，可以帮助你了解他的进展，以及他在什么时候特别需要你的引导与帮助。同时，这些记录也将有助于你评估一段时间以后孩子的进步。每周请至少回看一次孩子的饮食和活动量日志，同时也至少填写一次该表格（包括回答下面的问题）。你可以和孩子一起回顾他的记录，关注并反馈他做得不错的地方，并在最需要的一两个方面提供引导和协助，这样做会很有帮助。

每周至少回看一次孩子的饮食和活动量日志，为什么这对我很重要，三个原因

1._____

2._____

3._____

为什么我认为自己这样做是在帮助孩子

_____

饮食日志	周一	周二	周三	周四	周五	周六	周日
记录了饮食的日期							
记录了饮食的时间							
详细描述了食物（分量、种类、加工方式）							
写下了每种食物的热量							

活动量日志	周一	周二	周三	周四	周五	周六	周日
记录了活动 / 运动的日期							
记录了活动 / 运动的时间							
详细描述了活动 / 运动（时长；轻松 / 中等 / 剧烈）							
写下了每项活动 / 运动的热量消耗							

我从孩子的日志记录中发现，哪些是他做得不错的地方，或者有进步的地方

_____

_____

_____

_____

_____

_____

我从孩子的日志记录中了解到，他在哪些方面还需要更多的支持

_____

_____

_____

_____

_____

_____

_____

这一周我打算做些什么来帮助他成功地实现目标呢

_____

_____

_____

_____

_____

_____

个人的优点 / 强项

请勾选出你的优点 / 强项，也包括那些你认为只在某些时候或者特定情境下才会体现出来的优点 / 强项

☐ 自发   ☐ 富于想象   ☐ 激情澎湃

☐ 体恤   ☐ 有耐心   ☐ 有求知欲

☐ 情感丰富   ☐ 勇敢   ☐ 灵活

☐ 有热情   ☐ 深入   ☐ 慷慨

☐ 持之以恒   ☐ 积极坚定   ☐ 平静和睦

☐ 诚实   ☐ 鼓舞人心   ☐ 头脑聪明

☐ 重道德   ☐ 稳当   ☐ 冷静

☐ 有直觉力   ☐ 宽容   ☐ 领悟力强

☐ 简洁明了   ☐ 睿智   ☐ 精力充沛

☐ 准确   ☐ 温和   ☐ 风趣

☐ 特立独行   ☐ 乐观   ☐ 值得信赖

☐ 认真仔细   ☐ 有条理   ☐ 中庸适度

☐ 温情   ☐ 体贴周到   ☐ 有创造力

☐ 实事求是   ☐ 逻辑性强

决心尺

这里有一把尺子，刻度 1~10：1 代表 "完全不确定"，而 10 代表 "特别确定"。那为了做到你想做的改变，你有多确定，自己会去做＿＿＿＿＿＿＿＿＿＿＿呢？

```
1    2    3    4    5    6    7    8    9    10
├────┼────┼────┼────┼────┼────┼────┼────┼────┤
完全不确定              有些确定                特别确定
```

你的选择是＿＿＿＿＿＿＿。为什么你选择了这个分数，而不是一个更低的分数呢？请列出三点原因：

1.＿＿＿＿＿＿＿＿＿＿＿＿＿＿＿＿＿＿＿＿＿＿＿＿＿＿＿＿＿＿＿

＿＿＿＿＿＿＿＿＿＿＿＿＿＿＿＿＿＿＿＿＿＿＿＿＿＿＿＿＿＿＿

＿＿＿＿＿＿＿＿＿＿＿＿＿＿＿＿＿＿＿＿＿＿＿＿＿＿＿＿＿＿＿

2.＿＿＿＿＿＿＿＿＿＿＿＿＿＿＿＿＿＿＿＿＿＿＿＿＿＿＿＿＿＿＿

＿＿＿＿＿＿＿＿＿＿＿＿＿＿＿＿＿＿＿＿＿＿＿＿＿＿＿＿＿＿＿

＿＿＿＿＿＿＿＿＿＿＿＿＿＿＿＿＿＿＿＿＿＿＿＿＿＿＿＿＿＿＿

3.＿＿＿＿＿＿＿＿＿＿＿＿＿＿＿＿＿＿＿＿＿＿＿＿＿＿＿＿＿＿＿

＿＿＿＿＿＿＿＿＿＿＿＿＿＿＿＿＿＿＿＿＿＿＿＿＿＿＿＿＿＿＿

＿＿＿＿＿＿＿＿＿＿＿＿＿＿＿＿＿＿＿＿＿＿＿＿＿＿＿＿＿＿＿

或许可以做些什么，这个分数你就会给的稍微高一点呢（或者你已经给出了最高的 10 分，那可以做些什么来保持住这个分数）＿＿＿＿＿＿＿＿＿＿＿

＿＿＿＿＿＿＿＿＿＿＿＿＿＿＿＿＿＿＿＿＿＿＿＿＿＿＿＿＿＿＿

＿＿＿＿＿＿＿＿＿＿＿＿＿＿＿＿＿＿＿＿＿＿＿＿＿＿＿＿＿＿＿

＿＿＿＿＿＿＿＿＿＿＿＿＿＿＿＿＿＿＿＿＿＿＿＿＿＿＿＿＿＿＿

会谈工作表 4-8

自我监测的改变计划表

我做监测 / 记录的计划

我想做的（行为 / 行动 / 改变）

_____

_____

_____

这样做对我很重要，因为

_____

_____

_____

做记录 / 监测对我有怎样的帮助

_____

_____

_____

我准备按以下步骤进行（做什么、何时做、在哪儿做、怎么做）

_____

_____

_____

可能遇到的困难   怎么办

如果……   那我就……

_____   _____

_____   _____

计划方案的视觉化体验

人们会运用想象，把自己将在任务中经历的每一个步骤都予以视觉化，从而有助于做得更好、记得更牢。例如，你可能听说过棒球运动员就使用这种方法来提升自己的挥棒表现。再例如，我们也会先想象 / 视觉化一番所有要买的东西，好记得更牢，然后再出门去买。因此，通过真切地想象 / 视觉化方案中的每一个步骤，也会有助于你更好地记住"在何时，做什么"。

你觉得，这种想象 / 视觉化活动会对你的监测 / 记录计划有着怎样的帮助呢

_____

_____

_____

_____

_____

那咱们试试看。请你使用刚刚写好的自我监测计划表，想象自己在经历其中的每一个步骤。在想象时，请视觉化这个经过，就好像此刻你真的在做这些步骤一样。咱们希望这个想象——尽可能地生动丰满、栩栩如生——所以我之后也会问你，在这个过程中你可能看到了什么、听到了什么或者感受到了什么。

请先回忆一下，你的计划是_____

_____

_____

_____

（例如"我晚上刷完牙，就去做记录"）

1.请闭上眼睛，我们要进入想象了。

2.做一次深呼吸来集中注意力，也让自己平静下来。然后，再做一次深呼吸。

3.现在，放松你的身体。请你将注意力集中在自己的呼吸上。同时，放松身体。

4.请想象，睡前你准备去刷牙了。

- 通常是在几点？你在哪儿呢？
- 你一般正在做着什么事呢？
- 请尽量清晰地想象／视觉化你所在的地方。
- 你闻到了什么味道？
- 你听见了什么吗？
- 你使用的感官通道越多（触觉、嗅觉、听觉），你"看到"的画面也就越清晰。

5.然后请想象，你一边刷着牙，一边想着自己的日志。现在，你要去做些什么了呢？请你讲出来，为什么自己想要去做记录？为什么希望自己的生活发生一些改变？现在，想象着你刷完牙了，你马上就要去写日志了。想象你将要去做的具体步骤（如找到手机、打开记事本、写下日志内容）。每个步骤咱们都过一遍，不留盲点。想象当时的声音、气味以及其他的感官体验（如摸到手机的感觉、在屏幕上输入的感觉）。

6.好，请做一次深呼吸，然后睁开眼睛。你对自己的计划进行了视觉化体验，你做得非常棒！

第**5**章

认知技巧 ①

CBT 是一种带有"教和学"性质的疗法，当事人会学习认知、行为以及情绪调节方面的技巧。假以时日，当事人可以逐渐转变为自己的咨询师，而且更理想的情况是，其所学之技巧也将得心应手，成为自动化的反应。本章将探讨认知技巧，即当事人学习如何更为适应性地进行思考。第 6 章则会探讨行为技巧与情绪调节的技巧。在技巧 / 技能训练领域整合 MI 与 CBT，可能是最为重要的。CBT 的核心治疗成分之一，就是要帮助当事人学习重评和改变长期以来存在的认知 / 行为模式。而 MI 的核心治疗成分之一，则是要帮助当事人处理在改变那些固化的认知与行为时会遭遇的矛盾心态。总体而言，在 MI-CBT 中，认知技巧、行为技巧以及情绪调节技巧可按任意的顺序来展开探讨，具体而言，则取决于当事人与从业者所合作制订出的治疗计划。这里先讨论认知技巧，只因为它是认知模型的核心成分，而且认知重建往往也是当事人愿意尝试新的行为技巧和情绪调节技巧的前提。而更偏行为取向的治疗（Anton et al., 2006；Dimidjian et al., 2006；Naar-King et al., 2016），则强调先要从行为技巧和情绪调节技巧入手，然后在有需要时才会辅以认知技巧。

CBT 特别关注一个人的负面想法或信念对于他解读情境的影响程度。这种解

① 原文为 cognitive skills，可以翻译为认知"技术""技能"和 / 或"技巧"。如果我们以从业者的视角为主，那么这些都是 CBT 的"技术"；而如果以当事人的视角为准，那么这些既是可供选择的方法或技巧，也是逐渐培养起来的技能。因为在 MI 的语境下，我们更倾向以当事人为中心，从他们的视角考虑，所以翻译时会首选"技巧"或"技能"这两个措辞，同时也会根据上下文灵活切换为"技术"。这些考量也与 CBT 中提到的"培养来访者成为自己的治疗师"一致。——译者注

读或解释又将影响这个人的行为表现和情绪反应，导致或维持着一种痛苦的循环。改变想法可以引发信念的改变，以及在解读情境上的改变。因此，要改变痛苦的情绪，以及维持情绪的那些行为，关键是要调节和管理想法（Beck，2011）。为了帮助当事人适应性地调节想法，CBT 会聚焦在"认知重建"上，即帮助当事人识别、挑战并修改其无益想法与信念的一系列方法。步骤如下：（1）就情境、想法、行为、情绪之间的联系做心理教育（使当事人参与到认知重建中来）；（2）识别并分类负面的想法（聚焦在那些对当事人影响最大且反复出现的想法上）；（3）通过苏格拉底式谈话和假设检验（用提问和探查来激发批判性思维的过程），来探索并挑战这些负面的想法；（4）制定方案，从而在会谈以外的日常生活中继续进行认知重建（对认知重建做计划）。所以，认知重建的第一步对应着导进过程，第二步对应着聚焦过程，第三步对应着唤出过程，而第四步则对应了计划过程（详见表 5-1）。当然如前所述，这四个过程及其对应的认知重建步骤，不一定非要在一次会谈中循序展开或全部完成不可。同时，在当事人跟从业者探讨不同的情境、模式以及上一周发生的事情时，双方可能也会迂回反复地进行相关步骤。

表 5-1	认知重建：四个步骤

1. 导进过程：就情境、想法、行为、情绪之间的联系做心理教育（使当事人参与到认知重建中来）

应用举例：

- 设定议题／议程
- 讨论原因与道理
  * 使用 ATA 来引出当事人对此有哪些了解，以及为什么这么做可能比较重要
  * 通过讨论"想法如何导致感受"以及"想法和现实有何区别"，为聚焦过程打下了基础
- 在挑战想法和信念，或者遇到持续语句与不和谐时，根据需要可以再度回到导进过程

2. 聚焦过程：识别并分类负面的想法（聚焦在那些对当事人影响最大且反复出现的想法上）

应用举例：

- 先征求许可，再来帮助当事人识别自动思维[1]与核心信念

---

[1] 当 automatic thoughts 作为 CBT 的术语时，翻译为"自动思维"；在从业者与当事人的谈话中，则会翻译成"自发的想法"。这符合 MI 所强调的：谈话中尽量使用当事人自己的语言，并非一定要使用全新的、日常不用的术语措辞。——译者注

续前表

---

　　　* 引导当事人做视觉化的体验

　　　* 对相关情境做角色扮演

　　　* 引出当事人对该情境的解释 / 解读

　　　* 提供选项菜单（有帮助的想法 / 没有帮助的想法）

　　· 强调自主性，避免专家陷阱

　　　* 引出当事人对于自己思维模式的观察和看法

　　　* 双方合作性地为这些模式（patterns）命名

3. 唤出过程：通过苏格拉底式谈话和假设检验（用提问和探查来激发批判性思维的过程），探索并挑战这些负面的想法

应用举例：

　　· 合作性地使用苏格拉底式提问，旨在引导发现

　　　* 倾听、摘要并提问汇总性或分析性的问题①

　　　　# 使用开放式问题、反映性倾听、摘要，并提问关键问题

　　· 在认知重建中唤出重要性与信心

　　　* 使用开放式问题、量尺问句、反映性倾听并肯定优势强项

4. 计划过程：制定方案，从而在会谈以外的日常生活中继续进行认知重建（对认知重建做计划）

应用举例：

　　· 从"要不要"以及"为什么"改变想法，过渡到"如何"改变想法

　　　* 请注意计划过程可能与其他三个过程有所融合，不一定会分开独立进行

　　· 引导当事人：

　　　* 制订改变的计划

　　　　# 评估会谈以外的想法

　　　　# 发展替代性的想法

　　　　# 发展自我对话

　　　* 聚焦会谈以外的活动

　　　　# 做行为实验来检验想法

　　　　# 做逐级暴露——双方就"要采取怎样的步骤来面对恐惧的情境"达成共识

　　　　# 协助当事人就原方案可能遇到的各种结果，有针对性地做计划

---

① 汇总性或分析性的问题（synthesizing or analytical questions）是克里斯蒂娜·A. 帕德斯基在阐述苏格拉底式谈话时提出的概念，是指从业者在引导当事人探索和思考之后，会再询问一个（一些）带有汇总、总结、展望或前瞻性质的问题，从而有助于当事人以全面、整体、发展的视角来认识和理解事物。——译者注

续前表

---

　　* 巩固当事人对治疗方案的决心 / 承诺

　　　# 形成行动的步骤，包括执行意图

　　　# 识别执行时可能会遇到的困难与阻碍

　　　# 想出办法来解决这些困难与阻碍

　　　# 引出决心 / 承诺语句

　　　# 协助当事人讲出一句理性的回应（应对性的话语），在面对困境时可以使用

导进过程

　　从业者先与当事人核对上一周的改变方案，包括回顾家庭作业以及针对干预效果 / 进步的评估量表，然后从业者再与当事人合作性地设定本次会谈的议题或议程，按照前几章讲解的做法通过征求许可、提出可能的会谈内容、引出反馈、对反馈做反映，并询问当事人想修改或加入哪些内容。也许从业者可以在初始的治疗方案中优先安排认知重建，或者还可以与当事人一起来决定——鉴于上一周发生的事情，我们需要尝试"认知重建"这一技巧。例如，卡尔上一周就过得非常不顺，心瘾已让他备受煎熬，苦于挣扎，而对于戒酒的绝望感又接踵而至，可谓雪上加霜。通过从业者的反映性倾听和开放式问题，双方愈发地认识到：有必要优先进行认知重建，之后再来学习其他的技巧（虽然在原先的治疗方案中是计划先学习这些技巧的）。于是，从业者和卡尔合作性地设定了新的议题。

　　　卡尔：这周槽透了。NFL[①] 的揭幕战开打了，我知道不应该喝酒。我努力了三次，最后还是认输了。我要不就乖乖地去监狱报到吧，反正之后我也不太可能顺利地完成缓刑。

　　　从业者：你这一周过得太难了！面对着这么多的诱惑，也让你感觉没有希望了。[反映]

　　　卡尔：对，我压根也不知道自己能不能做到。我就想找个没人的地方，然后喝个痛快就睡觉。

　　　从业者：所以当你想到"没有希望了"，这个想法就会让你想去放弃努力，

---

① 　NFL 是全美橄榄球联赛的缩写。——译者注

不必尝试了。[反映] 我在想，要不先放下咱们原计划练习的技巧，今天就聚焦在这些想法上聊一聊。你觉得呢，你怎么看？[开放式问题]

卡尔：我不知道。你认为呢？

从业者：嗯，这还是取决于你，由你来决定的。不过如果一直是很绝望的话，你确实可能也不想去练习什么技巧了，就类似"做这些又有什么意义呢"。所以，也许咱们聊聊这种感受会有些帮助。不过，要是练习这些技巧能让你重新体会到希望的话，那咱们就还按原计划进行。[提供选项]

卡尔：那就先说说这种绝望的感受吧，之后再说技巧的事。

讨论认知重建的原因与道理

我们在与当事人设定"认知重建"这个议题的同时，仍会继续促进他们的参与，包括讨论（注意不是给出！）做这件事的原因与道理。第 4 章讲了一些有助于导进（参与）的沟通技巧：将会谈的议题/议程与当事人先前讲过的改变语句联系起来，使用"你"字句表达以强调其自主性，只对治疗任务做总体性的讨论，待进入聚焦过程后再合作性地展开具体的细节。同时，导进过程的重点是倾听并理解当事人，所以从业者不要急于转入问题解决。以我们的经验来看，CBT 新手治疗师常会犯一个关键性的错误：在当事人还没准备好时，就过快地转入了 CBT 的技巧或技能训练。而这可能也是当事人在会谈以外不上心、不投入、不完成相关练习的一个很重要的原因。尤其是当从业者想要依照治疗手册进行干预时，上述问题就更要谨慎留意了，我们务必杜绝以下的现象：从业者都已经进入到手册的第 8 章了，而当事人（在心态上）还只停留在刚开始的第 8 页呢。所以，在讨论原因与道理时，我们会使用 ATA：先引出当事人对此有哪些了解；再询问为什么这可能是重要的（结合了唤出过程）。有可能在先前的会谈中，从业者就向当事人介绍过认知模型的一些基本内容，例如在做评估时、制定治疗方案时以及在讨论自我监测时。所以，从业者可以先引出（征询）当事人对于"管理想法"有哪些了解，这可能有助于他们想起情境、想法、情绪以及行为之间的联系。然后，从业者再去做补充（告知），并引出反馈（征询）。

> 导进过程的重点是倾听并理解当事人，所以从业者不要急于转入问题解决。

这样一来，我们就将合作式的心理教育融入了对原因和道理的探讨之中。

那么"告知"哪些信息会对讨论有帮助呢？罗伯特·L.莱希（Robert L. Leahy）认为（2003），需要说明"想法如何导致了感受"以及"想法和现实有着怎样的区别"。这样的导进过程，也为之后的聚焦过程打下了基础：聚焦在识别负面的想法，并通过证据来评估这些想法（合作式的经验主义）。从业者使用 ATA，并结合当事人先前说过的例子、通过假想的情境或者借助会谈工作表，来与之讨论想法是如何导致感受的。这里也要帮助当事人区分想法和感受，以便后续可以引导他们改变想法，继而作用于自己的情绪感受。传统的 CBT 认为，比起感受，想法是更容易改变的，因为想法是可质疑、可挑战、可辩驳的，但感受却不行。在西莉亚的案例中，先前从业者已和她讨论过想法影响感受的具体例子了，下面请大家注意：从业者在与西莉亚讨论认知重建的原因和道理时，是如何将心理教育与导进工作融合在一起进行的。

从业者：说到"想法如何影响感受"，你有哪些了解呢？［征询］

西莉亚：咱们上次提过情境、想法和感受相互关联。某些想法会引发我的感受。

从业者：嗯，你记得这些是有关联的。［反映］ 上次你讲到天气如何不好，你感到有些低落，而那种天气又让你的心情更差、更低沉了，你也不想出门了，所以给公司打电话告了病假。然后，你感到很内疚。如果你觉得可以，那咱们就一起来看看——这里面哪些是想法、哪些又是感受。你说自己感到有些低落，这个就是感受。［告知］ 你当时想到了什么呢，导致了这种低落的感受？［征询］

西莉亚：唉，就是想到了工作上有很多事得解决，如果去上班，这些压力是我承受不了的，而且我也没有能力解决这些事。我讨厌雨天，这会让我觉得就待在家里或躺在床上看电视得了。还有，如果我去上班，却没有完成所有的工作，那是要被领导骂的。

从业者：嗯，咱们把这些内容写下来，也能详细地梳理一下。这些想法有：（1）我工作上有很多事得解决；（2）如果我去上班，会承受不了这些压力，也没有能力解决这些事；（3）我讨厌雨天；（4）如果我没有完成所有的工作，是要被领导骂的。［反映］ 这些想法都和你处理工作事务的能力有关。［告知］ 你觉得，这会导致怎样的感受呢？［征询］

西莉亚：我也不知道。

从业者：嗯，把想法和感受分开说，确实不太容易。[反映] 不过以 CBT 的模式来看，就是咱们一直在讲的，想法是更容易核实、评估以及考虑去调整和改变的，而感受则更难操作。所以，如果咱们可以谈谈这些想法，那咱们也就可以发现——它如何影响了你的感受。[告知] 这样的做法你觉得怎么样？[征询]

西莉亚：我不知道。这事得见到效果，我才能相信。

从业者：嗯，确实不太好预计这些——仔细观察自己的想法，可能还会调整和改变自己对情境的看法，然后，心情和感受就好转了——不过你也愿意试试看，看看这个做法有没有效果。[行动反映]

西莉亚：对……

从业者：好。那么请你想象一下，自己又重新回到当时的情境中了，你想到"我工作上有很多事得解决""如果我去上班，会承受不了这些压力，我也没有能力解决这些事""我讨厌雨天"还有"如果我没有完成所有的工作，领导会骂我的"。你有怎样的感受和心情呢，当这些想法出现在那天早上时。

西莉亚：难以承受，也特别害怕吧，差不多。

以上是从业者可以先和当事人讨论的，也是学习"重建"想法的第一步。然后，根据当事人的情况和从业者的临床判断，我们还可以设计一个新的或假想的情境来与当事人讨论"对于同一个情境，人如何产生了不一样的想法，然后又会出现不一样的感受"。之后，从业者还可以尝试和当事人一起对这些想法命名，或者建构出更为理性的回应。

从业者：咱们想象一个新的情境，用来探讨想法与感受的不同，你觉得怎么样？[征询]

尤金：好啊。

从业者：请想象，你去了伴侣家，他没有亲吻你，只哼哼出一句"你好"。你可能想到"他在生我的气"。那你会有怎样的感受呢？

尤金：郁闷、担心！

从业者：如果你想到他是在生你的气，你会感到郁闷和担心。[反映] 那如果你想到的是"他今天的工作一定很不顺利",你又会有怎样的感受呢？

尤金：啊，这要看我的心情了，我可能会生气，因为他这是在拿我发泄，或者我也可能会心疼他吧，这一天过得这么辛苦。

从业者：所以想到这些时，你会更生气或者是心疼他，而不是郁闷或担心。［反映］你觉得，当明白了想法如何导致感受，为什么这一点可能还挺重要的？［征询］

尤金：嗯，我觉得我需要先搞明白他为什么没有亲吻我，先别急着下结论。

从业者：嗯，所以先看看想法是否属实、是否正确，这可能是很重要的。［行动反映］

我们再看西莉亚的例子，从业者在征求许可后，可以引导西莉亚对那天早上的情境进行认知重建。双方可以借助会谈工作表来记录西莉亚的想法（或者她跟自己说的话），以及她的感受（使用感受方面的措辞）。或者，从业者还可以使用另一类会谈工作表，即上面列出了想法，并留白填写相应的感受，或者是列出了感受填写想法。

第二类信息是"想法和现实有着怎样的区别"，我们接着用尤金的案例来呈现如何区分想法与现实。想法是假设、描述、观点，有时也是一种猜测。想法有可能是真实的/正确的，也有可能是虚假的/错误的，或者是二者各占一些部分。所以基于这一点而言，即便我们还没有充分地导进当事人开始用苏格拉底式提问来挑战和质疑自己的想法，也能够导进他们参与到这样的一种发现和认识中来，即"区分想法与事实，是有帮助的"。回到尤金的案例中，从业者引出了"区分想法与事实"的原因和道理。

从业者：你讲得特别好，是会有不同的原因来解释为什么伴侣没有热情地迎接你。［肯定］那你要怎么做才会想到这些不同的解释呢？［征询］

尤金：我觉得我可以先问问他吧，先别着急。

从业者：嗯，你可以获得更多的信息来检验想法是否属实。［反映］这样一来，你就可以判断自己的想法"他在生我的气"是对的还是错的，或者对错各占一部分。［告知然后停顿］

尤金：对，我通常一下子就郁闷了，而不会去检验想法的真实性。

从业者：你已经明白了，检验想法的真实性可以帮助自己不急于下结论，还有不陷入郁闷中。[反映]

尤金：对，只不过我还不知道要怎么做到这些。

从业者：嗯，所以学习和练习"如何区分开事实与想法"可能是有帮助的，就比如改善郁闷的心情。[行动反映]

如前所述，我们还可以考虑，借助假想的情境来识别对于同一个引发事件所出现的不同想法。从业者可以通过谈话或使用表格（见"会谈工作表 5–1"）列出一些假想的事件（如"现在外面下着雨"），然后再列出两种不同的信念或想法（如"我会出车祸的""估计我得开慢点去上班了"）以及随之产生的感受与行为（如"我很害怕，也不能去上班了""如果会迟到的话，我就打个电话说一声"）。另一种方法（见"会谈工作表 5–2"）是先列出不同的想法（如"他一定是生我的气了"），然后再针对每个想法写出其他几种可能的解释（如"他今天的工作不顺利""我没做过惹他生气的事"）。同样，我们也会继续使用 ATA，与当事人讨论这样做的原因和道理，并结合心理教育来补充信息。

导进的小窍门：通过评估相信程度来给出个性化的反馈

从业者请当事人记录情境及其相关的想法，既可以在会谈中进行，也可以在会谈以外通过自我监测日志来进行。然后，再请当事人评估自己对于这个想法的相信程度（0~100%）。鉴于当事人对于所记录的各种想法的相信程度不可能完全一致，所以这种程度上的差异与变化恰恰可以用来表明：想法与事实是有区别的。例如，某位当事人对于"我什么事都做不好"的相信程度是 95%，而对"我不招人喜欢"的相信程度则是 80%。有时相信程度也会随情境而变化。例如，某位当事人认为自己什么事都做不好，跟伴侣在一起时，他的相信程度是 95%，但在健身时他的相信程度却只有 20%。这时我们就可以使用第 3 章讲过的个性化反馈策略，将这些评估相信程度的信息反馈和呈现给当事人了。

持续语句与不和谐

在认知重建中，从业者会和当事人一起来考察其想法与信念的正确性 / 真实性，这个过程就是"合作式的经验主义"（collaborative empiricism）。保罗·吉尔伯特（Paul Gilbert）与罗伯特·L.莱希（2007）指出，合作式的经验主义是两位搭档（舞伴）之间的和谐舞蹈：从业者和当事人会步调协调、节奏一致，而且双方也都是知识与经验的提供者或来源。威廉·R.米勒与斯蒂芬·罗尼克（2012）也提出，持续语句与不和谐更像是摔跤而非共舞。从业者可以使用 ATA 来引出当事人自己的想法，同时也要留意潜在的持续语句（不利于认知重建的话语）并使用前文中讲过的方法（反映及强调自主性）来予以回应，从而减少持续语句、避免不和谐。如果当事人感觉自己不被认可，比如被别人说自己的感受是错的，或者自己的想法始终就没有正确过，那这样的认知重建是会引发不和谐的。所以，MI-CBT 的整合取向认为，吃透想法与感受之间的关系（基于特定的想法来看，体验到相应的感受是说得通的），并且认识到想法在"正确性"上程度会有不同，这些才是至关重要的。实际上，"认知歪曲"（cognitive distortion）这个措辞容易造成"想法要么是对的、要么就是错的"这种全或无的意思。所以，我们不太会使用如"偏差"（errors）或"歪曲"（distortion）这样的措辞，而更推荐的措辞为"没有帮助的想法"（unhelpful thoughts）。同样，前文中我们也曾建议过，尽量不要使用诊断术语或"问题"（problem）等措辞。我们既不想给当事人贴标签，也不想站在一种专家立场上牺牲掉合作与引导风格。

> 我们不太会使用如"偏差"或"歪曲"这样的措辞，而更推荐的措辞为"没有帮助的想法"。

从业者：嗯，我看见你在第一栏里记下了当时的自发想法，你当时正打算试着跟邻座的同学说话。

萨姆：对，这个想法让我感到非常地焦虑。

从业者：嗯，这其实很不容易，但你在努力地管理和调整。[肯定] 你写下的想法是"他会觉得我是个失败者"，然后，相应的证据你写的是"因为我会脸红"还有"因为我没有朋友"，但好像没有标注这是哪类"没有帮助的想法"，也没有写下一种理性的回应。

萨姆：嗯，因为我觉得这些都是真实的情况。

从业者：所以对你而言，这些想法似乎都是属实的。[反映] 嗯，这也是为什么咱们不把它们叫作"对的或错的想法"，而是叫"有帮助的想法或没有帮助的想法"。如你所说，这个想法让你感到焦虑，是起不到帮助的。那请你对照这张列表，"他会觉得我是个失败者"的想法，你认为算哪一类呢？

萨姆：贴标签？

聚焦过程

聚焦过程会确定出要针对哪些没有帮助的想法进行工作，同时还将找出这些想法的模式（patterns）所在。找出模式，会有助于当事人批量处理同类型的想法，而且对于改变这一类想法及其后续的感受与行为而言，程序上也会更简化、更便捷。从业者和当事人可以在会谈中假想并分析不同的情境（如前文中的例子），从而确定出要工作哪些想法，或者也可以借助一种"思维记录表"来做自我监测，以确认要工作的想法。如果当事人不能识别出自发想法 / 自动思维，那么从业者还可以先征得其同意，然后再引导他们想象或视觉化相应的情境，对该情境做角色扮演，询问该情境对于当事人的意义（或意味着什么），或者提供一张列出了"有帮助的想法"以及"没有帮助的想法"的选项菜单来请他们做选择。在传统的 CBT 中，下一步是要对照着一张典型的认知歪曲清单（或称"思维偏差列表"，通常包括 10 种或更多的类型），来将这些想法归类为特定的认知歪曲了。但在 MI-CBT 中，我们担心这种做法会传达出明显的专家立场，从而有损于 MI 的精神；类似讲座、讲课式的风格可能也不利于当事人参与进来，而且信息量和术语量可能还会让当事人应接不暇。所以，为了避开、不踩这些陷阱，我们会考虑引出当事人自己对于潜在模式的觉察与理解，然后和他们一起来命名所发现的类别。同样，在提供信息或建议时，我们也会一如既往地使用 ATA 和选项菜单（见下面的例子）。

从业者：从这一张"思维记录表"上看，你出现的想法以及它们所导致的情绪似乎有着一些类似的特点。你自己有什么发现呢？[征询]

玛丽：我一想到自己的不好，心情就抑郁了。

从业者：明白，而且这些都是不容易控制的。那咱们再详细地看一看——你已经发现了，这些没有帮助的想法都是有关"不喜欢自己"或者"我不够好的"。[反映] 请再仔细看看记录表上的这些想法，同时也请考虑一下，咱们可以怎么称呼这种思维模式呢？你可以给它起个名字，也方便咱们之后称呼它。[征询]

玛丽：我不明白你的意思。

从业者：嗯，你看，有的人可能会称呼这种模式为"全或无"，也就是"你要么都好、要么都不好"。还有的人可能管这个叫"贴标签"或者叫"放大消极面"。你既可以选择他们的某种叫法，也可以给出一个新的名字。总之，咱们之后就更方便称呼这种模式了。[告知并提供选项菜单]

玛丽：我觉得"贴标签"比较符合吧，或者叫"贴上坏标签，看不见好的"。

从业者：嗯，"贴上坏标签"更加符合一些，更能体现你所记录的这些想法。[反映]

在聚焦过程的最后，从业者会引导当事人聚焦在他们的关键（key）想法及信念上，并引出他们对相应思维模式的归类，这同样也是一个强调自主性并为合作式的经验主义做铺垫的过程。

聚焦的小窍门：确保共情

当我们引导着当事人逐步地进行认知重建时，关注点更容易集中在具体的步骤和技巧上，反而会忘记——所评估的这些想法与感受其本身可能是令当事人相当痛苦的。所以，我们务必要提醒自己：我可是一名从业者啊，不能只像个老师一样去传道授业，我还需要表达共情——这也是秉持 MI 精神以及巩固 CBT 治疗联盟的一项核心工作所在。除了反映性倾听，我们还可以用支持性以及体恤性的话语来回应当事人困苦的处境、想法或感受，从而表达共情，这也是在认知重建中保持 MI 精神与治疗联盟的关键。在前面"导进过程"中，有从业者与萨姆的谈话逐字稿，下面的对话承接前文，即在萨姆使用了"贴标签"来称呼他认为"别人会觉得我是个失败者"的想法之后双方接下来的谈话内容。

从业者：对，就是这样做，你理解得非常快。［肯定］ 那你为什么认为这个算贴标签呢？ ［开放式问题］

萨姆：（眼里含着泪水）因为这就是真的呀，我就是个失败者呀，只有失败者才会在大学里没朋友。我也不敢相信，自己都 19 岁的人了，却连个朋友都交不上……瞧我这副德行，还有我这日子过得太差了！

从业者：你正在经历着非常艰难的时刻，真的很不容易。［通过情感反映来表达共情］

萨姆：对。我想说，我真的不喜欢这一切，我希望事情不是这个样子。

从业者：你希望自己的生活有变化，而且你也说过，处理这些引发痛苦的想法就是实现这些变化的一种途径。［反映及行动反映］

萨姆：对，是这样的。我有时也会幻想吧，要是没这么难就好了。

从业者：嗯，这做起来确实挺不容易的，同时，你也一直很有韧性，始终在坚持着、努力着！［表达共情及肯定］

唤出过程

我们之前讲过，从业者通过提问特定类型的问题来引出当事人的改变语句，从而唤出动机。所以，从业者是需要对谈话做引导的，旨在培养当事人自己讲出他们关于改变的愿望、能力、理由、需要以及决心 / 承诺，而不是越俎代庖，由从业者替当事人说出这些话。就这一点而言，CBT 的那种"通过苏格拉底式提问来引导发现"的做法，就与 MI 高度吻合了。"苏格拉底式提问"由哲学家苏格拉底原创，是一种不去告知对方信息而是会通过提问来激发批判性思维的方法。这种提问旨在引导当事人去评估他们自己的想法，而不由从业者给出任何的评价或解析。而在 MI-CBT 中，这一过程必然也是合作性的而非颐指气使的，是秉持探索 / 探讨精神的而非矫正或纠错性的（Miller，1999）。克里斯蒂娜·A. 帕德斯基（1993）提醒从业者们注意，苏格拉底式提问旨在引导发现，而非改变思维。她指出，苏格拉底式提问所要询问的是当事人有了解、已知晓、可回答的方面，而这些问题恰恰引导着当事人去考量那些可能被他们忽略了、未被关注的相关信息。同时，这些问题又会从具体上升到抽象，并协助着当事人利用这些新发现的信息来形成一个新的结论。

批判性思维基金会（The Foundation for Critical Thinking）对苏格拉底式提问做了系统化的分类（Paul & Elder，2006），经改编调整之后适用于 CBT 的想法或思维评估（Beck，2011）。这些问题的类型包括：（1）关于"证据"的问题，即询问支持和反对"没有帮助的想法"的证据，并询问备选的其他解释；（2）关于"去灾难化"的问题，即询问并引导当事人思考当最坏的情况发生时，自己可以怎样处理那种局面；（3）关于"影响"的问题，即询问当事人假如去觉察和评估想法会有怎样的结果，而假如不去这样做又会有怎样的结果；（4）旨在从想法中"抽离出来"的问题，即询问并引导当事人思考"如果是你的朋友或家人也面对相同的处境，那你会跟对方说些什么呢"。

除了"提问"步骤，克里斯蒂娜·A. 帕德斯基（1993）又具体补充了苏格拉底式谈话的其余三个步骤：倾听、摘要、询问汇总性或分析性的问题，这些步骤对于引导式发现而言是非常必要的。而实现这四步的具体做法，正是 MI 的四项技术，即开放式问题、反映性倾听、摘要、询问关键问题。在下面西莉亚的案例对话中，从业者使用 MI 的技术，展示了引导式发现的完整四步。

> 从业者：你说在自己的日志中总有一种思维模式出现，就是你会认为，如果不能完成工作上的每一件事是会被领导骂的。咱们再详细看看这个部分，有哪些证据表明这种情况会发生呢？［关于"证据"的问题］
>
> 西莉亚：有时领导就不给我好脸色看，尤其是在有些事我含糊了、拿不准时。
>
> 从业者：嗯，所以你估计他会骂你的一个证据是，有时他不给你好脸色看。［反映］那你还有哪些证据呢？［关于"证据"的问题］
>
> 西莉亚：我看见过他数落别的同事。
>
> 从业者：嗯，所以你觉得他大概也会数落你。［反映］
>
> 西莉亚：对，我觉得会吧。

从业者：嗯，所以有两方面的证据：（1）有时他不给你好脸色；（2）你看见过他数落别的同事。[反映] 那如果他不会骂你呢，发生这种情况可能有哪些证据呢？[关于"证据"的问题]

西莉亚：我觉得吧，我有这么多的工作要做，他也说过他知道我的情况。

从业者：所以你也知道，他了解你目前的工作量，他知道你有很多的工作要做。[反映] 那你还有哪些证据表明他不会数落你呢？[关于"证据"的问题]

西莉亚：呃，他之前数落的那个同事，其实差不多天天迟到，总完不成工作，还早退。他干不完吧，大家就都得给他"擦屁股"，我们对这位同事也是没辙了，都对他挺失望的。

从业者：我感觉我现在更理解一些了。嗯，所以不支持的证据有：（1）领导其实了解你的情况；（2）他数落的那个同事在工作上确实有很大的问题。[反映] 你看我理解得对吗？

西莉亚：对，是这么回事。

从业者：那如果这是你的一位朋友呢？她在努力工作，在尽力而为，但还是担心领导会骂她、会数落她，那你会跟她怎么说呢？[旨在"抽离"的问题]

西莉亚：嗯，我觉得我会说"咱能做的就是尽自己最大的努力，希望领导别数落咱吧"。

从业者："尽自己最大的努力"这句话说得好啊。[反映] 别的呢，你还会跟朋友怎么说？[询问"备选的其他解释"]

西莉亚：嗯，他要是真数落你了，可能主要也是对事不对人吧。

从业者：所以，当你有很多工作要做时，你担心自己完不成会挨领导骂。你想到了一些证据，领导有时会数落一些没有完成工作的同事。你也说过，通常只有天天都完不成工作的那种同事才会挨骂。而就算领导真的发火生气了，只要咱自己尽了最大的努力。还有，再想想其他可能的解释，也许这些都是会有帮助的。[摘要] 你怎么看呢，结合以上这些内容，以及你想到的工作上的烦心事一起来看的话？[克里斯蒂娜·A.帕德斯基的汇总性/分析性问题，或MI的关键问题]

西莉亚：嗯，这对我有帮助，让我想到了一些别的角度来考虑事情。虽然我也不敢打包票是否真能做到就这样来看待和思考事情了，不过至少我觉得这么做还是挺有道理的。

请大家注意，上例中从业者问的最后一个问题将谈话从一个具体的情境（会挨领导骂）引向了更抽象、更一般的情况（工作中的烦心事）。所以后续从业者和当事人就可以一起合作开发出一般性的方法与策略（如询问关于"证据"的问题），来处理同一模式的想法或思维了（如灾难化的想法）。虽然从业者已经唤出了西莉亚关于"改变想法"的重要性，但西莉亚最后说的那句话，明显表示她在信心（"能做到"）上有所顾虑。这方面可以参见本书第 2 章中的做法（如"探索一个人的优势强项"）。另外，在本章接下来的部分以及在第 6 章中，也讲解了要如何引导当事人在会谈中练习认知技巧（可能通过角色扮演），以管理和调节想法。这种演练结合反馈的过程，也是帮助当事人建立自我效能感的一种重要途径。

计划过程

在前三个过程中，从业者与当事人讨论了"要不要"和"为什么"改变思维。接下来在计划过程中，双方将讨论"如何"改变思维。当然，这四个过程可能会相互地交叉重叠，不一定就是依次循序展开的，甚至在同一次会谈中可能也不会都进行，但这些过程一定都是和认知重建有关的。在计划过程中，我们会引导当事人制定改变的方案，聚焦于会谈以外的活动（即家庭作业或练习），并巩固他们对于这个计划方案的决心/承诺。方案中包括了在会谈以外使用苏格拉底式提问来评估想法，并发展出备选的想法和自我对话。这些备选的想法与自我对话，在会谈中就可以发展建立起来，而且通过角色扮演练习，还可以提升当事人的信心——在会谈以外也来管理和调整自己的想法（见"会谈工作表 5–3"）。

> 引导当事人制定改变的方案，聚焦于会谈以外的活动，并巩固他们对于这个计划方案的决心/承诺。

当事人通过回答苏格拉底式提问，经历和体验着引导式发现。除此以外，他们还可以通过做行为实验来检验自己的想法。例如，玛丽的行为实验可以是比较两种回应"过度饮食"的方式：（1）"当我吃得太多时，如果我批评自己，那我就会少吃点"；（2）"如果我是更温和、更体贴地来跟自己谈这些，那我就会少吃点"。玛丽会尝试每一种回应方式，监测记录各自的结果（如饮食摄入量）。该行为实验或许就可以反驳这样的想法了："如果我不去批评自己，我就会吃得过多，然后完全失控。"从业者会先和当事人讨论做行为实验的原因与道理，并引出他们的改变语句，然后从业者接着引导当事人继续进行以下的步骤：

- 明确问题；
- 确定要聚焦的想法；
- 考虑备选的想法；
- 形成两种假设或预期；
- 计划如何实施实验。

在进行完实验后，从业者要与当事人讨论结果，以及该结果对所聚焦之想法的影响。表 5–2 是尤金填写的一张行为实验表格（相应的空白表格请见"会谈工作表 5–4"）。

表 5–2	尤金的行为实验

第一步，我遇到的困难是
我想让伴侣帮忙提醒我吃药，但是我又怕麻烦他

第二步，对于这种困难，我常有的想法是
他可能觉得我烦人

第三步，或许我还可以怎么看，可以备选的想法是
他可能也想帮我

第四步，基于常有的想法，我预期会发生什么？基于备选的想法，我预期会发生什么

基于常有的想法	基于备选的想法
他会生气地数落我	他会说他理解，这是挺容易想不起来的
还会跟我说"你早该自己解决好这些事了"	还有他原以为，我不想要额外的帮助
他可能也不想再和我交往了	因为我通常也不愿意谈这件事

第五步，对于这些预期，我计划怎么去检验

等周三我们出去吃饭时，问问他是否愿意帮助我	我也记录一下哪种预测最接近实际的情况
如果遇到……	**那我就……**
可能我会忘了问他	在手机日历上设个响铃提醒自己
吃饭时我几杯酒一下肚，可能就不想说这件事了	在去吃饭的路上跟他在车里聊聊这件事

下面展示的是，从业者如何使用 MI 的技术引导着尤金逐步完成了以上的步骤。

从业者：你说过，如果你的伴侣能帮忙提醒你吃药，应该会有作用，但你

也怕麻烦他。[反映；明确问题] 关于这个方面，请你再多讲讲。[开放式问题]

尤金：我不希望让他觉得我烦人，或者认为我有病。还有，我也不想让他时时刻刻都担心我的情况。

从业者：如果你请他帮忙，他可能会觉得你烦，还会把你当成病人。[反映；确定要聚焦的想法]

尤金：对，我的意思是，我不希望这样，但这也让我把他排除在外了，完全不让他插手了。

从业者：你不希望这样，好像你希望……对这件事也可以有不同的考虑。[反映] 那还可以怎么看呢，比如想到伴侣还可能会怎样回应你呢？[考虑一种备选的观点/视角]

尤金：有时我也认为，他可能是想帮我的。可能他也不知道该怎么做吧。或者可能他不提这个事，也是觉得我不愿意提吧。

从业者：所以，对于请他帮忙会出现什么情况，你有了两种预期：一种是他可能会觉得你烦人，他生气了；另一种是他可能想要帮助你。[反映；形成两种假设或预期] 那这一周你可以做些什么来检验一下这两种可能呢？

尤金：问问他，愿不愿意帮助我？

从业者：你可以问问他，请求他的帮助，然后也记录一下这两种预期哪个更符合实际情况。[反映；计划怎么做行为实验] 你打算什么时候去问他呢？

尤金：我也没想好。周三晚上，我们俩倒是打算要出去吃个饭。

从业者：嗯，你好像已经想到了一个时间，想着周三去做一下这个"实验"。[肯定] 那你可能会遇到哪些困难或阻碍呢？[制定"如果－那就"方案]

尤金：我也不知道。可能我会忘了问他吧，或者我们一喝酒我就又不想提这些事了。

从业者：所以，你可能会遇到的两个困难是"忘了问"和"不想提"。[反映] 那你可以怎么做来提醒自己要记得问他呢？[开放式问题]

尤金：我觉得这个倒不难，我可以计划好就在吃饭那天跟他说说，我也可以在手机日历上设个铃声来提醒自己。

从业者：好的，如果你愿意，你现在就可以设置这个提醒了。那对于"不想提"这个部分呢？[开放式问题]

尤金：啊，这我就不知道了。你有什么建议吗？

从业者：嗯，有的人会尝试提前跟对方说"等吃饭时有话要聊"，这样就不会避而不谈了。另外的选择是，咱们也可以在这里练习一下，这样你就更清楚可以怎么说了。或者，你还可以在去吃饭的路上问问他，也就是在喝酒前问。当然，要怎么选择、怎么做，还是由你来决定。［选项菜单；强调自主性］

尤金：我不太想在这里练习。还有，要是提前告诉他有话要谈，我感觉这就跟做买卖、谈生意似的。我倒是觉得，我可以在去吃饭的路上跟他在车里聊聊这件事。

有一种情况是我们需要考虑的：如果尤金真的去问了伴侣，请他帮忙提醒吃药，那对方也是真的有可能会觉得烦并且生气的。所以也需要未雨绸缪，对于这类认知－行为实验的各种结果提前做好计划。从业者可以和尤金探讨，如果伴侣愿意帮忙，尤金有什么样的反应；如果伴侣不愿意帮忙还心烦、生气了，尤金又会有怎样的反应。这种探讨可能会涉及全层级^①的认知重建，如"如果他烦我了、生我气了，那就说明我'在吃药这件事上连个三岁孩子都不如'或者'没有别人帮忙我根本就照顾不好自己'"。

另外，在行为实验的方案中也可以有逐级暴露，即当事人系统化地去面对所害怕的内部刺激（想法、生理反应）或外部刺激（活动、情境）。鉴于本章的篇幅所限，我们不会展开讨论暴露疗法，但从业者或许可以考虑在讨论行为实验时略做调整，从而也加入暴露练习的内容，将其也作为一种实验来帮助当事人检验：对于恐惧强度递增的刺激，自己会有什么样的反应。其他诸如放松训练、接纳或正念等行为技巧，我们会在第 6 章再做讨论。

只要当事人制定出了改变的方案，那我们就要去巩固他们这样做的决心 / 承诺了，通过：（1）细化落实的步骤，包括执行意图（"在那时－我就去"方案）；（2）探讨可能会遇到的困难与阻碍；（3）想出相应的解决办法（"如果－那就"方案）；（4）强化决心 / 承诺：通过开放式问题引出决心 / 承诺语句，使用量尺问句和肯定，并传达希望与乐观。本书的第 2 章、第 3 章和第 4 章更为详细地讲解了计划过程，大家可以再回看参考。"会谈工作表 5-5"是认知重建的改变计划表，同时表 5-3 也展示了萨姆的例子。

---

① 全层级的认知，即"自动思维""中间信念"以及"核心信念"。——译者注

表 5–3 萨姆的改变计划表：使用认知技巧

我使用认知技巧的计划

我想做的（行为／行动／改变）

学会管理和调节我的社交焦虑

这样做对我很重要，因为

我不想总是感到孤单和郁闷

我想交些朋友

我想交个女朋友

我希望自己能享受大学的生活

我不想再逃课了，哪怕是课上我得发言做报告

使用认知技巧对我有怎样的帮助

我可以发现不同的思考方式，这会有助于我改善心情

如果心情好些了，我就有能力去做更多我想做的事了，比如交个女朋友，或者取得更好的

成绩

我准备按以下步骤进行（做什么、何时做、在哪儿做、怎么做）

1. 关于跟同龄人社交，我要尽量忽略掉那些没有帮助的、"困住自己"的想法

2. 我会将想法日志中那些没有帮助的想法，替换成一些更有帮助的想法，我会每天都做这件事。我会把日志放在床头，也会用手机来拍照

3. 如果步骤 1 和步骤 2 都不管用了，那我就尝试正念练习

4. 等下次会谈时，跟咨询师讨论一下我感受到的变化，然后再做个计划把好用、有效果的方法继续用起来

可能遇到的困难	怎么办
如果……	那我就……
我没办法忽略掉那些想法	等下次会谈时，跟咨询师练习将注意力集中在更有帮助的想法上
	提醒自己，那个想法就在那里，如果它就在我的头脑中，那我自然也是控制不了它的，但是我可以尽量将注意力集中在那些更有帮助的想法上
我没有把想法日志带在身边	先给表格拍个照，存我手机里

MI-CBT 的两难情境

这里也有一个重要的两难情境，与自我监测中遇到的类似：当从业者引导着当事人去做认知重建时，他们可能并没有准备好或不愿意这样做，而从业者又认为认知重建就是治疗中的关键部分。那该怎么办呢？同样，我们有三种选择：第一种选择，从业者可以告知当事人认知重建是 CBT 的必要成分，所以如果当事人还没准备好做认知重建，那么可能也就是还没有准备好进行 CBT 的干预；第二种选择，也可以先进行不含认知重建的 MI-CBT 干预，之后如果进步有限，可以再邀请当事人重新考虑做认知重建；第三种选择，从业者可以提供一个选项菜单，里面有认知重建，同时还有其他的选项，如正念的技巧、接纳与承诺疗法的技巧、问题解决的技巧。

另一个两难情境，关乎传统 CBT 对于认知层级的观点：自发想法 / 自动思维只是其中的一个层级，其他的层级还包括信念，尤其是核心信念，不但处于更深的层级，而且也需要进行重建。例如，图式疗法就是处理更深层的信念以及思维模式的一种方法（Farrell，Reiss，& Shaw，2014）。在 MI-CBT 中，如果通过评估和调整自动思维及其模式，当事人的症状就已经得到了改善，那么可能也不一定要去深挖和探究核心信念了。而且，如果核心信念还与核心价值观紧密地捆绑在一起，那么从业者在处理核心信念时可能就会遭遇到巨大的困难（持续语句与不和谐）。所以在这一点上，从业者又需要做选择了：可以选择继续处理核心信念，或者，也可以转向其他的方法与技巧了，以引导当事人处理困扰或问题。

最后，就如上文中尤金的例子：他的选择是，不想在会谈中做练习。而如果从业者认为，CBT 的一个核心成分就是要在会谈中以及会谈以外做练习，那么这又是一个两难情境。我们建议，从业者要与当事人探讨他们对于"做练习"的矛盾心态，既要引出这样做的原因和道理，同时也要支持当事人"不想做练习"的自主性。如果当事人这一周过得颇为不顺，非常地困扰与挣扎，那么从业者可以考虑在新一次的会谈中再次引导做练习。

从业者的练习 5-1

开放式的苏格拉底式提问

使用苏格拉底式提问，可以引导当事人评估自己的想法。在 MI-CBT 中，从业者应秉持合作与探索的精神，而非"专家来纠错"的立场。询问开放式问题，而非封闭式问题，会更有助于发扬这种精神。

练习目的：请基于 MI-CBT 的整合取向，将封闭式的苏格拉底式提问改写成开放式的问题，从而引导认知上的改变。

指导语：在下面每题中，都有封闭式的苏格拉底式提问，请将其改写为功能相同的开放式问题。

例题

封闭式问题：你可以换一个角度想吗？

开放式问题：你如何换一个角度想呢？

第 1 题

封闭式问题：这是支持想法的好证据吗？

开放式问题：＿＿＿＿＿＿＿＿＿＿＿＿＿＿＿＿＿＿＿＿＿

第 2 题

封闭式问题：这些理由充分吗？

开放式问题：＿＿＿＿＿＿＿＿＿＿＿＿＿＿＿＿＿＿＿＿＿

第 3 题

封闭式问题：有没有可以质疑这个证据的理由？

开放式问题：＿＿＿＿＿＿＿＿＿＿＿＿＿＿＿＿＿＿＿＿＿

第 4 题

封闭式问题：其他人的看法会不一样吗？

开放式问题：_____

第 5 题

封闭式问题：要回答这个，咱是不是得有事实依据啊？

开放式问题：_____

第 6 题

封闭式问题：有更符合逻辑的解释吗？

开放式问题：_____

第 7 题

封闭式问题：是只有这一种解释吗？

开放式问题：_____

第 8 题

封闭式问题：你一直都有这样的感受吗？

开放式问题：_____

第 9 题

封闭式问题：你觉得这会管用吗？

开放式问题：_____

第 10 题

封闭式问题：别的还有吗？

开放式问题：_____

✏️ **从业者的练习 5-2**

引出并强化关于"认知重建"的改变语句

练习目的：练习使用唤出式问题来引出针对"认知重建"的改变语句。然后，再做反映来进一步地支持与强化改变语句。

指导语：请大家完成题目1~6，如有需要可以自行补充每个题目背后案例的细节信息。这些题目涵盖了谈话顺序中的三种成分，有针对地进行练习。在前三题中，大家只需要完成其中一种成分（从业者引出改变语句的提问；当事人说出的改变语句；从业者对改变语句做反映）。在后三题中，大家就要多发挥自己的创造性，来完成其中两种成分了。

第1题

- **从业者引出改变语句的做法**：有哪些证据表明，在跟亲戚们聚会时，你是一定会喝酒的？

- **当事人说出的改变语句**：因为我们就是会喝啊。我一去亲戚家，他们就开了一瓶啤酒递给我，我要说"不喝了"，他们就会说"得啦，就一瓶嘛！赶紧哒！"然后一会儿就一瓶接一瓶了。情况就是这样。

- **从业者强化改变语句 [反映/提问]**：_____

_____

_____

第2题

- **从业者引出改变语句的做法**：又有哪些证据表明，你跟他们在一起时你可以不喝酒？

- **当事人说出的改变语句**：_____

_____

_____

- **从业者强化改变语句［反映/提问］**：所以，在不同的场合里，比如大家带着孩子们一起去动物园玩时，你就没有这种压力了。

第 3 题

- **从业者引出改变语句的做法**：_____
  _____
  _____

- **当事人说出的改变语句**：我想跟他说，这事有得选啊。不是说你就非得不跟亲朋好友们走动了，但是你也得会选择场合。你选那些不用喝酒的场合去参加，你也就轻松多了。我觉得吧，其实我自己也需要这样做哈。
- **从业者强化改变语句［反映/提问］**：嗯，你不用非得放弃自己看重的人和事，同时你也可以选择做那些符合你目标的事。有得选。

第 4 题

- **从业者引出改变语句的做法**：萨姆，咱们谈到了你看重的一些事，比如结交一些朋友，并且融入进去。我想问问你，当你想着"我不会交到任何朋友"时，情况会如何呢？
- **当事人说出的改变语句**：_____
  _____
  _____

- **从业者强化改变语句［反映/提问］**：_____
  _____
  _____

第 5 题

- **从业者引出改变语句的做法**：_____
  _____
  _____

- **当事人说出的改变语句**：我觉得，假如我没有那么多困住自己的想法，那我也许就能忽略掉它们了，也能去做别的事了……能跟那些不评判我的人聊天了，或者以后再去哪儿也不用总担心我要是适应不了、融不进去怎么办……我觉得别人都是这样的吧。

- 从业者强化改变语句［**反映/提问**］：_____

_____

_____

第 6 题

- 从业者引出改变语句的做法：_____

_____

_____

- 当事人说出的改变语句：_____

_____

_____

- 从业者强化改变语句［**反映/提问**］：有些时候能忽略掉那些想法，或许将有助于你去结交新的朋友。

参考答案

第 1 题

- 从业者强化改变语句［**反映/提问**］：你感觉自己是没办法避免这种情况的。好像是这样的一种预期。

第 2 题

- **当事人说出的改变语句**：好像啊，我跟亲戚们也有过一些活动，是不用喝酒的那种。多数活动我们都会喝酒，不过……呃，今年夏天我们就聚了聚，还带着孩子们去逛动物园了，倒也没喝酒。

第 3 题

- **从业者引出改变语句的做法**：那假如，你有个好朋友他也面临着同样的难题——他想要戒酒，但是也不希望从此就不跟亲戚们聚了——你会给他什么建议呢？

第 4 题

- **当事人说出的改变语句**：不会怎样的。可能情况不会有什么改观，我还会觉得无能为力吧。我就是想啊，要是我能改变这一切，该多好啊。

- **从业者强化改变语句**［**反映 / 提问**］：嗯，那种没有帮助的想法会让你感觉困在这里动不了了，但假如有一些做法能让你改变现状，你是愿意去做的。

第 5 题

- **从业者引出改变语句的做法**：那假如你没有了那些困住自己的想法，你认为情况可能会有哪些不同呢？

- **从业者强化改变语句**［**反映 / 提问**］：嗯，你也想知道，别人能出门、能做你想做的那些事，他们是不是就没有那些困住自己的想法，或者，能忽略掉那些想法。

第 6 题

- **从业者引出改变语句的做法**：假如你也能忽略掉那些想法，你觉得情况会有什么样的变化呢？

- **当事人说出的改变语句**：我也不知道能不能每次都忽略掉它们，但假如我有时能做到的话，或许我就能跟别人多聊一会儿了，也就有机会成为朋友了。

情境、想法、感受和行为

　　情境会引发一个人的想法、感受或行为，但对于同一个情境，我们思考或感受的方式并不只有一种。例如，有些人会想到"如果我在大家面前发言，我就会露怯出丑"，所以就没去上课。而另一些人会想到"如果我在大家面前发言，我就需要提前准备得更好"，所以就会更努力地学习。请回忆并写出一些情境，它们都会引发你以某种方式来思考、感受或行动；然后，请再次针对同一个情境，考虑一下其他的想法、感受或行为（填到图 5-1 中）。

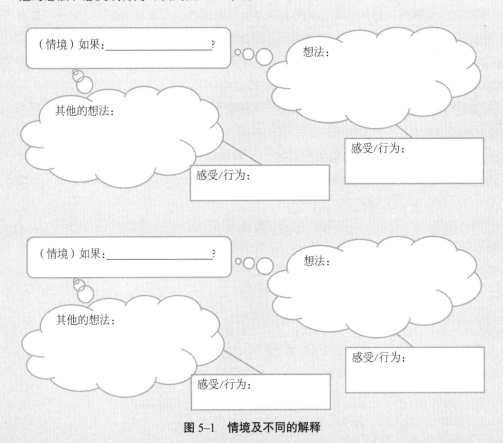

图 5-1　情境及不同的解释

你觉得为什么使用这张工作表呢，请列出三点原因：

1._____

2._____

3._____

情境及不同的解释

人们解释情境的方式各有不同，而且对于大多数情境而言，相应的解释也不止一种。也许你常有的那种解释方式会让你感受不佳、心情很差；同时，你也可以考虑一下其他的不同解释。例如，你的爱人下班回家时，对你很冷淡。也许你认为，是自己惹他生气了，然后你就感到被忽视了、被拒绝了。但还有哪些不同的解释呢？可能他今天工作很不顺利，又或者回家时是一路堵车。这些不同的解释，或许可以使你的被拒绝感淡化、变少。

那么你觉得，为什么自己要练习去考虑其他不同的解释呢：＿＿＿＿＿＿＿＿＿

＿＿＿＿＿＿＿＿＿＿＿＿＿＿＿＿＿＿＿＿＿＿＿＿＿＿＿＿＿＿＿＿＿＿＿

＿＿＿＿＿＿＿＿＿＿＿＿＿＿＿＿＿＿＿＿＿＿＿＿＿＿＿＿＿＿＿＿＿＿＿

情境	你通常的解释	一种不同的解释	另一种不同的解释
例子： 爱人对我冷淡	例子： 我惹他生气了	例子： 他今天工作很不顺利	例子： 他遇到了严重的堵车

会谈工作表 5-3

有帮助的想法和没有帮助的想法

1. 有时你会出现一些"没有帮助的"想法，请将它们写出来，然后练习将其转换成"有帮助的"想法
＿＿＿＿＿＿＿＿＿＿＿＿＿＿＿＿＿＿＿＿＿＿＿＿＿＿＿＿＿＿＿＿＿＿
2. 为什么练习将"没有帮助的"想法转换成"有帮助的"想法，这可能会对你有好处呢
＿＿＿＿＿＿＿＿＿＿＿＿＿＿＿＿＿＿＿＿＿＿＿＿＿＿＿＿＿＿＿＿＿＿
3. 当你出现了一个没有帮助的想法时，你如何确保自己也会做这样的转换
＿＿＿＿＿＿＿＿＿＿＿＿＿＿＿＿＿＿＿＿＿＿＿＿＿＿＿＿＿＿＿＿＿＿

"没有帮助的"想法	"有帮助的"想法
例子： 我什么事都做不好	例子： 有时我会出错，但很多事我都能做好

这是我的选择

我有理由这样做

我曾经做到过

行为实验

你可以通过做行为实验，来检验自己的想法：当你遇到某种困难时，分别基于不同的想法，你预期会发生什么。请先看一看下面的例子，然后请你填写自己的行为实验表格。

行为实验例子

第一步，我遇到的困难是
我想让伴侣帮忙提醒我吃药，但是我又怕麻烦他

第二步，对于这种困难，我常有的想法是
他可能觉得我烦人

第三步，或许我还可以怎么看，可以备选的想法是
他可能也想帮我

第四步，基于常有的想法，我预期会发生什么？基于备选的想法，我预期会发生什么

基于常有的想法	**基于备选的想法**
他会生气地数落我，还会跟我说"你早该自己解决好这些事了"。他可能也不想再和我交往了	他会说他理解，这是挺容易想不起来的，还有他原以为，我不想要额外的帮助，因为我通常也不愿意谈这件事

第五步，对于这些预期，我计划怎么去检验：
等周三我们出去吃饭时，问问他是否愿意帮助我，我也记录一下哪种预测最接近实际的情况

如果遇到……	**那我就……**
可能我会忘了问他，吃饭时我几杯酒一下肚，可能就不想说这件事了	在手机日历上设个响铃，提醒自己在去吃饭的路上跟他在车里聊聊这件事

请你跟咨询师一起完成下面的行为实验表格，从而协助你检验自己的想法：当你遇到某种困难时，分别基于不同的想法，你预期会发生什么。

我的行为实验

为什么你想要检验自己想法的准确性，或者看看还有没有其他的视角？

_____

第一步，我遇到的困难是
第二步，对于这种困难，我常有的想法是
第三步，或许我还可以怎么看，可以备选的想法是
第四步，基于常有的想法，我预期会发生什么？基于备选的想法，我预期会发生什么 **基于常有的想法**　　　　　　　　　　　　**基于备选的想法**
第五步，对于这些预期，我计划怎么去检验 **如果遇到……**　　　　　　　　　　　　**那我就……**

实际发生的情况是_____

_____

下次再遇到这种情境或困难，你会怎么做呢_____

_____

会谈工作表 5-5

使用认知技巧的改变计划表

我使用认知技巧的计划

我想做的（行为 / 行动 / 改变）

_____

_____

这样做对我很重要，因为

_____

_____

使用认知技巧对我有怎样的帮助

_____

_____

我准备按以下步骤进行（做什么、何时做、在哪儿做、怎么做）

_____

_____

可能遇到的困难　　　　　　　　　　**怎么办**

如果……　　　　　　　　　　　　　　那我就……

_____　　　　　_____

_____　　　　　_____

_____　　　　　_____

_____　　　　　_____

第 6 章

行为及情绪调节技巧

虽然在 CBT 的大伞下，行为及情绪调节技巧有很多，但我们还是会集中讨论那些在 CBT 中最常用而且也与本书案例内容（如酒精使用、抑郁、焦虑、躯体疾病以及肥胖）最为相关的技巧，其中包括问题解决技巧、行为激活、痛苦耐受、正念、暴露疗法、对担心的刺激控制，以及拒绝技巧和自信决断表达训练。我们先为不太熟悉技巧 / 技能训练的从业者们简述一下这些内容。

问题解决技巧

在 CBT 的很多方法中，问题解决技巧（problem-solving skills）都会被用到，旨在识别出引发刺激并发展形成相应的应对策略。问题解决技巧的训练可包含以下几个步骤。

首先，从业者会通过心理教育，同时还可能会使用第 5 章讲到的认知技巧，以帮助当事人学习并建立起一种积极正向的问题解决取向。这就意味着，我们需要将"问题"（problem）重构为"是可以得到解决的一个困难或挑战"，并且促进当事人的以下信念："我其实可以有效地管理好这些，只要投入时间和努力。"（见后文有关培养信心以及促进自我效能感的相关内容）鉴于任何一种解决方案可能都不完美，或者都不会太容易，因此我们认为，经过全面考虑后做出的选择也许就可以视作最佳的方案了。所以接下来，从业者可以继续进行下面四个步骤，来帮助当事人发展出一种理性的问题解决风格（见"会谈工作表 6–1"）：（1）分析问题；（2）

多提备选方案（头脑风暴）；（3）选择方案，基于对备选的评估；（4）执行该方案并评估效果。当事人选择了某一方案之后，从业者要帮助他们将该方案分解细化成可操作、可执行的更小步骤。一些元分析表明，在躯体及心理健康问题的很多领域中，问题解决技巧训练都是有效的，尤其是以上所有步骤都能展开的话，其效果最大（Bell & D'Zurilla，2009）。

行为激活

作为治疗抑郁症的一种方法，行为激活（behavioral activation）聚焦背景/环境（context），如增加愉快和奖赏性的活动，而并没有聚焦在认知等内在过程上（Martell et al.，2010）。从行为激活的视角看，抑郁症状是人对一种"对于活动缺少正强化物"并且"对于回避有很多负强化物"的环境的自然反应。最近已有研究表明，行为激活其本身也能够改善焦虑障碍中的回避行为（Chen，Liu，Rapee，& Pillay，2013；Turner & Leach，2009）。行为激活的步骤一般都会从自我监测开始，旨在识别和发现活动与情绪之间的关系（见第4章）。然后，从业者会请当事人做一些活动（从易到难，逐级渐进），这些活动的选择和安排会基于干预目标或方案，而不是基于当事人的情绪或心境（见"会谈工作表6-2"）。通常而言，是活动进行在前，心情好转略靠后。有些从业者会引用"世上本没有路，走的人多了，也便成了路"（Fake it until you make it）① 这句名言，来表达相应的"先做一段时间，然后就会开始感到好转了"这一理念，从而促进当事人着手进行行为激活。当事人的活动可通过记录心情和活动日志来进行监测。

所以，行为激活疗法的每次会谈聚焦的是当事人"做什么"，而不是"想什么"，而且尤其重视那些具有自然强化属性的活动（如锻炼、进食、社交）。行为激活作为单独治疗抑郁症的一种方法，已取得了有力的证据支持（Mazzucchelli，Kane，& Rees，2009；Sturmey，2009）。内尔·S. 雅各布森（Neil S. Jacobson）与同事们（1996）的开创性研究发现，在针对抑郁症的治疗中，CBT 中的行为激活

---

① 英文原文直译为"先假装是这样，然后逐渐就真的做到这样了"，这句话在中文里并没有对应的成语、谚语或格言，同时可能也存在文化上的差异。因此，引用鲁迅的一句名言作为意译，可能更贴近中文文化，同时避免"假装"这类措辞可能在汉语中会造成当事人的不适感、持续语句或不和谐。——译者注

成分和整个的 CBT 治疗包一样有效。

最近，有学者重复了内尔·S. 雅各布森等人的研究，再次表明了行为激活治疗抑郁症同传统的 CBT 一样有效，而且对于被评估为"严重抑郁"的患者，行为激活会更为有效（Dimidjian et al., 2006）。值得重视的是，这些发现都告诉了我们：单独改变外在（外显）的目标行为，足以对抑郁症内在（内隐）的部分（即认知与感受）产生相应的改善。

痛苦耐受

在 CBT 的伞下还包括了一些疗法，如辩证行为疗法（Dimeff & Koerner, 2007）和情绪调节训练（Berking & Whitley, 2014），这二者都聚焦于情绪的调节，比如培养痛苦耐受的技巧。"痛苦耐受"（distress tolerance）的定义是：能够忍耐负面情绪状态，或者可以在负面的情绪体验下继续从事目标导向行为的一种能力。研究发现，这种能力的缺失与很多心理症状（Leyro, Zvolensky, & Bernstein, 2010）及躯体健康问题（Zvolensky, Vujanovic, Bernstein, & Leyro, 2010）都相关，如抑郁和焦虑问题、遵医嘱服药问题（Oser, Trafton, Lejuez, & Bonn-Miller, 2013）以及过度饮食问题（Kozak & Fought, 2011）。马蒂亚斯·波尔金（Matthias Berking）和布赖恩·惠特利（Brian Whitley）整理汇总了已有的理论（2014），详细阐述了情绪调节的必备技巧：觉察、识别、正确解释心身体验；理解引发因素；主动缓和痛苦或当无法缓和时予以接纳和耐受；直面而非回避痛苦的情境（见"会谈工作表 6–3"和"会谈工作表 6–4"）。请大家注意，在物质滥用或肥胖症的案例中，痛苦的形式可能是心瘾或饥饿，而管理这些痛苦的策略与方法则是相同的。

有助于管理痛苦的策略包括转移注意力、通过想其他的事情来暂时搁置当下的情况、引出其他的躯体感觉（如洗冷水澡、吃辛辣的食物、做运动锻炼）、运用放松等技术。正念则是最近涌现出的一种痛苦耐受技巧（非评判地觉察当下）。学习正念，就意味着要去体会和经验痛苦，但又不再去添加不安或烦恼了，不再痛上加痛。正念的学习者将领悟痛苦也是生活的一部分，一个人可以如是回应："这让我感到痛苦，我能够处理好它。此刻我备感烦恼，这种感受可以有，很正常。"经由正念，我们将逐渐学会如何在此时此刻体验负面的事件与经历，觉察当下。

正念

正念技巧，旨在提升人们觉察自己的想法与感受，学习不评判地接纳它们。同时，既不会陷入其中无法摆脱，也不会以自动化的模式去反应。正念可看作对痛苦耐受的一种补充，因为后者的目的也在于觉察此时此刻的想法、感受以及感官感觉。正念技巧中往往包含了冥想、呼吸练习以及瑜伽等元素。通过正念练习，有助于一个人非评判地觉察生活中的压力事件以及自己对此的内在回应（即"觉察当下"）；正念并不将重点放在挑战或质疑与这些压力事件有关的想法或情绪上。研究表明，结合正念的治疗，如基于正念的认知行为疗法（mindfulness-based CBT）以及正念减压课程（mindfulness-based stress reduction），可有效改善压力应激反应、心理症状（如抑郁焦虑）、躯体症状、物质使用，并可以提升生活质量（Chiesa，Calati，& Serretti，2011；Chiesa & Serretti，2009；Fjorback，Arendt，Ørnbøl，Fink，& Walach，2011）。

暴露疗法

在源自经典条件反射的暴露疗法中，当事人会去接触其所恐惧的刺激（真实的或想象的），直到相应的焦虑逐渐消退。有学者认为，暴露就是一个学习"如何更好耐受痛苦"的过程。例如，针对惊恐障碍的内感暴露，就是当事人在学习如何更少、更低程度地去担心"自己的焦虑体验"。在干预其他类型的焦虑障碍时，暴露疗法需要当事人忍耐焦虑性的情境，直至焦虑消退为止。这个过程可以是系统化、逐级进行的，所以也会先建立一个恐惧的层级，再基于此进行暴露。层级的建立是由当事人对恐惧的情境进行评分，然后再从低到高排列而成（第 4 章讲到的自我监测任务可有助于这样的评分环节）。当恐惧层级建立之后，当事人会从最低的一级（那个相对最低恐惧的刺激）开始做暴露，即在实境中（现实生活中）接触面对，或在想象中接触面对，然后再循序渐进地提升恐惧等级（详见表 6–1）。

表 6–1	萨姆的恐惧层级	恐惧评分 （1~100）	回避评分 （1~100）
1	参加聚会（学校里的）	100	100
2	与一位心仪的女孩搭讪 / 发起聊天	99	100
3	参加家族活动（比如婚礼 / 葬礼或者感恩节）	70	40
4	出入自助餐厅或学生会	65	70
5	跟商店店员或药店药剂师说话	60	60
6	请教授帮忙	55	55
7	坐在咖啡厅	55	70
8	一位男同学跟我说话了，我得继续往下聊时	50	30
9	去图书馆	40	35
10	去班里上课	40	5

```
   0    10   20   30   40   50   60   70   80   90  100
   |----|----|----|----|----|----|----|----|----|----|
   无              轻微            中等          严重      非常严重
焦虑 / 回避      焦虑 / 回避      焦虑 / 回避   焦虑 / 回避  焦虑 / 回避
```

　　相反，"满灌疗法"（真实地暴露在最恐惧的情境下）则要求当事人直面最高恐惧层级的刺激。鉴于满灌疗法会造成强烈的不适感（Öst，Alm，Brandberg，& Breitholtz，2001；Moulds & Nixon，2006），所以大部分的从业者及当事人都会更倾向逐级暴露，但在 MI-CBT 中，我们还是要为当事人提供满灌暴露这一选项。通常，当事人还会学习上文提到的那些技巧（如转移注意力、放松、正念）来应对暴露过程中的不适感（见"会谈工作表 6–5"）。有一项回顾了 20 个临床随机试验的元分析研究表明，认知重建与暴露对于大多数的焦虑障碍是具有同等效力的（Ourgrin，2011），而虚拟现实暴露也和实境暴露具有同等的效力（Powers & Emmelkamp，2008）。

对担心的刺激控制

"担心"是一种对于预期性负面事件的焦虑性先占①。对于不确定性，担心在短期上看是有效的反应，它激发了适应性的注意与问题解决，但有时它也会变得自我维持和过犹不及，并造成不良的长期后果。过度担心也是广泛性焦虑障碍的主要症状。对担心的刺激控制（stimulus control of worry）是在 20 世纪 80 年代前期首次提出的（Borkovec，Wilkinson，Folensbee，& Lerman，1983），近期再次被临床研究所关注（McGowan & Behar，2013；Verkuil，Brosschot，Korrelboom，Reul-Verlaan，& Thayer，2011）。刺激控制训练，旨在限制用在担心上的时间，并逐渐建立起担心和更为特定的时间与地点之间的联结。也就是只有这些时间和地点，才能引发担心。从业者会请当事人来确定一个时长 30 分钟的"担心时段"，并将该时段安排在每天固定的时间和地点中，但至少要在睡前 3 小时。在这段 30 分钟的时间里，从业者会要求当事人尽最大的可能、用最强的程度去担心，但在这一天的其余时间里，当事人就要关注当下，并推迟或拖延任何的担心直到进入固定的"担心时段"（见"会谈工作表 6–6"）。这种对于担心的刺激控制常见于焦虑治疗中，是其中的一个部分（Craske & Barlow，2006）。最近，还有一些先导性研究发现，单独进行的刺激控制对于焦虑和失眠的疗效要优于接纳训练，而且对担心的刺激控制还可以增强压力管理训练的效果（McGowan & Behar，2013；Verkuil et al.，2011）。

拒绝技巧及自信决断表达训练

在治疗成瘾行为的若干种循证方法中（如"行为自控训练"），都包括了拒绝技巧（refusal skills）（Walters，2001）。一项元分析研究表明，拒绝技巧结合自信决断表达训练（assertiveness training），是有效干预物质滥用的一种核心治疗成分（Magill，2009），而且相较 CBT 的其他治疗模块，拒绝技巧也与干预物质滥用的更优疗效相关（Witkiewitz，Lustyk，& Bowen，2013）。另外，在肥胖症的行为干预中，自信决断表达训练也是一个关键的治疗成分（Jacob & Isaac，2012）。

拒绝技巧有两个核心部分（见"会谈工作表 6–7"）。第一个核心部分是，要避

---

① 先占（preoccupation）指对于某种或某类刺激或信息的注意偏向、过度关注或投入。——译者注

开可能会出现引发刺激（如社交压力）的情境。该部分也被称作"环境控制"，即当事人找到途径或方法——既可以避开引发刺激，也可以将替代性的行为最大化。第二个核心部分则是，如果当事人不能或选择不去避开这类情境，那么就要发展出面对这些情境时的应对策略了。其中包括，通过自信决断表达来处理直接或间接的社交压力，并制定出相应的脱身方案，以防情况恶化到难以应付。自信决断表达训练的核心成分包括：理解被动、攻击、自信决断表达之间的区别；使用"我"字句来表达自己的感受或反应，然后提出一个具体的要求。

其他技巧

在 CBT 的文献中，还提到了与应对方案有关的很多其他技巧，如沟通技巧（McHugh，Hearon，& Otto，2010）、社交技巧（Kurtz & Mueser，2008；Monti & O'Leary，1999）、组织与规划技巧（Barkley，2015；Lorig et al.，2001；Safren，Perlman，Sprich，& Otto，2005）。这些技巧的使用，或许都可以基于如下文所述的 MI 的四个过程来进行。

导进过程

如前几章所述，从业者在导进过程中将与当事人核对上次会谈时的改变方案，并通过反映、提问和表达共情来强化治疗联盟，促进当事人参与到治疗中来。此外，在每次会谈开始时，从业者还会和当事人一起回顾上次会谈的内容，比如完成会谈以外练习的情况。同样如认知技巧一样，本章的导进过程也含有"合作性地设定议题 / 议程"。学习和使用行为或情绪调节技巧，将是其中的一个议题。因为在先前的治疗方案中可能已包括了这些内容，另外也有可能是根据当事人所报告的上周情况，双方共同决定了需要学习和使用这类技巧。

接下来，双方会就使用这类技巧的原因与道理，做总体性的讨论。此刻我们先要就这些会谈任务或练习，充分地导进当事人，在这之后，才会针对这些技巧的"具体细节"再予以展开并唤出相应的动机。因为导进过程的重点是倾听并理解当事人（要避免"翻正反射"；导进也是合作性的，而不是去"开方子"），所以从业者先别急于转入问题解决，等到了计划过程时再说。此外，在与当事人讨论这些原因与道理时，我们还要记得使用 ATA：先引出当事人对这类技巧有哪些了解；再询问为什么这可能是重要的（结合了唤出过程）；然后，我们再去做补充（告知），并引出反馈（征询）。这样一来，从业者就将 MI 风格的心理教育融入了对原因和道理的探讨之中。

从业者：咱们谈到了，问题解决技巧是可以帮助你应对那些诱惑性情境的。你对这种技巧有哪些了解呢？［征询］

玛丽：呃，应该是要针对问题想出解决的方案吧。不过，具体怎么做我就不知道了。

从业者：你说得对。学习问题解决技巧就是一个分步走的过程。首先，你会做头脑风暴，尽量想出所有可能的方案；其次，评价每个方案的利与弊；再次，你会选择一个方案来试试看；最后，在具体做时，还要把这个方案细化、分解成具体的、可操作的步骤来进行。［告知］ 那你觉得，为什么这个技巧可能会起到帮助呢？［征询］

玛丽：因为，在努力减肥的过程中我也需要有办法，来跟那些不明白怎么帮我的人相处和打交道。

从业者：所以对你来说，学习问题解决技巧可以帮助你在生活中应对这些人。［反映］

下面请大家留意，从业者是如何使用相似的语言来讨论不同技巧的。

从业者：你说自己有兴趣学习应对痛苦的方法，因为当你想到自己感染 HIV 这件事时就会感到痛苦，使用正念技巧或许可以帮助你应对这些。你对此有哪些了解呢，如果你听说过正念的话？［征询］

尤金：我也不是很了解，不过好像跟冥想差不多吧。

从业者：是的，类似于冥想。人们练习正念，就是在学习如何觉察自己的想法与感受、如何接纳它们，而不是自动化地做出反应。冥想，也是正念的一种形式。［告知］ 那你觉得，为什么这个技巧可能会有帮助呢？［征询］

尤金：因为我太需要学着控制那种自动化的反应了。

从业者：所以，控制住自己对于那些负面想法和感受的自动化反应，可能有助于你更好地应对各种情况，而你是可以通过学习和练习正念来实现这些的。
［反映］

导进并结合一定聚焦的小窍门：微型的行为功能分析

如第 3 章所述，行为功能分析旨在理解行为的功能，即目标行为的前因
（如时间、地点）与后果。在治疗的初始阶段，行为功能分析往往会聚焦于
当事人的问题或症状。之后，有的从业者习惯使用一个简要或微型的行为功
能分析（mini-functional analysis）来作为每次会谈的开场内容，该分析所聚
焦的是上一周当事人在行为改变上"取得的进步"或"进步不足"，双方借
此也就回顾并核对了之前的改变方案。而且这样一来，从业者也引导当事人
再次聚焦在先前治疗方案中所学的那些技巧上，又或者可以发展出一个新的
焦点，即关注与当前问题相关的新技巧。当 MI 与 CBT 相结合时，MI 的一
些技术（如开放式问题以及用反映和摘要来平衡提问）可以确保该功能分析
的合作属性（见第 3 章）。在此基础上，从业者要进一步关注当事人对于"运
用这些技巧"的任何改变语句，并予以强化，从而培养他们对于技巧 / 技能
训练的动机。

从业者：你提到了上周在你侄子的生日聚会上，你当时感觉挺难熬的。

卡尔：对，家里有人过生日我们就会欢聚一堂，也就要喝酒了。

从业者：家人欢聚时的一项活动是喝酒。［反映］

卡尔：对，我们会喝酒的。

从业者：所以家族聚会，对于你来说，是喝酒的一个引发因素，而且在
这种场合下你也很难推掉。［反映］

卡尔：基本没戏。

从业者：嗯，感觉在这种场合下，基本上是推不掉的，所以咱们今天想
想看，当你跟家人们聚会时，怎么拒绝喝酒，聊聊这方面也许会有帮助。［行
动反映］

卡尔：嗯，对，我是得想点办法了，也快放假了，大家又要聚会了。

从业者：嗯，怎么跟家人们沟通喝酒这件事是你需要想一想的，而且很快就会用得上了。[对改变语句做反映]

聚焦过程

在聚焦过程中，我们会进一步地明确治疗方向。相比起来，在导进过程中从业者是与当事人合作性地设定议题——想讨论哪些技巧；而在聚焦过程中，从业者则会引导当事人针对那些所选择的技巧进一步明确要学习和练习的具体内容。通常来说，当事人需要获得关于某一个技巧的心理教育，从而理解该技巧要如何结合自己的情况来应用。在 MI-CBT 中，我们会使用 ATA 来进行心理教育，然后还会征询反馈，即以提问来引导当事人关注会谈中以及会谈以外的练习内容，如下面的例子所示。

> 在聚焦过程中，从业者会引导当事人针对那些所选择的技巧进一步明确要学习和练习的具体内容。

从业者：咱们会讨论一下，哪些活动会让你心情好一些、不再那么低落了。但在这之前，我想先问问，你对此有什么印象呢？[征询]

西莉亚：嗯，我在写今天的活动日志时发现，好像自己是在做饭时心情会好一点儿，而当我无所事事、不知道该干什么时，心情会更差。

从业者：所以做饭这件事可以改善你的心情。[反映] 这就是能让你心情好起来的一种方法，就是计划安排好那些让你感觉还不错的活动，然后按计划做。而且，就算有时做起来觉得比平常更难了，你也要坚持按计划去做，因为可能正是心情不好，你才会感觉更难的。[告知] 想听听，你怎么看这种方法？[征询]

西莉亚：嗯，是有些事会让我感觉更好一些，不过我也不知道，具体要怎么开始做啊。

从业者：嗯，你想到了一些活动可能是可以改善自己心情的，同时你也觉得无从下手，因为好像还挺多、挺复杂的。[反映] 有一种解决方式是，你选出自己想做的事，把它分成若干个步骤。然后，你就可以根据这些步骤，循序渐进地来计划自己的活动了。[告知] 你觉得呢，这样安排如何？[征询]

西莉亚：嗯，我可以试试看。

从业者：你愿意试试看。[反映] 那比如说要做一道特色菜，你觉得都有哪些步骤呢？[征询]

西莉亚：呃，我得先找到菜谱，然后再去超市买相应的食材。

从业者：嗯，所以听起来这个计划可以是——明天你要先找菜谱，周三你会去超市买食材，周四你会烹饪这道特色菜。[告知] 那除此之外，还有哪些活动也是你考虑想去做的呢？[征询]

西莉亚：嗯，我现在觉得做饭这个安排就挺不错的。

唤出过程

唤出动机，即唤出当事人在重要性（愿望、理由或需要）及信心（能力）方面的话语。前面几章已经讲过了一些唤出动机的方法，如使用开放式问题、量尺问句、做肯定以及探索发现当事人的优势与强项。为了提升当事人对 CBT 的依从性，在他们已经聚焦了某些特定的行为技巧之后，从业者一定不要跳过唤出过程，而过早地转入计划过程。班杜拉（2004）就曾建议过一些方法，可在角色扮演中促进当事人对于行为技巧的自我效能感。这些方法包括示范、演练（言语的 / 行为的）和反馈（Miltenberger，2008）。从业者先要分步骤示范相应的技巧，然后当事人一边在嘴上说出每个步骤，一边在行为上做出这些步骤（行为演练）。如果这样的组合有些操之过急，即当事人还不能言行协调地完成，那么也可以是从业者一边做、当事人一边说出相应的步骤（言语演练）。如果当事人对于角色扮演练习有顾虑，那么从业者可以使用 MI 的技术来探讨这方面，而且从业者也一定要一如既往地先引出这类角色扮演练习的原因与道理。在进行反馈时，从业者会用"三明治"[①]式的层次来给出信息，即做得好的方面、可提高的方面，以及当事人所具有的、有助于其落实使用相应技巧的个人优势与强项（见"会谈工作表 6–8"）。

---

① 作者用"三明治"来类比做反馈时信息有三层或三个方面。——译者注

从业者：所以看来，你已经决定要使用正念来帮助自己处理压力性的情境了。你也想了，等晚上躺着睡不着时就先用一用。那你觉得为什么咱们在会谈中练习正念，可能是有帮助的呢？［征询］

尤金：因为我还是不明白具体该怎么做，光看指导语的话不太管用啊。

从业者：看不如做，上手操作和练习会更管用。［反映］ 也许这样来安排会更有帮助——我先演示一下相关的步骤，然后你来尝试做一做，之后我再给你一些反馈。而且如果你可以一边做、一边讲出相应的步骤，你就可以更好地记住它们了。［告知］ 想听听，你觉得这样安排如何？［征询］

尤金：嗯，我觉得这能帮我记得更好。

在示范和演练后，从业者要以符合 MI 的方式来给出反馈，步骤如下：（1）对于"哪儿做得不错"以及"哪儿想要提高"，征询当事人自己的看法与意见；（2）肯定做得对的步骤；（3）给出提高的建议。

从业者：你做得很认真、很努力。［肯定］ 你觉得做得怎么样呢？［征询］

玛丽：我也不知道。我是说，感觉唱歌有点傻哈，不过确实也有点帮助。

从业者：嗯，唱歌感觉有点傻，不过也让你的心情好些了。［反映］ 你已经认识到跟妈妈吵架是引发你吃东西的因素。你能辨识出自己的预警信号和生气的感受了。你练习了"远离厨房"，然后你也选择了做另一种活动——唱歌——来让自己感觉好一些。［告知］ 你怎么看自己完成的这些步骤呢？［征询］

玛丽：感觉我好像都没意识到，我其实都做到了哈。

从业者：嗯，你也没有想到，自己其实可以做得这么好。［反映］ 有一点是你可以考虑的——开口讲出来你决心接纳自己的感受，而不是靠吃东西来回避它们。你可以练习一边做一边讲出来，之后你就会自然而然地也跟自己说这些话了。［告知］ 请回想一下之前我做演示时你所听到的话，你觉得此刻自己可以说些什么呢？［征询］

玛丽：生气是很正常的。我也能应付好我妈。

从业者：嗯，这听起来很棒，还会有助于你耐受痛苦。［肯定］

持续语句与不和谐

在技巧 / 技能训练中，当事人的持续语句可能是有关"不去学习新技巧"的愿望、能力、理由或需要，例如"我其实也不需要用这个方法。我估计自己也不会坚持用的"。技巧训练或许有点学校教学的感觉，所以也可能会不利于从业者保持合作的立场。如果当事人开始觉得自己的技巧很拙劣，基本上没有做得好的地方，自己也没有优势长处，那么我们就要特别留意了。我们需要尽量摒除专家立场；通过援引当事人自己对于相应技巧的改变语句（在引出原因和道理时通常会出现）来避免不和谐；保持一种非评判的立场；并对当事人的顾虑做反映性倾听。未雨绸缪、防患于未然，始终都是管理持续语句与不和谐的最上策。但如果持续语句跟不和谐已经存在或出现，那么前几章讲过的策略和方法也依然全部适用，如强调自主性、肯定个人优势与强项，以及根据需要来转换焦点。

计划过程

之前讲过，计划过程既要继续培养当事人对于改变的决心 / 承诺语句，也要制定出一个具体的行动方案。威廉·R. 米勒与斯蒂芬·罗尼克（2012）提出，从业者在计划阶段需要考虑以下的问题：

- "向着改变前进，下一步可以做些什么呢？"
- "能有助于当事人继续前进的是什么呢？"
- "我是否记着去唤出当事人了，而不是给他们开方子——直接替他们拟好了方案？"
- "我是否使用了 ATA，来向当事人提供他们所需的信息或建议？"
- "对当事人而言，什么是最好用的、最管用的，对此我是否保持着一颗好奇心，去引出当事人自己的意见？"

> 关键问题是一种开放式问题，旨在询问当事人对于"这次会谈后自己可以做些什么"的考虑与想法，但也要避免人为逼迫或挤压出来的决心 / 承诺语句。

摘要当事人已在会谈中讲过的改变语句，及其体现出的优势强项，然后接着再问一个"关键问题"，我们就此过渡到了计划过程。关键问题是一种开放式问题，旨在询问当事人对于"这次会谈后自己可以做些什么"的考虑与想法，但也要避免人为逼迫或挤压出来的决心／承诺语句。例如：

> 玛丽，咱们讨论了你希望怎样让身边的人更支持你减肥。这对你很重要，因为你希望自己在 6 月能身着毕业舞会的礼服。练习和使用问题解决技巧，可以帮助你在不同的情境中应对这些，所以"周日教堂的烤肉大餐"也许就是你可以去关注、可以去使用技巧的一种场合了。你已经练习了每一个步骤，而且做得都非常好！不过，"尽量想出所有可能的方案"这一步确实是最难的，所以你也意识到自己还需要多练习这个步骤。那你觉得，下一步你可以怎么做呢？

虽然，计划性的工作可能贯穿了整个会谈，在不同的时间点上都会涉及，但在 MI 的计划过程中，对于下一步做什么一般要形成一个确定的方案。例如，在会谈以外如何练习，然后要聚焦哪个情境来尝试使用所学之技巧。如果还没有确定的方案，那么也可以是若干个用来实现目标的、明确清晰的选项／做法。从业者需要引导当事人列出相应的选项／做法，并讲出所偏好或"直觉上感觉"最好的选项来首先尝试。如果也形不成、列不出备选的选项／做法，那么请考虑做一做"问题解决技巧"中提到的头脑风暴环节，而不是直接由从业者给出方法选项（即便使用了 ATA 也不行）。然后，下一步是摘要总结出这个计划方案，并讨论其细节。

我们知道，只要当事人做出了选择，确定了一个改变的方案，那就要去巩固他们这样做的决心／承诺，方式如下：

- 细化落实的步骤，包括执行意图（"在那时－我就去"方案）；
- 探讨可能会遇到的困难与阻碍；
- 想出相应的解决办法（"如果－那就"方案）；
- 强化决心／承诺，通过开放式问题引出决心／承诺语句，使用量尺问句与肯定，并传达希望和乐观（见表 6–2 及"会谈工作表 6–9"）。

表 6–2　　　　　　　　玛丽的改变计划表：使用行为及情绪调节技巧

我使用拒绝技巧的计划

我想做的（行为 / 行动 / 改变）

每天摄入的热量不超过 1800 卡路里

每天至少运动 30 分钟

这样做对我很重要，因为

我想在毕业舞会前减掉 20 磅 [①]

我想有个健康的体重，并且保持住

我不想穿什么衣服都不舒服

我希望自己也能参加体育活动

我不想得糖尿病

使用拒绝技巧对我有怎样的帮助

我可以减少压力与诱惑，这样我就更可以坚持达到热量摄入的目标了

在不冒犯对方的情况下，我可以让身边的人来支持我减肥

我准备按以下步骤进行（做什么、何时做、在哪儿做、怎么做）

尽量避开那些引发我吃东西的因素，通过：

　　1. 在我看得见的地方不放高热量的食物

　　2. 不跟朋友们去快餐店

　　3. 在家庭聚餐时，拜托其他人（不是我妈妈）去采购食品

当避不开那些引发我吃东西的因素时，我就按自己写的列表 [②] 来使用拒绝技巧

可能遇到的困难	怎么办
如果……	那我就……
家人和朋友们不支持我，就算我跟他们说了我的目标	目前先少跟他们待在一起
没有更健康的饮食可选择	先提前问好有哪些吃的可以选择，如有必要，我也可以买好自己的食品；少吃点，多喝水
奶奶总会逼我吃她做的饭，就算我用了拒绝技巧	提前跟奶奶聊聊，告诉她我在努力减肥，让我妈也准备好帮我解围，或者我就先尝一口，稍后再吃饭（或者我就先提前吃完饭，再去）

———————————

① 　1 磅 ≈ 0.45 千克。——译者注

② 　指"会谈工作表 6–7"中的"拒绝技巧"。——译者注

下面的例子展示了，怎样形成相应的"如果－那就"方案，即便萨姆明显表现出了"虚假希望综合征"（见第4章）。

从业者：在你列出的恐惧层级中，咱们已经选出了"在商店，请店员帮你找货品"这一项。那咱们也来讨论一下，具体安排在什么时间去做呢？

萨姆：啊，我每周都很忙，所以也真不好说我什么时候能去商店。

从业者：嗯，你也不确定要怎么安排出这样一个时间来。［反映］ 那也许有时你会路过商店，或者是去了附近，这你会想到哪些情况呢？ ［开放式问题］

萨姆：呃，周三我在市中心的校区有课，我估计等回家时可以顺路找个地方吧。

从业者：嗯，你想到了一个好点子来安排出这个时间。［肯定］ 那你觉得，可能会遇到哪些困难呢？ ［通过开放式问题探讨困难与阻碍］

萨姆：我能办到，我觉得。

从业者：嗯，你想不出会有什么困难或阻碍。［反映］ 其他人有的也提到，有时日程可能会出现变化，这恐怕是个困难，你觉得呢，你怎么看？ ［开放式问题］

萨姆：我感觉，这也是有可能的，比如我下课后可能还得去趟别的地方。如果有点晚了，我可能就得回家了，我也不想坐地铁时人特别多，我想赶早一点的地铁回去，人少不挤。

从业者：嗯，所以你可能会遇到的一个困难是，如果你想到时间太晚了，就会去赶地铁了，因为不想太挤。［反映］ 那你觉得，可以怎么避免这种情况呢？ ［通过开放式问题引出"如果－那就"方案］

萨姆：如果我发现自己在担心时间，那我下课后就直奔商店。

从业者：嗯，你想到了一个特别好的方案。［肯定］ 那你怎么提醒自己去这样做呢？ ［开放式问题］

萨姆：可以写在课堂笔记本上，等我上课记笔记时，就能看到想起来了"一下课马上就去商店"。

从业者：嗯，你有决心下课后去商店做暴露练习，从而管理自己的恐惧。你也想出了一个特别好的"如果－那就"方案——你写在笔记本上提醒自己，一下课马上就去商店，这样也不会错过早一点的地铁了。［摘要］

意味深长的停顿

停顿或沉默是 MI 的一项重要技术。正所谓沉默是金，但打破和填补沉默恰恰又是人之本性。尤其是在技能／技巧训练中，这种倾向会更甚，因为从业者正在教授当事人新的技巧，那好像自然而然地，也就是专家的角色了。不过，沉默留白，其实可以为当事人留出时间，让他们来考虑和发展自己的（内部）改变动机以及方案计划。而且，不同的当事人在思考这些时所需要的时间也长短各异，所以从业者的停顿或沉默正好给了当事人空间来充分考虑，然后再组织成语言表达出来。威廉·R. 米勒与斯蒂芬·罗尼克（2012）指出，从业者在做了摘要并提问关键问题之后，用一个意味深长的停顿或沉默来留白是特别重要的一环，也会使计划方案的属性更偏向内部动机。

> 停顿或沉默，是 MI 的一项重要技术。

MI–CBT 的两难情境

本章遇到的两难情境与 MI 整合认知技巧时的情况类似。但比起调整思考而言，技巧训练需要当事人去调整行为，要去主动地做出不一样的行为，所以此处遭遇的挑战与困难可能也会更为艰巨。如果当事人并没有准备好或不愿意参与针对某个特定技巧的训练，而从业者又认为该技巧就是治疗中的关键部分，那么可以考虑以下几种选择。

第一种选择，从业者可以判断和决定该技巧就是 CBT 干预的必要成分，所以如果没有准备好从事相应的练习或任务，那么当事人可以考虑更换其他的从业者合作。这往往发生在从业者已经尝试了很多次唤出当事人的动机却未果，而且也坦诚告知了对方，自己认为下一步的行为技巧就是改善对方困境的唯一方法。此刻当事人也需要决定，他们是准备好做出改变了还是仍然需要时间来考虑改变。

第二种选择，从业者可以提供一个选项菜单，里面有一些别的技巧，虽然从业者认为这些都不是最优的方法，但也会以当事人的偏好或选择为准。例如，虽然从业者认为暴露疗法会更有助于改善当事人的症状与困扰，但当事人自己可能选择的是用正念来处理情绪困扰。当然，如果之后进步有限，从业者可以再邀请当事人重新考虑学习相应的技巧。

另一个两难情境可能是，当事人不愿意在会谈以外做练习（即家庭作业），或者是一直就不做，而从业者又认为没有练习的技巧训练形同虚设。对此，同样也有几种选择：

- 与当事人回顾这样做的原因和道理，运用 MI 来讨论和处理在会谈以外做练习的动机；
- 就让当事人只在会谈中做练习，并使其做好心理准备，如果不做会谈以外的练习，进步会更慢；
- 从业者最终仍然确定，会谈以外的练习就是 CBT 干预的必要成分，那么可转介当事人去跟其他的从业者合作。

对于当事人缺乏进步或进步不足，从业者可引导对此的探讨（见前文"微型的行为功能分析"）并帮助当事人理解：有限的进步与有限的练习有关。这样的探讨可以逐渐提升当事人对于在会谈以外做练习的动机。当然，双方仍然可以一起考虑更换成另外一种不同的技巧，或者也可以换成难度上更低的技巧，这样一来，当事人就更有动机在会谈以外做练习了。具体而言，当事人在做练习时还需要结合自我监测，并建议采取小步渐进的策略，从而监测自己在实施这些小步骤之后的感受与体验，及判断效果如何。这样的过程将有助于当事人更全面、更平衡、更合理地做出决策：是否还要使用这些技巧。关于"家庭作业"更详细的讨论请见第 7 章。

✍从业者的练习 6-1

组块 – 核对 – 组块

技巧训练性质的会谈一般都需要从业者给出很多的信息。ATA 作为一种基本技术，可用于 MI-CBT 的整合取向中。此外，大卫·B. 罗森格伦（David B. Rosengren）也提出了"组块 – 核对 – 组块"（chunk-check-chunk）的方法（2009），帮助从业者既避免了因信息量太大导致当事人应接不暇，又在沟通中继续保持了 MI 的精神，尤其是唤出。所以，请尽可能地以小组块的形式（即每次只说两三句话）来提供信息，然后先与当事人核对一下他们的理解与反应，之后再去提供下一个组块的信息。

练习目的：将有关技巧训练的大段信息拆分成若干个组块，再提供给当事人，即运用"组块－核对－组块"的方法来进行，该方法也是从业者将传统的 CBT 转化为 MI-CBT 整合取向的一种方式。

指导语：在下面每题中，都有一大段有关技巧训练的信息。请使用"组块－核对－组块"的方法重新组织并写出这些信息。在每题中，请先写出一个小组块的信息，然后写出一个问题来与当事人核对，之后再继续写出下一个小组块的信息。可用于核对的问题，如"你觉得如何""跟你的情况符合得怎么样""这部分信息有多少是你没听过的？有多少是你之前就了解的""你怎么看"，然后请写出（虚构出）当事人的回应，先对此做反映，之后再给出下一个组块。

例题（未分组块的信息）：想法、感受、行为以及躯体反应是相互联系的。也就是说，这四个方面中的每一个都可以引发情绪，而且也会迅速影响到其他的三个方面。举个例子说，在一次职位晋升中如果没有你，你可能会想："这根本就不公平。我才是更符合条件的，而且我也更辛苦、更努力啊！这里准有领导的偏心！"当你想到这些时，可能就有生气的感受了。你可能会吼叫、砸门，或者是写一封充满怒火的邮件发出去。你可能会有愤怒相关的躯体反应，比如肌肉绷紧、心跳加速、咬紧牙关、攥紧拳头。但神奇的是，通过调整这四个方面的反应，而且只需要从其中一个方面入手，你就能够掌控自己的情绪了。对大多数人来说，最为简单易行的途径就是去调整自己的思考方式。

- 组块：想法、感受、行为以及躯体反应，是相互联系的。也就是说，这四个方面中的每一个都可以引发情绪，而且也会迅速影响到其他的三个方面。
- 核对：这些你怎么看呢，听听你的看法？
- 当事人的回应：我之前还真没这么想过，不过你说得挺有道理的。有时，我听到了一些话，就会头疼还有手抖。我认为这就是一种信号，说明当时的情况让我的情绪波动很大。
- 反映：嗯，这是一种新的理解，同时也体现了这四个部分会相互影响，因为你已经注意到了，躯体反应可以是一种信号，表明你在经历着强烈的情绪。

- 组块：举个例子说，在一次职位晋升中如果没有你，你可能会想："这根本就不公平。我才是更符合条件的，而且我也更辛苦、更努力啊！这里准有领导的偏心！"当你想到这些时，可能就有生气的感受了。你可能会吼叫、砸门，或者是写一封充满怒火的邮件发出去。你可能会有愤怒相关的躯体反应，比如肌肉绷紧、心跳加速、咬紧牙关、攥紧拳头。

- 核对：结合你自己的情况，你觉得以上的内容如何？

- 当事人的回应：挺有道理的，但就在那么一个时间点上，我怎么可能注意得到这么多的方面呢。

- 反映：嗯，感觉好多个方面，都关注不过来了。同时你也发现了，情绪可以通过好几个方面来影响一个人。

- 组块：更神奇的是，通过调整这四个方面的反应，而且只需要从其中一个方面入手，你就能够掌控自己的情绪了。对大多数人来说，最为简单易行的途径就是去调整自己的思考方式。

练习题

首先，每题都给出了从业者可向当事人提供的信息。然后，请大家按组块化的方式，重新写出这些信息，并向当事人征询反馈，再写出（虚构出）当事人可能的回应。最后，请对当事人的回应做反映，并尝试强化其中的改变语句。

第1题：（未分组块的信息）

在你刚开始练习正念时，参考下面这些建议可能会有帮助。正念的主要目标是提升你的专注或觉察，同时不做反应或行动。很多人发现，在刚开始练习时，将注意力集中在某一个点上是很有帮助的，比如你集中在自己的呼吸上，或者一种简单的活动上，而选择一个比较安静、简洁的环境也有利于练习。当你开始时，请专注在你的感官体验上——只是去觉察你正在体验到的一切、你的身体感受，并不去做任何的反应。如果有一些想法出现了，干扰了你的注意力，就让它们如其所是，我们不沉溺其中，我们也不尝试解读，让它们就这样来、就这样去。熟能生巧，通过练习你会逐渐找到这种感觉，也会更容易进入这种状态了。至于练习的时长和频率，这方面倒没有绝对的规定，一次可以练几十秒钟，也可以练几十分钟。不过，给练习设定一个线索提示还是很有帮助的，比如当你手机响铃时、当你坐下或站起来时，或者当你刷牙时，这些都可以作为线索来提醒你——练习开始了。当然，以上具体要怎么选择还是由你来决定。

组块：_____

_____

_____

核对：_____

当事人的回应：_____

反映：_____

组块：_____

_____

_____

核对：_____

当事人的回应：_____

反映：_____

组块：_____

_____

_____

第2题：（未分组块的信息）

暴露疗法起效的关键所在，是当你处在引发焦虑的情境中时，需要体验和经历焦虑从先上升到再下降的过程。所以，假如你在焦虑水平还比较高时就离开这个情境，这就会更加强化你的焦虑了。而咱们的第一步，是先制定出一个有关恐惧的层级，也就是列出你所害怕的情境，然后咱们用一把"1~10分的尺子"来量一量，打个分数，这里 10 分代表最高程度的恐惧；然后将这些情境按恐惧的程度或分数从低到高排序。例如，社交焦虑的人所列出的情境可能会有在阶梯教室跟很多人共处、自己独自去看电影、在陌生人面前发言讲话。至于你要做哪些暴露，咱们会一起看看你的列表，从中选择相应的情境。刚一上来，请你先选一个中、低程度的情境，从这起步练习，同时也请你运用起来咱们在会谈中学过的焦虑管理技巧。循序渐进地，之后你再逐级选择恐惧程度更高的情境继续练习，直到达成自己的咨询目标。

组块：＿＿＿＿＿＿＿＿＿＿＿＿＿＿＿＿＿＿＿＿＿＿＿＿＿＿＿

＿＿＿＿＿＿＿＿＿＿＿＿＿＿＿＿＿＿＿＿＿＿＿＿＿＿＿＿＿＿＿＿

＿＿＿＿＿＿＿＿＿＿＿＿＿＿＿＿＿＿＿＿＿＿＿＿＿＿＿＿＿＿＿＿

核对：＿＿＿＿＿＿＿＿＿＿＿＿＿＿＿＿＿＿＿＿＿＿＿＿＿＿＿

当事人的回应：＿＿＿＿＿＿＿＿＿＿＿＿＿＿＿＿＿＿＿＿＿＿＿

反映：＿＿＿＿＿＿＿＿＿＿＿＿＿＿＿＿＿＿＿＿＿＿＿＿＿＿＿＿

组块：＿＿＿＿＿＿＿＿＿＿＿＿＿＿＿＿＿＿＿＿＿＿＿＿＿＿＿

＿＿＿＿＿＿＿＿＿＿＿＿＿＿＿＿＿＿＿＿＿＿＿＿＿＿＿＿＿＿＿＿

＿＿＿＿＿＿＿＿＿＿＿＿＿＿＿＿＿＿＿＿＿＿＿＿＿＿＿＿＿＿＿＿

核对：＿＿＿＿＿＿＿＿＿＿＿＿＿＿＿＿＿＿＿＿＿＿＿＿＿＿＿

当事人的回应：＿＿＿＿＿＿＿＿＿＿＿＿＿＿＿＿＿＿＿＿＿＿＿

反映：＿＿＿＿＿＿＿＿＿＿＿＿＿＿＿＿＿＿＿＿＿＿＿＿＿＿＿＿

组块：＿＿＿＿＿＿＿＿＿＿＿＿＿＿＿＿＿＿＿＿＿＿＿＿＿＿＿

＿＿＿＿＿＿＿＿＿＿＿＿＿＿＿＿＿＿＿＿＿＿＿＿＿＿＿＿＿＿＿＿

＿＿＿＿＿＿＿＿＿＿＿＿＿＿＿＿＿＿＿＿＿＿＿＿＿＿＿＿＿＿＿＿

第 3 题：（未分组块的信息）

打破原来的日常习惯、做出不一样的选择，这些都挺不容易的。而朋友们出于好意，可能还会找你、问你"怎么就不来了呢"。所以，在这个时候你想坚持主见恐怕就更困难了。不过，下面有几个小技巧也许可以帮助你做得更好。如果可以提前规划，避开那些可能会被劝酒的场合，那就会轻松很多了。而对于那些避不开的情况，你也可以提前准备怎么拒绝、如何说"不"。咱们可以一起来想想怎么回应，多想一些也便于你提前练习，比如简单点的就可以说："不用了，谢谢。"更长或更复杂的，比如去寻求大家的支持，可以说："我一直在努力戒酒。我知道大家都很热情，也都是好意，但如果大家能不劝我酒了，那么真的是非常感谢！可以拜托大家吗？"提前练习说出这些回应，并略做解释，会有助于你在现实生活中能更好地回绝劝酒。

组块：_____

_____

_____

核对：_____

当事人的回应：_____

反映：_____

组块：_____

_____

_____

核对：_____

当事人的回应：_____

反映：_____

组块：_____

_____

_____

从业者的练习 6-2

引出并强化关于"行为及情绪调节技巧"的改变语句

练习目的：练习使用唤出式问题，来引出针对"行为及情绪调节技巧"的改变语句。然后，再做反映来进一步地支持与强化改变语句。

指导语：请大家完成题目 1~6，如有需要可以自行补充每个题目背后案例的细节信息。这些题目涵盖了谈话顺序中的三种成分，有针对地进行练习。在前三题中，大家只需要完成其中一种成分（从业者引出改变语句的提问；当事人说出的改变语句；从业者对改变语句做反映）。在后三题中，大家就要多发挥自己的创造性，来完成其中两种成分了。

第 1 题

- **从业者引出改变语句的做法**：通过管理情绪，你希望带来的改变是？
- **当事人说出的改变语句**：我希望自己别再那么容易生气了。要是我能弄明白，为什么我总冲别人喊、跟人家没好气儿，还有为什么我什么都不想做了，那也算一点小进步了，对于恢复而言。这是我一直希望的。
- **从业者强化改变语句 [反映 / 提问]**：＿＿＿＿＿＿＿＿＿＿＿＿＿＿＿
＿＿＿＿＿＿＿＿＿＿＿＿＿＿＿＿＿＿＿＿＿＿＿＿＿＿＿＿＿＿＿＿＿

第 2 题

- **从业者引出改变语句的做法**：你尝试了怎样做呢？
- **当事人说出的改变语句**：＿＿＿＿＿＿＿＿＿＿＿＿＿＿＿＿＿＿＿
＿＿＿＿＿＿＿＿＿＿＿＿＿＿＿＿＿＿＿＿＿＿＿＿＿＿＿＿＿＿＿＿＿
- **从业者强化改变语句 [反映 / 提问]**：嗯，有个不忙的时间是挺难的，但你好像也有过一些成功的经历——能让自己从日常的压力中释放出来。

第 3 题

- **从业者引出改变语句的做法**：＿＿＿＿＿＿＿＿＿＿＿＿＿＿＿＿＿

- **当事人说出的改变语句**：家人。我走不出这种情绪和担忧……所以伤害了我和我丈夫的关系，连女儿也不愿意跟我共处了。如果情况照旧，不能有一点起色的话，我觉得家人们都不会再理我了。
- **从业者强化改变语句**［**反映 / 提问**］：嗯，你需要做出一些重要的改变，来让家庭关系重新凝聚、亲密起来。

第 4 题

- **从业者引出改变语句的做法**：玛丽，你认为计算食物的热量为什么会对你有帮助呢？
- **当事人说出的改变语句**：_____

  _____

- **从业者强化改变语句**［**反映 / 提问**］：_____

  _____

第 5 题

- **从业者引出改变语句的做法**：_____

  _____

- **当事人说出的改变语句**：我更想知道手机 App 是怎么用的。说实在的，估计我也不会总随身带着一本计算食物热量的书。
- **从业者强化改变语句**［**反映 / 提问**］：_____

  _____

第 6 题

- **从业者引出改变语句的做法**：_____

  _____

- **当事人说出的改变语句**：_____

  _____

- **从业者强化改变语句**［**反映 / 提问**］：嗯，你可以随时随地使用这个 App，方便可行，因为手机是一直带着的。

参考答案

第 1 题

- **从业者强化改变语句**［**反映 / 提问**］：嗯，你一直希望能有这样的变化，你也想找到方法来缓解。

第 2 题

- **当事人说出的改变语句**：我试着放空自己，什么事也不去想，这很难啊。但如果我可以有一些清闲、不忙的时间，我是能够放松一下的，也更容易管理情绪。可问题在于，平常哪里有清闲，我是每时每刻都在忙啊。

第 3 题

- **从业者引出改变语句的做法**：最重要的理由是什么，为什么还是想要调整情绪？

第 4 题

- **当事人说出的改变语句**：可以让我知道热量已经足够了，这样我就不会吃得太多了。
- **从业者强化改变语句**［**反映 / 提问**］：嗯，这有助于你坚持下去、连续达成每天的目标。

第 5 题

- **从业者引出改变语句的做法**：我可以跟你说说，计算食物热量的书或者手机 App 是怎么用的，如果你感兴趣的话？
- **从业者强化改变语句**［**反映 / 提问**］：嗯，你这个想法很好啊，想到了最适合自己的方式。

第 6 题

- **从业者引出改变语句的做法**：你觉得自己会在什么时间使用这个 App 呢？
- **当事人说出的改变语句**：只要是吃东西时我就可以用。我可以查查食物的信息，因为手机就是随时在手哈。

会谈工作表 6-1

问题解决

如果可以先考虑相应的选项与可能的结果，那我们就更有机会成功地解决问题了。问题解决的步骤包括明确问题、头脑风暴可能的方案、评估这些方案，最后选出一个来执行。请先看下面的例子，然后填写你自己的问题解决（行为实验）表格。

可解决的问题 / 困难 / 挑战

例子

问题	• 因为现在的工作排班，我就一直没时间再去开治疗 HIV 的药了，而且恐怕在我有时间去之前，药就吃没了
可能的方案	• 给药店打电话，问问他们能不能帮忙把药寄到我姑妈家 • 请姑妈代劳去给我开药（她也知道我的病情） • 请同事帮我代班几小时（我想坐公交车去药店，往返一个来回） • 等下个休息日我再去开药，就是去之前药应该就不够了
评估这些方案	• 寄过来应该是最方便的，不过我还得等上一天，这一天就没有药可吃了 • 姑妈可能会不高兴，但我觉得她还是会帮忙的，只要不占用她的工作时间（我的最优选项） • 找人代班能让我匀出时间来，不过我不想让老板觉得我搞特殊 • 等到了休息日，我是有时间去药店的，不过这之前我就得有些天没药吃了
选一个去做并评估效果	• 我跟姑妈说的当天，她就去帮我开药了，还告诉我说随时都可以找她 • 我跟姑妈讲了自己一直没时间去开药和约见医生的事，她之前不知道我有这方面的困难，她还说我一直在努力地照顾自己，她很为我自豪。我觉得我获得了很大的支持 • 姑妈还问我是否需要她帮忙预约医生

做之前：我认为当自己尝试了这个方案后，会出现什么情况？ 对于我这种请求，我认为姑妈会帮忙，但可能也会不高兴。

做之后：实际的情况是什么？ 姑妈很高兴我告诉了她这些。她会一直帮助我。

所以我之后：当我需要帮助时，我会请别人帮忙，不再自己闷着不说了。

189

请按以下的步骤进行：明确你要解决的问题，头脑风暴可能的方案，评估这些方案，然后选出一个来执行并评估效果。

问题	
可能的方案	
评估这些方案	
选一个去做并评估效果	

做之前：我认为当自己尝试了这个方案后，会出现什么情况? _____

_____

_____

做之后：实际的情况是什么? _____

_____

_____

所以我之后:_____

_____

_____

行为激活

制定活动时间表

第一步：请先列出你喜欢做的，或者是曾经喜欢做的活动。然后，再写出在做相应活动时你的感受（或曾经做时的感受），并（借助表格下面的尺子）评估感受的强度。

活动	我的优势或强项	做时的感受如何	感受的强度（%）
例子：遛狗	我喜欢它，也希望它健康	精力充沛	80
例子：跟女儿一起做饭	烧菜做饭我挺拿手的，还可以带带她，帮助她独立	开心	75

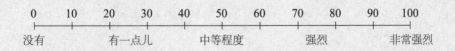

第二步：监测记录

为什么你要规划出时间，去做自己之前喜欢的这些活动呢？＿＿＿＿＿＿＿＿

＿＿＿＿＿＿＿＿＿＿＿＿＿＿＿＿＿＿＿＿＿＿＿＿＿＿＿＿＿＿＿＿＿

＿＿＿＿＿＿＿＿＿＿＿＿＿＿＿＿＿＿＿＿＿＿＿＿＿＿＿＿＿＿＿＿＿

监测记录你所做的活动，以及心情上的变化：请先列出你做过的每一项活动；然后写下你在做时的感受如何，并评估感受的强度。

- 这些活动，你准备每天做几项呢？＿＿＿＿＿＿＿＿＿＿＿＿＿＿＿＿＿
- 如果拿一把刻度 1~10 的尺子来量，你觉得做这些活动对你有多重要呢？＿＿＿＿
- 为什么你给出了这个分数，而不是一个更低的分数呢？＿＿＿＿＿＿＿＿＿

＿＿＿＿＿＿＿＿＿＿＿＿＿＿＿＿＿＿＿＿＿＿＿＿＿＿＿＿＿＿＿＿＿

日期与时间	活动	有助于我去做这个活动的优势或强项	做时的感受如何	感受的强度（%）
某年 4 月 4 日下午 4 点	例子：遛了狗	我真的关心我家狗狗，跟它约好的我也会去做	精力充沛	55
某年 4 月 4 日晚上 7 点半	跟女儿一起做了晚饭	我爱女儿，我也擅长提前做计划	开心	70

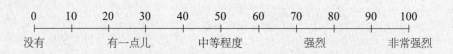

| 0 | 10 | 20 | 30 | 40 | 50 | 60 | 70 | 80 | 90 | 100 |
| 没有 | | 有一点儿 | | 中等程度 | | 强烈 | | 非常强烈 |

会谈工作表 6-3

耐受痛苦

舒缓情绪的痛苦

1. 我最强烈的情绪是：_____

_____

2. 我的情绪强度，此刻是（或曾经的峰值是）：_____

```
   0    10   20   30   40   50   60   70   80   90  100
   |----+----|----+----|----+----|----+----|----+----|
  没有      有一点儿    中等程度       强烈        非常强烈
```

3. 是什么引发了我的情绪：_____

_____

_____

4. 我的冲动反应是什么（第一时间想怎么做）：_____

_____

_____

5. 我还有其他的选项：

我能去改变的事物（情境和 / 或我自己）	我能去接纳或耐受这种情境的方式

6. 我最希望的选项是：_____

7. 利与弊

	按照我的冲动反应来行事	按照我最希望的选项来行事
利		
弊		

8. 基于我所列出的利与弊，我将会去做的是：_____

_____

_____

_____

9. 我第一步准备怎么做：_____

_____

_____

_____

10. 这对我很重要，因为：_____

_____

_____

_____

耐受痛苦　简版工作表

我可以选择

我有不同的选择。如果我感到：＿＿＿＿＿＿＿＿＿＿＿＿＿＿，那么我可以选择我所希望的反应。

因为某种情绪，所以我会＿＿＿＿＿＿ ＿＿＿＿＿＿＿＿＿＿＿（目标行为）	替代性的活动 / 反应
例子：当我感到孤独时，我会喝酒	我会去看场电影，或者去上一节健身课
例子：当我感受到压力时，我会吃东西	我会练习正念
1.	
2.	
3.	
4.	
5.	
6.	
7.	

我有哪些优势或强项，会有助于我去做这些替代性的活动：＿＿＿＿＿＿＿＿

＿＿＿＿＿＿＿＿＿＿＿＿＿＿＿＿＿＿＿＿＿＿＿＿＿＿＿＿＿＿＿＿＿

＿＿＿＿＿＿＿＿＿＿＿＿＿＿＿＿＿＿＿＿＿＿＿＿＿＿＿＿＿＿＿＿＿

为什么这个练习 / 技巧会对我有帮助呢？请列出三点原因：

1.＿＿＿＿＿＿＿＿＿＿＿＿＿＿＿＿＿＿＿＿＿＿＿＿＿＿＿＿＿＿＿

2.＿＿＿＿＿＿＿＿＿＿＿＿＿＿＿＿＿＿＿＿＿＿＿＿＿＿＿＿＿＿＿

3.＿＿＿＿＿＿＿＿＿＿＿＿＿＿＿＿＿＿＿＿＿＿＿＿＿＿＿＿＿＿＿

逐级暴露

关注并记录自己是如何应对那些恐惧情境的，这样做可以帮助你找到最合适自己的应对方式。首先，请你列出恐惧的情境，并根据其所引发的焦虑程度（从最严重到最轻微）进行排序。然后，请你使用下面的日志表格，对自己计划实施的、针对这些情境的暴露练习进行记录。对于每一次的暴露练习，请你也给自己的回避程度打分，同时记录练习的日期以及你所使用的应对技巧。

循序渐进地消解恐惧

	情境	恐惧评分（1~100）	回避评分（1~100）	做暴露的日期	应对的技巧
1		最高分：			
2					
3					
4					
5					
6					
7					
8					
9					
10		最低分：			

```
0    10    20    30    40    50    60    70    80    90    100
├────┼────┼────┼────┼────┼────┼────┼────┼────┼────┤
```

无	轻微	中等	严重	非常严重
焦虑／回避	焦虑／回避	焦虑／回避	焦虑／回避	焦虑／回避

控制担心

驾驭我的担心

如果我少些担心的话，那么我的生活会有以下的改善 / 提升：＿＿＿＿＿＿

＿＿＿＿＿＿＿＿＿＿＿＿＿＿＿＿＿＿＿＿＿＿＿＿＿＿＿＿＿＿＿＿＿

＿＿＿＿＿＿＿＿＿＿＿＿＿＿＿＿＿＿＿＿＿＿＿＿＿＿＿＿＿＿＿＿＿

限制自己花在担心上的时间，这对我非常的重要，因为：＿＿＿＿＿＿＿

＿＿＿＿＿＿＿＿＿＿＿＿＿＿＿＿＿＿＿＿＿＿＿＿＿＿＿＿＿＿＿＿＿

＿＿＿＿＿＿＿＿＿＿＿＿＿＿＿＿＿＿＿＿＿＿＿＿＿＿＿＿＿＿＿＿＿

为了让自己少些担心，我会把担心限制在以下的时间段里。当我处在这些时段时，我可以尽情地去担心、去想那些我顾虑的事。而如果我是在这些时间段以外出现了担心或顾虑，那我就将其推迟到相应的时段中再进行。为了帮助自己推迟担心，我会使用之前学过的一些应对技巧，包括：＿＿＿＿＿＿＿＿＿＿＿＿＿＿

＿＿＿＿＿＿＿＿＿＿＿＿＿＿＿＿＿＿＿＿＿＿＿＿＿＿＿＿＿＿＿＿＿

＿＿＿＿＿＿＿＿＿＿＿＿＿＿＿＿＿＿＿＿＿＿＿＿＿＿＿＿＿＿＿＿＿

我的想法与担心

开始   结束

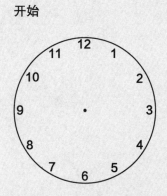

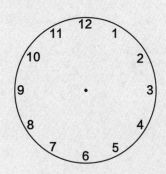

拒绝技巧

请填写下表，以便你提前计划：如何在不同的情境或场合中应对社交压力。

首先，只要有可能，就请尽量去做拒绝技巧的**第一个部分**，即避开你的引发刺激，比如一些人或情境。其次，才是**第二个部分**，即确定每种拒绝技巧的适用情境，并在有需要时加以使用（表达出你的拒绝）。建议你先练习将这些技巧说出口、表达出来，然后再去实践应用。你可以找咨询师或者朋友做这样的练习，或者也可以自己对着镜子练习。待你填写完表格后，请继续回答后面的几个问题。

拒绝技巧	情境
1. 自信决断地说出"不用了，谢谢"	
2. 给出你拒绝的理由	
3. 提出替代性的选项	
4. 改变话题	
5. 给出理由，讲明为什么这不利于你的目标	

使用拒绝技巧，我的目标是：＿＿＿＿＿＿＿＿＿＿＿＿＿＿＿

第一部分：避开那些引发刺激，因为它们所引发的行为会不利于我实现目标。

第二部分：如果不可能避开，那么就使用拒绝技巧。

为什么我要避开引发刺激或者使用拒绝技巧，最重要的原因是：＿＿＿＿＿＿

＿＿＿＿＿＿＿＿＿＿＿＿＿＿＿＿＿＿＿＿＿＿＿＿＿＿＿＿＿＿＿＿＿

我有哪些优势或强项，会有助于我做出一些促进目标达成的选择：＿＿＿＿＿

＿＿＿＿＿＿＿＿＿＿＿＿＿＿＿＿＿＿＿＿＿＿＿＿＿＿＿＿＿＿＿＿＿

会谈工作表 6-8

会谈中的技巧训练步骤

请你先将想要学习的那个新技巧、划分步骤，逐条写在下表中。然后，请和你的咨询师练习这些步骤，并依照后面的指导语进行，即先从"**看**"开始。

学习一种新技巧

相应的步骤：

1.＿＿＿＿＿＿＿＿＿＿＿＿＿＿＿＿＿＿＿＿＿＿＿＿＿＿＿＿＿＿＿

2.＿＿＿＿＿＿＿＿＿＿＿＿＿＿＿＿＿＿＿＿＿＿＿＿＿＿＿＿＿＿＿

3.＿＿＿＿＿＿＿＿＿＿＿＿＿＿＿＿＿＿＿＿＿＿＿＿＿＿＿＿＿＿＿

4.＿＿＿＿＿＿＿＿＿＿＿＿＿＿＿＿＿＿＿＿＿＿＿＿＿＿＿＿＿＿＿

5.＿＿＿＿＿＿＿＿＿＿＿＿＿＿＿＿＿＿＿＿＿＿＿＿＿＿＿＿＿＿＿

6.＿＿＿＿＿＿＿＿＿＿＿＿＿＿＿＿＿＿＿＿＿＿＿＿＿＿＿＿＿＿＿

7.＿＿＿＿＿＿＿＿＿＿＿＿＿＿＿＿＿＿＿＿＿＿＿＿＿＿＿＿＿＿＿

看：咨询师一边在嘴上说出每个步骤，一边在行为上做出这些步骤。

现在，请你来重复以上的内容给咨询师看，你有多大的信心呢？如果还不是很有信心，那么你就先试试"**边看边说**"。如果你已经很有信心了，那么就直接跳到"**边做边说**"。

边看边说：你一边看咨询师做出这些步骤，一边由你来说出相应的内容。

边做边说：你一边在嘴上说出每个步骤，一边在行为上做出这些步骤。

反馈

哪些地方做得不错：＿＿＿＿＿＿＿＿＿＿＿＿＿＿＿＿＿＿＿＿＿＿

哪些地方要特别关注，在这一周：＿＿＿＿＿＿＿＿＿＿＿＿＿＿＿＿

我有哪些优势或强项，会有助于我学好、用好这个技巧：＿＿＿＿＿＿＿

会谈工作表 6-9

使用行为及情绪调节技巧的改变计划表

我使用＿＿＿＿＿＿＿技巧的计划

我想做的（行为 / 行动 / 改变）

＿＿＿＿＿＿＿＿＿＿＿＿＿＿＿＿＿＿＿＿＿＿＿＿＿＿＿＿＿＿＿＿＿＿＿

＿＿＿＿＿＿＿＿＿＿＿＿＿＿＿＿＿＿＿＿＿＿＿＿＿＿＿＿＿＿＿＿＿＿＿

这样做对我很重要，因为

＿＿＿＿＿＿＿＿＿＿＿＿＿＿＿＿＿＿＿＿＿＿＿＿＿＿＿＿＿＿＿＿＿＿＿

＿＿＿＿＿＿＿＿＿＿＿＿＿＿＿＿＿＿＿＿＿＿＿＿＿＿＿＿＿＿＿＿＿＿＿

使用＿＿＿＿＿＿＿技巧对我有怎样的帮助

＿＿＿＿＿＿＿＿＿＿＿＿＿＿＿＿＿＿＿＿＿＿＿＿＿＿＿＿＿＿＿＿＿＿＿

＿＿＿＿＿＿＿＿＿＿＿＿＿＿＿＿＿＿＿＿＿＿＿＿＿＿＿＿＿＿＿＿＿＿＿

我准备按以下步骤进行（做什么、何时做、在哪儿做、怎么做）

＿＿＿＿＿＿＿＿＿＿＿＿＿＿＿＿＿＿＿＿＿＿＿＿＿＿＿＿＿＿＿＿＿＿＿

＿＿＿＿＿＿＿＿＿＿＿＿＿＿＿＿＿＿＿＿＿＿＿＿＿＿＿＿＿＿＿＿＿＿＿

＿＿＿＿＿＿＿＿＿＿＿＿＿＿＿＿＿＿＿＿＿＿＿＿＿＿＿＿＿＿＿＿＿＿＿

可能遇到的困难　　　　　　　　　怎么办

如果……　　　　　　　　　　　　那我就……

第 **7** 章

促进会谈以外的练习和会谈的持续参加

我们觉得很有必要说一说，如何用 MI 来促进 CBT 的"家庭作业"。这是因为家庭作业或称"会谈以外的练习"，不仅是 CBT 的一个核心治疗成分，而且也与疗效密切相关。CBT 明确提出，治疗的重点应放在帮助当事人在会谈以外做出改变，即现实生活中的改变。"家庭作业"就是在会谈以外练习和实践相应的技巧，从而熟练掌握，并在现实生活中举一反三，灵活运用，而且即便之后治疗或咨询结束了，相应的收获依旧可以延续下去。

第一篇关于会谈以外练习与疗效关系的元分析论文于 2000 年发表，其表明，在 27 项主要聚焦在抑郁和焦虑的研究中，家庭作业的依从性对于治疗效果存在小到中等的效应量（Kazantzis, Deane, & Ronan, 2000），且效应在抑郁和焦虑中相似，并跨家庭作业的类型而稳定。后续又有一项关于 23 项研究的元分析（Mausbach, Moore, Roesch, Cardenas, & Patterson, 2010），也发现了类似的效应量，并且效应仍然跨家庭作业的类型和目标行为而保持稳定。但也有学者指出，与有效治疗显著相关的是良好与信任的治疗关系，而不是家庭作业（e.g., Green et al., 2008）。因此，如果本章给出的方法并没有顺利提升当事人对于家庭作业的依从性，那么我们还是要继续使用体现着 MI 精神的导进技术，从而引导着当事人探讨和处理他们有关的顾虑。

关于家庭作业的首要原则：别再叫"家庭作业"了

> 从业者若想避免当事人的持续语句或不和谐，同时提升他们对家庭作业的参与性，那就请换个叫法吧。

对大多数人而言，"家庭作业"这个词会传达出一些负面的含义，如"没意思""苦差事"以及"很重复"。因此，从业者若想避免当事人的持续语句或不和谐，同时提升他们对家庭作业的参与性，那就请换个叫法吧，比如改称"实操练习""会谈以外的活动"或者"家中练习"。本章也将继续使用"练习"这个措辞，虽然有的家庭作业在性质上可能更像是一种活动（如自我监测）。我们的理念是，要将技巧融入现实生活之中，而不是只在非自然的环境中操作它们。

此外，从业者通过使用 ATA 来与当事人细致地讨论做练习的原因，并对他们说出的有关"完成练习"的改变语句进行反映，这些做法都体现着 MI 的精神（合作、接纳、至诚为人及唤出），从而也将当事人的持续语句或不和谐防患于未然。使用 ATA 可提升当事人在会谈以外做练习的动机，因为该技术让当事人有机会自己来表达做练习的原因与道理，而且 ATA 也未曾假定过：当事人理所当然地就会认同和接受从业者所讲的内容。因此，若要解决"不完成家庭作业"的问题，那首先就要确认当事人是认同这些任务安排的——不但认同其目的所在，而且也认同这些任务是跟自己的目标息息相关的。请大家注意，在下面的例子中，从业者只通过反映和提问，已经可以引出当事人关于做练习的原因和道理了，所以也就没必要再使用 ATA 来给出原因了。

从业者：玛丽，我想知道，你觉得为什么练习问题解决技巧可能还挺重要的呢，在咱们下次见面之前？［征询/提问］

玛丽：我说不好。我这周也不太有时间。

从业者：你其实也不太清楚，如果这周很忙的话，为什么自己还要做这样的练习。［反映］嗯，我也在想，之前你有没有做过一些别的什么，也是你得去练习的呢？［征询/提问］

玛丽：你是说，类似乐队的排练吗？那吹小号是我每天晚上都要练习的。

从业者：嗯，你有一些练习乐器的经验。［反映］那为什么练习吹小号还

挺重要的，这其中有哪些原因呢？［询问改变语句］

玛丽：熟能生巧啊，我会吹得更好。另外，我也需要学习新的曲子。

从业者：嗯，你知道练习能让自己做得更好、熟能生巧。［反映］ 那这一点该怎么结合到咱们今天所学的问题解决技巧上来，好帮助你去面对那些不支持你饮食计划的人，帮你应对这些挑战？［征询 / 提问］

玛丽：我觉得，这方面也是我练得越多就会做得越好吧。

从业者：嗯，你发现了，不管是做什么，自己练习了就会做得更好，不管是乐器演奏还是问题解决技巧。［反映］ 对了，我记得你好像提过，这周就有些事可能不太好办、是你需要去解决的。

玛丽：啊，对！有这么回事。就是我妹妹，我得想好怎么应付她。

从业者：嗯，我也是在确认哈，咱们之前讨论过、都认同的——关于你在会谈以外做什么的话题——也是跟你的需要和目标息息相关的。［反映］

请注意，虽然这段谈话引出了当事人关于练习的改变语句，但也只是总体性的泛指，所以我们还可以针对更为具体、特定的练习来继续唤出改变语句，如"你认为，为什么在这一周记录自己的想法可能是比较重要的呢"或者"为什么你要在咱们下次见面前做这样的行为实验呢"。

在我们和当事人讨论过会谈以外做练习的原因与道理之后，如果我们并没有听到足够的改变语句以及决心 / 承诺语句，那就先别急于转入计划过程，而是要去考虑运用哪些唤出技巧来继续培养当事人的动机。前文讲过，从业者可以使用开放式问题来唤出动机，即询问当事人关于改变的愿望、能力、理由、需要以及决心 / 承诺。此外，从业者还可以使用"重要尺"和"信心尺"等技巧。而且只要听到了改变语句，我们就要对当事人的这类回应进行反映，从而强化其动机。然后下一步，我们会引出当事人关于"会谈以外练习 / 活动"的方案计划，从而确保是他们自己坐在驾驶座位上，手握着方向盘，主导着对方案细节的计划过程（见"会谈工作表7-1"）。我们已经通过唤出技巧引出了为什么（why）要这样做，而这一步我们要在计划方案中继续引出其余的几个 W，即做什么（what）、在哪儿做（where）、何时做（when）以及谁（who）可以帮忙。

对于在计划方案中"做什么"，从业者可以向当事人提供选项菜单，并强调和支持他们的自主选择。这里我们可以多发挥一些创造性，以确保至少能给出两个选项。例如："玛丽，关于会谈以外的练习，你既可以使用工作表来处理任何可能的问题，也可以选择一些你认为下周自己就得先面对、先解决的事项，列出具体的步骤来解决这些问题；或者还可能，你也想到了一些不同的点子，关于怎么来做练习。"下一步，从业者要引出玛丽"何时做"练习。当事人没做会谈以外练习的最常见原因，往往就是忘记或没想起来。因此，相比只是简单地确定日期或时间，从业者与当事人一起制定出一个"在那时 – 我就去"的方案会更有帮助。"那个时刻"作为一种线索，会促发或提醒玛丽记得去做练习（如"我晚上查完邮件就去做练习"）。最后，从业者还会询问玛丽"在哪儿做"练习。等引出这四个 W（为什么、做什么、何时做、在哪儿做）之后，我们接着和当事人讨论可能会遇到的困难与阻碍，并制定出"如果 – 那就"的方案来克服或应对这些阻碍。例如："如果我找不到练习用的工作表了，那就参考我手机里保存的问题解决的基本步骤"。在讨论这些时，如果当事人的改变语句或决心 / 承诺语句减弱了（如口气从"我会去（will）做"变成了"我可能会（might）做吧"），那么从业者可以考虑回到唤出过程，或者是调整修改方案，直到当事人再次讲出更稳固、更坚定的决心 / 承诺语句。

没做或未完成练习

当事人对于会谈以外练习的矛盾心态虽然是常态且普遍的，但其持续语句与不和谐往往是要等到下次来会谈他们没有做 / 未完成自己本已认同的练习或活动时才会明显地出现。而没做或未完成练习是当事人动机减弱的一种信号，即便他们并没有明确或具体地讲出持续语句与不和谐。那些关于没有在会谈之外做练习的解释或托词，通常就是典型的持续语句了，如"我没有时间""我其实也用不着这些""上周我没能做到，挺难的"。这些话语体现出了当事人对以下几个方面的关切与担心——时间要花费多久？练习的难度有多大？要是让别人发现了自己的问题 / 症状 / 在接受治疗该怎么办？对此，从业者可以使用软化持续语句的技巧来回应，如反映性倾听与强调自主性。

> 没做或未完成练习，是当事人动机减弱的一种信号。

从业者：暴露练习你做得怎么样了呢？

　　萨姆：呃，实话实说，我根本没时间做。

　　从业者：嗯，找到这样的时间有困难。[反映] 那会遇到哪些困难呢？[开放式问题]

　　萨姆：我也不知道，我就是一直忙于学校上课这些事，我也有试着去完成家庭作业[1]，但我却没办法兼顾这些。

　　从业者：嗯，已经让你应接不暇了。[反映] 这真的依然还是要由你自己来决定，是否要安排出时间来做练习，同时，你之前也讲了练习会帮助你进步的原因。[强调自主性]

　　萨姆：对，我主要的问题就是，跟别人说话会紧张。做暴露练习是要尝试跟别人聊天的，然后克服这种焦虑，所以我觉得练习还是会有作用的。

权衡决策

　　本书第 2 章讲到了一些回应持续语句与不和谐的方法，如非评判的倾听、强调自主性。但是，如果持续语句占据着主导，而改变语句又迟迟没有端倪，那么通过使用辩证行为疗法中（Linehan，1993）提到的一个活动——权衡决策（decisional balance）——可能有助于我们导进当事人去探讨其矛盾心态。"权衡决策"最早由欧文·L. 贾尼斯（Irving L. Janis）与莱昂·曼（Leon Mann）提出（1977），即通过"权衡表"来比较潜在的收益（利）与损失（弊），后来这也成了跨理论"改变阶段"模型的核心理念：基于对利弊的权衡来理解当事人的改变准备度（Prochaska et al.，1994）。权衡决策的思路是，先通过非评判地倾听和摘要有关改变的"弊"，从而降低不和谐，然后再询问引出潜在的"利"。该过程既可以落笔在书面上，也可以通过口头谈话来完成。威廉·R. 米勒与斯蒂芬·罗尼克（2012）强调，虽然从业者基本上都不想引出持续语句，但如果引出改变语句的那些方法达不到预期的效果，那么先来探讨不改变的一面，然后再来探讨改变的一面，这种"以退为进"的策略或许更有助于我们将谈话引向"讨论改变的好处"。

---

[1] 指 CBT 中的家庭作业。——译者注

引出当事人关于"家庭作业效用"的看法

伊夫塔·约维尔（Iftah Yovel）和史蒂文·A. 萨夫伦（2007）将治疗中家庭作业的"效用"（utility）定义为：经过若干次的会谈，当事人完成家庭作业与其进一步改善之间的关系强度。反过来看，也可以将家庭作业的效用理解为：当事人不做家庭作业与其无改变之间的关系。我们建议从业者要引出或提供"这种关系"的信息，如果这种关系很强，那么这些信息可以提升当事人完成家庭作业的动机；相反，如果这一关系较弱，即家庭作业的效用较低，那么就需要对治疗方案做出调整了。我们可以使用之前讲过的两种方法——微型的行为功能分析（第6章）以及个性化反馈（第3章），来与当事人探讨"作业/练习的效用"，从而提升其动机。

微型的行为功能分析

当治疗的目标并未达成或没有成功时，我们可对其做一次微型的行为功能分析，探讨对应的前因（引发因素）和后果（结果）。在进行这样的讨论时，从业者要引导当事人考虑：会谈以外的练习对于治疗成功会有怎样的贡献，而如果缺失练习的话，又会怎样不利于目标的达成。请注意，我们依然是要引出当事人自己对于这种关系的看法，而如果当事人自发地就提到了（会谈以外的练习可能是其改变的有利或不利因素），那么从业者可以使用ATA继续提供关于练习效用的观察与信息。例如，在西莉亚的案例中，她已经在尝试记录自己的想法、感受，以及那些更有帮助的想法了，但她做得并不规律，会"三天打鱼，两天晒网"。请注意在下面的谈话中，从业者是如何通过回应在始终支持着当事人的自主性，从而也体现出了"会谈以外练习"的本质——这不是从业者要求或规定的，而是当事人选择去做的。

西莉亚：是啊，因为起不来床，我对自己更火大了。

从业者：这似乎是个恶性循环。那听听你还有哪些印象呢，关于你想要做的练习，是有助于处理这类情况的？［开放式问题］

西莉亚：我记得是关于想法和感受的练习，但这周我太忙了，所以就给忘了。

从业者：是的，你想要区分开想法和感受，先记录再区分，然后你也想要调整或改变这些想法。［反映］同时听起来，这周太忙没安排上练习，然后周三你的心情又特别地不好。[反映] 那你觉得，"没做练习"和"心情不好"之间是什么关系呢？

西莉亚：我也说不清。但我明白，如果我不做点什么调整的话，估计情况还是照旧。

从业者：你能够认识到，如果自己不去尝试一些调整的话，比如在会谈以外做练习，情况大概也不会按照自己希望的方向发展。[反映]

西莉亚：对，所以是得有些调整了。

从业者：你不希望自己的生活依旧这样。那还有其他哪些例子是关于当你没有尝试去做、去练咱们学过的新东西时，情况会照旧而没什么变化的？[征询]

西莉亚：我也说不好。

从业者：嗯，我记得你提过日志记录做得不好，而之后你感觉那种糟糕的情况又回来了，占据了上风，你也看不到这一周有什么好事发生了。那你觉得，这些经历如何体现了练习与改变之间的关系呢？[征询]

西莉亚：我觉得吧，要是周周都没有时间练习，那这种情况会依旧，还是会这样。

从业者：所以，如果你先忙其他的事，将练习技巧往后放，那还是会遇到这类情况，也依旧会很痛苦、很挣扎。[反映] 因此你认为，自己在这种痛苦与挣扎上用去的时间，比起安排出时间来想想对策、做一个"如何完成练习"的计划，这二者所消耗的时间，各自是怎样的呢？[开放式问题]

从业者还可以使用类似的方法，来讨论"练习"与"当事人所感知到的目标达成/自身进步"之间的关系。

从业者：你提到，自己周五过得特别愉快。请再跟我讲讲吧。

萨姆：嗯，之前咨询时咱们设定过一个目标，就是"跟坐在我旁边的人聊天"。

从业者：嗯，你对这个目标真的很上心。[肯定]

萨姆：那天，我坐到了自己的座位上。然后，嗯，她就问我"上次有没有来上课"，那次我去了，她没来。

从业者：嗯，你把自己暴露在这样的谈话环境中了。［反映］

萨姆：对，我说我那天来上课了，然后我发现她没来。基本上，我们算是聊了聊吧。她问"能不能借笔记看看"，我说"没问题"。我给她看了，她还拿手机拍了照，这些都是下课后做的，她也很感谢我。

从业者：所以你发现，当你练习把自己暴露在这样的恐惧情境中时是管用的。你的目标——跟别人交谈、回应对方的问题——你是有能力做到的，而且你甚至还给了对方额外的帮助。［通过反映，将练习与进步联系起来］

萨姆：是的，我也觉得是这样。

从业者：那在这之前，你对这样的练习是什么感觉呢？［开放式问题］

萨姆：呃，一开始啊，我就觉得因为这个练习我还得去找话聊，就特别紧张。我一边等着有人坐过来，好像也一边在微微发着抖。

从业者：嗯，所以万事开头难。［反映］那，后来呢？［开放式问题］

萨姆：当时做完之后，我虽然还是感到紧张，但是在当天晚些时候，还有转天，我心情都特别好，因为我真的做到了，而且这种良好的感觉一直延续到现在。

个性化反馈

我们在第 3 章讲过，个性化反馈可以作为一种方法来唤出当事人的改变动机。个性化的反馈包括：以 MI 的风格提供事实性信息，同时为当事人留出空间，请他们自己来决定这些信息会不会促进他们对于改变的关切与重视，以及愿望、理由或需要。那么，要使用什么信息来做个性化反馈，可以促进会谈以外的练习呢？伊夫塔·约维尔和史蒂文·A. 萨夫伦（2007）提出了效用指数（utility index），即计算"从业者对当事人每周练习的完成度评分"与"对当事人每周的疗效测量（如体重、酒精使用、抑郁症状、遵医嘱服药等方面的变化）"之间的相关。在讨论时，从业者可以口头说明"这个数值越接近 1，代表练习的效用与当事人的改变之间关系越紧密"。但如果可以作图来呈现这二者之间的关系，那么效果可能会更佳，也更有帮助（如图 7–1 和图 7–2 所示）。

从业者通过使用 ATA，既可以只提供事实性信息，不掺杂对结果的评判或即刻分析，同时也在强调着当事人自己的选择与责任。所以，我们要引出当事人自己对于这种个性化反馈的解读，从而培养他们对于治疗方案的动机。如果该效用指数较高，那么应该可以提升当事人做练习的动机。

　　从业者：既然咱们需要决定还要不要继续练习这些技巧，或者说是否要对治疗方案做些调整，那你看，如果咱们一起看看"做练习"和"酒精使用"，这二者之间是怎样的关系，你觉得可以吗？［征求许可］

　　卡尔：可以，可以。

　　从业者：了解的信息越多，就越有助于你在做决定时胸有成竹。［反映及强调自主性］ 这里有张图（图7-1），显示了做练习跟喝酒之间的关系。这一侧体现了做练习的情况，0分代表没做练习，1分代表做了部分练习，而2分代表完成了全部的练习。这一侧，代表了你在那一周喝酒的次数。［告知］ 这里我先停一下，听听你有什么看法，关于前面提到的这些？［征询］

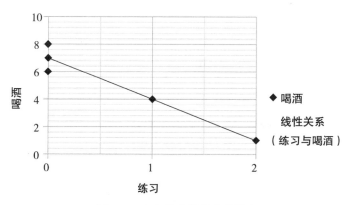

图7-1　卡尔的家庭作业效用高

　　卡尔：嗯，也就是说，这张图讲的是"我练没练自信决断表达"跟"我喝没喝酒"之间的关系？

　　从业者：对，是的。这条向下的直线表明，总体上你练习得越多，喝酒就越少。［告知］ 关于这个，你自己怎么看呢？［征询］

　　卡尔：嗯……其实我在喝酒上好像也没什么规律或模式可循吧。

　　从业者：嗯，听起来你在喝酒上似乎也会时多时少啊，有时控制得比自己预计的还要好，有时可能就比原本想的要多了。你看出来了，就这张图而言，好像显示出在喝酒和练习决断表达之间存在着一种规律——多练习就喝少，不练习就喝多。[反映] 你觉得这个规律对自己有什么意义呢，如果考虑到今后两个月继续练习一些技巧，你会有什么感想？[用开放式问题来引出改变语句]

卡尔：我觉得，我应该努力多练练、多用用。

从业者：嗯，你想先聚焦在自信决断表达上。同时，之后咱们也可以再看看，是集中在这一个技巧上就可以了，还是需要再补充其他的技巧。[反映]

如果效用较低（如图7-2所示），那可能表明该练习是不起作用、没有效果的。练习无效的原因可能与练习的质量有关，还可能是因为对于具体的改变而言，所安排的练习针对性不强、匹配性较差，或者说并不是这种改变所必需的。而从另一个角度看，效用低也在提醒着从业者：治疗的方案需要咨访双方合作性地进行调整了。

从业者：既然咱们需要决定还要不要继续练习耐受痛苦的技巧，或者说是否要对治疗方案做些调整了，那如果咱们一起看看，做练习和你吃药之间是怎样的关系，你觉得可以吗？[征求许可]

尤金：可以，咱们之前在计算药片的数量也是因为这个吧？

从业者：嗯，计算药片数量会让你更好地了解自己服药的情况，这样你就可以决定自己接下来要怎么做了。[强调自主性] 我这里有张图（图7-2），显示了每周"做练习"跟"服药"之间的关系。这一侧体现了做练习的情况，0分代表没做练习，1分代表做了部分练习，而2分代表完成了全部的练习。这一侧，代表了你服用的药片数量。[告知] 这里我先停一下，关于前面提到的这些，听听你有什么看法？[征询]

尤金：呃……对于练习的评分你确定是准确的吗？

从业者：嗯，你想知道咱们对练习的评分准确性如何。[反映] 我是根据你的报告来评分的，不过当然了，我有可能会出错。[告知] 所以如果这张图说不通、不合理，咱们可以再重新做一张。那好，你希望继续讨论现在这张图吗？[征求许可]

尤金：没问题。咱们可以稍后再决定要不要重新做一个。

从业者：好的，你可以稍后再决定。[反映]　总体来看呢，这条线在这里，这些点也都围绕在这里，说明了练习和服药之间的关系不是很密切。这可能是因为，咱们对练习的评分不准、练习得也不是很到位，或者也有可能"耐受痛苦"对于服药的帮助不大。[告知]　你觉得呢？听听你的看法。[征询]

尤金：呃……嗯，我还挺喜欢"耐受痛苦"这个技巧的。但我也不知道，是不是正因为这方面的原因，我才没有吃药的。我在想，要不咱们关注一下其他的方面，另外还可以每周都更新一回这个图，这样我也能明白这分数是怎么评的了。

从业者：嗯，你在考虑，或许咱们应该先看看其他的技巧。[反映]　你也想更多地参与到每周作图的环节里来。[支持自主性]　你提到的这两点都是非常棒的想法，也是咱们今天可以讨论的。[肯定]

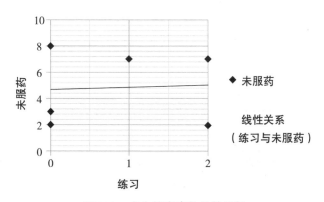

图 7-2　尤金的家庭作业效用低

关于如何提供个性化的反馈，这部分更多的信息，读者可以再次回顾和参考第3章。

参加会谈

当事人来参加会谈的动机，就如在会谈以外做练习的动机一样，也是有起伏、不稳定的，所以前文提到的那些提升练习动机的方法，对于"促进参加会谈"同样适用。首先，"未雨绸缪，防患于未然"是关键所在。在治疗的早期，从业者就仔细留意并引出改变语句，可以预防个案的脱落或不佳的治疗留存率。从业者需要培养当事人处理目标行为或症状的动机，与当事人合作性地讨论治疗或咨询的原因与道理，并引导当事人制定出他们自己的干预方案，同时还要始终强调当事人的自主性，以上这些都有助于促进他们参加会谈。另外，关于"没有完成会谈以外的练习"和"不来参加会谈"这二者之间的关系，也是很值得拿出来专门与当事人进行探讨的，因为往往是前者导致了当事人对参加会谈心有芥蒂。所以，从业者应予以澄清，好让下述理念更为明确、更加清晰，即会谈以外的练习其本质是帮助当事人自己处理问题的一种存在和选择，同时，如果当事人并没有做，那么就需要双方（从业者和当事人）合作性地一起来探讨了——原因可能是什么，或许可以怎样改进。那么如果要探讨这些，当事人就还是要过来参加会谈，就算自己并未完成本已认同的练习或活动。当然，如果当事人的不做练习已经呈现出了一种一贯且稳定的模式，那么情况就有些不同了。这时就需要一次开诚布公的讨论了：对于当事人而言，现在是不是一个恰当的治疗或咨询的时机？ 如果当事人不来参加会谈的话，从业者也可以通过电话沟通来做类似的探讨。该探讨会涉及参加会谈的利与弊，借此，从业者就有机会对当事人所谈的"参加会谈的弊"表达共情，并强调个人选

> 该探讨会涉及参加会谈的利与弊，借此，从业者就有机会表达共情，并强调个人选择，同时引出改变语句。

择。同时，也能以退为进地引出当事人有关"参加会谈的利"的改变语句了，具体请见下面的案例对话。请注意，本例中的这位从业者先是简要地引出了当事人关于"弊"的谈话，并对此表达共情与理解，从而为后续更多展开关于"利"的讨论打下了基础，铺垫了道路。

从业者：嗨，西莉亚，很高兴你愿意通过电话聊一聊，咱们这样就能了解，你希望接下来如何进行。[肯定与强调自主性] 我在想，咱们可不可以来讨论一下"继续治疗的话是否对你有意义"这个话题。[征求许可，强调自主性]

西莉亚：好的，我其实怕你会不高兴，因为我最近也没去。（尴尬地笑了笑）

从业者：过来参加会谈其实并不容易，因为有很多别的事也是你得去忙、去做的，我会支持此刻你所有的决定，同时，如果你决心要在这方面——在过来会谈这件事上，做些改进的话——我也会和你在一起，肩并肩地一同努力。[表达共情，强调自主性]

西莉亚：好的，就是我也说不好，自己能不能做得到。

从业者：你心里也很矛盾，不确定自己能否做到来参加会谈。[反映] 如果你愿意，咱们也许可以先探讨一下这其中的利与弊，然后你再来决定，看看自己希望接下来怎么做。[征求许可]

西莉亚：没问题，就是如果咱们能在五分钟内聊完的话，因为我一会儿就得去接女儿了。

从业者：嗯，你承担着很多的责任。[反映] 咱们可以用五分钟聊一下这个话题，然后你来决定是否要接着谈。[强调自主性] 那你觉得，如果继续治疗的话，会有哪些不利的方面呢？[询问"弊"]

西莉亚：主要是时间问题。我本来就很忙，这等于又多了一件事，我压力更大了。

从业者：嗯，有很多事要忙这确实是个困难，你也不想再给自己增加压力了。[反映] 那可能有哪些有利的方面呢？[询问"利"]

西莉亚：呃，如果治疗可以帮我应对压力的话，那我也许就能实现自己的目标了！

从业者：如果治疗可以帮助你管理压力，那即便需要投入时间可能也是值得长期做下去的。[反映] 还有哪些好处呢？[询问"利"]

西莉亚：家人们也希望我在努力和行动，在让自己好起来。

从业者：你的家人们希望你在努力着让自己好起来，而你自己也希望让他们知道，你在做着这样的事情。[反映]

西莉亚：对，尤其是我女儿。只是，我不知道该怎么做。

从业者：所以，主要的不利之处是时间，而有利的方面包括：你可能能更好地处理压力了，也能让家人们知道你想要好起来。你最最在意的人是女儿，你希望为她做个好榜样，让她看到妈妈一直在努力，在克服困难，让一切好起来。[摘要] 那接下来，你打算怎么做呢？[关键问题]

西莉亚：咱们可以下周再约个时间，电话聊一聊吗？

从业者：当然没问题。虽然咱们不能在电话里讨论治疗的计划和方案，但如果你决定了，治疗是自己需要的，那咱们可以多花一点时间来讨论一下"如何来参加会谈"。

关于促进当事人参加会谈的其他一些方法，可参见第 2 章"在治疗开始时建立联盟、培养动机"讲过的方法，或者从业者也可以通过开放式问题或价值卡片分类活动，在当事人的价值观与"较少参加会谈"的这种行为之间探索和建立差距。

MI-CBT 的两难情境

时任美国卫生部部长（1999）在其关于精神障碍的开创性报告中指出：将问题防患于未然，本质上胜过等问题出现了再去着手解决。所以，我们也是通过使用 MI 的技术，来体现 MI 的精神——合作、接纳、至诚为人及唤出——从而更有可能做到未雨绸缪，提前预防了当事人的不依从治疗任务和缺席会谈。虽然，并不是每一次的会谈都会完全涵盖 MI 的四个过程，但我们仍然建议从业者拿出一些时间来与当事人讨论治疗任务的原因和道理，并在每一次的会谈中都去唤出他们的改变语句。如果当事人并没有做好准备，或者是并不愿意去做会谈以外的练习 / 活动，那么从业者就要做出选择了。

第一种选择，从业者可以告知当事人，练习就是 CBT 干预的必要成分，所以如果当事人不愿意做相应的练习或任务，那么或许现在也还没有准备好接受 CBT 的干预。从业者这时可以只使用 MI 来与当事人会谈，或者是请他们等准备好了、愿意做练习之后，再来治疗或咨询。

第二种选择，从业者也可以先进行不含会谈以外练习的 MI-CBT 干预，并说明这样可能会进步缓慢。在后续的会谈中，从业者可能有机会再邀请当事人重新考虑做练习。至于参加会谈，这最终还是要取决于当事人自己的决定——要不要来。即便当事人选择不来，我们依然要去传达一种希望感："即便没有来参加治疗，你也可以去想办法，去努力地应对和解决。"同时，再次强调个人的选择与责任，并留出未来的可能性：一旦准备好了参加治疗或咨询，当事人就可以再回来找从业者。

✎ 从业者的练习 7-1

引出并强化关于"会谈以外练习"的改变语句

练习目的：练习使用唤出式问题，来引出针对"会谈以外练习"的改变语句。然后，再做反映来进一步地支持与强化改变语句。

指导语：请大家完成题目 1~6，如有需要可以自行补充每个题目背后案例的细节信息。这些题目涵盖了谈话顺序中的三种成分，有针对地进行练习。在前三题中，大家只需要完成其中一种成分（从业者引出改变语句的提问；当事人说出的改变语句；从业者对改变语句做反映）。在后三题中，大家就要多发挥自己的创造性，来完成其中两种成分了。

第 1 题

- **从业者引出改变语句的做法**：你觉得，这一周继续把自己暴露在恐惧的情境中，比如跟人发起聊天这种，这会对你有什么帮助呢？
- **当事人说出的改变语句**：让我能更加放松自如地跟不认识的人聊天。我练得越多，就会越自如。
- **从业者强化改变语句 [反映 / 提问]**：_____ _____

第 2 题

- **从业者引出改变语句的做法**：你之前说过，跟别人轻松地聊天，这是你很看重的一个目标。
- **当事人说出的改变语句**：_____ _____
- **从业者强化改变语句 [反映 / 提问]**：所以，克服跟别人聊天的恐惧是重要的一步，是有助于你实现自己其他目标的，比如跟朋友们一起出去玩。

第 3 题

- **从业者引出改变语句的做法：**_____

  _____

- **当事人说出的改变语句：** 好问题。我觉得，跟别人聊天至少还得再多练个
  两三次，然后我才能去尝试下一步的内容。

- **从业者强化改变语句**[反映 / 提问]：嗯，你在向着目标继续前进，同时
  你现在也还需要再多做一些练习。

第 4 题

- **从业者引出改变语句的做法：** 卡尔，你刚才提到因为这周没有时间了，所
  以就没机会练习拒绝技巧了。我在想，咱们是否可以谈谈这个方面，也看
  看有什么办法可以帮助你解决这种情况。

- **当事人说出的改变语句：**_____

  _____

- **从业者强化改变语句**[反映 / 提问]：_____

  _____

第 5 题

- **从业者引出改变语句的做法：**_____

- **当事人说出的改变语句：** 嗯……既然你问到了，对，感觉我也有这种体
  会。倒不是说我觉得自己不行，因为我是有能力做到的。就像你说的，我
  主要是不确定做这个到底有用吗。说心里话，我自己也知道，要是我说不
  做吧，家里人必然又要"围攻"我了，又得一通劝、一堆大道理。我觉得
  跟他们也说不明白，反正估计是够我受的了。

- **从业者强化改变语句**[反映 / 提问]：_____

  _____

第 6 题

- **从业者引出改变语句的做法：**_____

  _____

- 当事人说出的改变语句:＿＿＿＿＿＿＿＿＿＿＿＿＿＿＿＿＿＿＿＿＿＿

＿＿＿＿＿＿＿＿＿＿＿＿＿＿＿＿＿＿＿＿＿＿＿＿＿＿＿＿＿＿＿＿＿＿

- 从业者强化改变语句［**反映 / 提问**］:嗯,你想先跟别人试试看这些技巧,然后再用到跟家人的相处中。

参考答案

第 1 题

- 从业者强化改变语句［**反映 / 提问**］:嗯,你越练,就越有信心。

第 2 题

- **当事人说出的改变语句**:是的。而且我觉得,只要克服了跟别人说话时的恐惧感,其他的一些事我应该也能做了,比如结交新朋友还有大家一起出去玩什么的。

第 3 题

- **从业者引出改变语句的做法**:你觉得在进入下一步之前,"跟别人聊天"你还需要再练习多少次呢?

第 4 题

- **当事人说出的改变语句**:感觉一晃就到周末了,我一直计划着要做练习的,但却没有实现。
- 从业者强化改变语句［**反映 / 提问**］:你有想着要试试、要用用咱们学过的技巧,虽然这生活节奏挺快的,时间也很匆忙。

第 5 题

- **从业者引出改变语句的做法**:有时候,当人们安排不出时间去做练习时,往往会说"不知道这种技巧是否真的有帮助"或者"不确定自己能不能做得到";而另一方面,他们也有一些原因是想要做这个练习的。我想问问你,是否现在也有类似的体会呢?
- 从业者强化改变语句［**反映 / 提问**］:嗯,你谈到的这些真的很重要。我

217

也很欣慰，你能把这些告诉我。咱们提到的练习，本质上是希望对你有帮助的，但我也理解你的无奈和郁闷。你是最了解自己情况的人，之后要怎样做还是要由你来选择。

第 6 题

- **从业者引出改变语句的做法**：咱们可以说说练习拒绝技巧的其他方式，或者也从治疗的进度上看看，现在使用拒绝技巧对你来说时机是否合适。当然，可能你也有一些其他的考虑。

- **当事人说出的改变语句**：那咱们说说其他的练习方式吧。我觉得，我得先看到它有作用，然后才能用到我家人这边。

✏️ 从业者（也适合当事人）的练习 7-2

体验培养练习的动机

技巧练习，对于成功的 CBT 干预而言是非常重要的一个部分，但这做起来其实并不容易！请大家想一想，对于各章讲过的 MI-CBT 技术，我们自己实践与练习得如何呢？对于每一章的"从业者的练习"，我们是否都完成了呢？很可能，我们没做或未完成练习的原因也跟当事人的类似。所以，请大家也使用给当事人建议的那些方法，看看是否能提升咱们自己的动机。同时，还可考虑将本练习用于会谈中，作为一个活动来与当事人进行，并将后面的表格作为会谈工作表来使用。

练习目的：请你使用本章讲过的方法，来探索自己对于练习 MI-CBT 技巧的动机。

指导语：请先选择一个"练习行为"[①]，比如"去完成练习"，这里可以泛指本书

---

① "练习行为"（practice behavior）指的是和做练习有关的行为，或关于练习模式的行为，例如"去完成全部的倾听练习""去做一部分的 ATA 练习""每天去做 X 分钟的从业者练习"或者"早上先做一遍正念练习，然后晚上再回顾并复习一遍"等，这些都是和"做练习"本身有关的行为。——译者注

中的 MI-CBT"从业者的练习",也可以是指某一个具体的 MI-CBT 技巧（如 ATA、讨论原因与道理、设定议题、反映性倾听），然后请继续完成关于这个练习行为的三个题目。

练习行为：_____

第 1 题　重要尺：请在尺子上标记，你觉得这个"练习行为"有多大的重要性。

```
├───┼───┼───┼───┼───┼───┼───┼───┼───┤
1    2    3    4    5    6    7    8    9    10
完全不重要              有些重要              极为重要
```

那为什么你选择了这个分数，而不是一个更低的分数呢？ _____

_____

_____

第 2 题　利与弊：请列出 _____（这个练习行为）的利与弊，并用圆圈圈出最大的一个好处（利）。

这样做（练习）的弊／坏处	这样做（练习）的利／好处

第 3 题　价值与行为之间的差距：请你仔细看看下面的价值清单，先从中圈出你最看重的三个价值，然后再来回答清单后面的几个问题。

吸引力 （内在或外表的魅力）	独立性 （掌握着自己）
精神生活 （拥有精神或宗教信仰）	健康 （拥有良好的健康）
诚实 （为人诚恳、真实）	希望 （积极乐观，充满希望）

爱 （被人爱或爱别人）	开心 （心情高兴或愉快）
负责任 （为人可靠、值得信赖）	有条理 （简洁有序或行事井井有条）
专心致志 （专注投身于某一事物）	成功 （实现自己的目标或向着目标前进）
榜样 （做一个被别人敬重的人）	良好的沟通者 （我的表达能被别人倾听和理解）
运动 / 健身 （锻炼身体，保持活力）	做饭好 （做的饭好吃或受欢迎）
人际关系 （有稳固的家庭、朋友或爱情）	信心 （相信自己能够实现目标）
自爱 （关心或照顾自己）	被接纳 （被别人尊重或接受）

下面请分别回答这两个问题：

如果你决定了不去练习，那么对于你实现这三个价值将有怎样的干扰呢？

_____

_____

_____

如果你决定了要去多练习，那么对于你实现这三个价值将有怎样的帮助呢？

_____

_____

_____

会谈工作表 7-1

关于会谈以外练习的五个 W

请你通过填写下表，来对自己的技巧练习做一番计划。这将有助于你确定出五个 W：做什么（what）；在哪里（where）及何时（when）做；为什么（why）这很重要，以及为什么你自信能够做到；如果你有需要的话，谁（who）可以帮忙。

我的练习计划

1. 我计划要练习的内容 / 活动：＿＿＿＿＿＿＿＿＿＿＿＿＿＿＿＿＿＿＿

＿＿＿＿＿＿＿＿＿＿＿＿＿＿＿＿＿＿＿＿＿＿＿＿＿＿＿＿＿＿＿＿＿＿

＿＿＿＿＿＿＿＿＿＿＿＿＿＿＿＿＿＿＿＿＿＿＿＿＿＿＿＿＿＿＿＿＿＿

2. 我计划何时、何地做这个练习：＿＿＿＿＿＿＿＿＿＿＿＿＿＿＿＿＿＿＿

＿＿＿＿＿＿＿＿＿＿＿＿＿＿＿＿＿＿＿＿＿＿＿＿＿＿＿＿＿＿＿＿＿＿

＿＿＿＿＿＿＿＿＿＿＿＿＿＿＿＿＿＿＿＿＿＿＿＿＿＿＿＿＿＿＿＿＿＿

3. 按计划做这个练习，有多大的重要性：

```
 0    10    20    30    40    50    60    70    80    90   100
 |----+----+----+----+----+----+----+----+----+----|
完全        有一点儿      中等程度         很           非常
不重要        重要          重要           重要          重要
```

为什么你选择了这个分数，而不是一个更低的分数呢？＿＿＿＿＿＿＿＿＿＿

＿＿＿＿＿＿＿＿＿＿＿＿＿＿＿＿＿＿＿＿＿＿＿＿＿＿＿＿＿＿＿＿＿＿

＿＿＿＿＿＿＿＿＿＿＿＿＿＿＿＿＿＿＿＿＿＿＿＿＿＿＿＿＿＿＿＿＿＿

4. 我有多大的信心，能够按计划做这个练习：

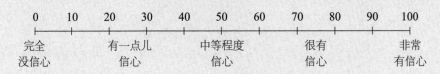

| 0 | 10 | 20 | 30 | 40 | 50 | 60 | 70 | 80 | 90 | 100 |

完全　　　　有一点儿　　　中等程度　　　　很有　　　　非常
没信心　　　　信心　　　　　信心　　　　　信心　　　　有信心

为什么你选择了这个分数，而不是一个更低的分数呢? _____

_____

_____

5. 可能遇到的阻碍，以及我的应对办法：

可能会阻碍我做练习的情况 / 事物	我可以怎么做，来保证自己完成练习 / 谁可以提供帮助

第 **8** 章

维持改变

一旦当事人实现了自己的改变目标，那么接下来就要维持住这种改变了。但鉴于这些改变涉及心理或生理健康中的诸多问题，所以要维持住也是相当不容易的。在最初的干预之后，有一半以上的当事人维持不住相应的行为改变。这一情况在多个领域中都有出现，包括物质使用、身体锻炼、饮食营养、抑郁以及其他的一些长期的心理健康问题（Keller & McGowan, 2001; McKay et al., 1999; Miller & Hester, 1986; Piasecki, 2006; Wing & Phelan, 2005）。而 MI 的开发初衷，是要针对最初的改变来培养动机，所以关于维持改变的 MI 方法目前还不够细致具体。但是，很多当事人确实也需要额外的支持来维持住改变。因此，鉴于当事人在做出改变之后动机仍然是不稳定、有起伏的，所以 MI-CBT 整合取向会在维持改变的过程中，为 CBT 加入了"预防复发"的内容（e.g., Beck, 2011; Marlatt & Donovan, 2005）。

具体到认知疗法而言，朱迪斯·S. 贝克（Judith S. Beck）提出了（2011）若干种方法，可贯穿整个疗程来使用，以促进对改变的维持。这些方法，也呼应了本书前几章讲过的技术，包括：对当事人的进步做反映；对正向的行为改变进行功能分析；以及对当事人做出肯定。艾伦·马拉特（Alan Marlatt）和丹尼斯·M.多诺万（Dennis M. Donovan）最初聚焦于物质使用领域，他们对于在成功干预后要如何预防复发，给出了一些具体的做法（2005），包括：评估引发因素；回顾并练习管理这些引发因素的应对技巧；对退步有所准备并储备好应对技巧；对反弹予以正常化。朱迪斯·S. 贝克（2011）以及艾伦·马拉特和丹尼斯·M. 多诺万（2005）都建议先逐渐减少会谈的频次，并在治疗结束后考虑安排强化会谈（booster session），而这两个阶段的会谈重点都是关注当事人的自我效能感和社会支持。所以我们也会在本章中讨论，怎样将 MI 与这些 CBT 的方法整合起来，从而在完成了最初的干预方案并取得进步之后，可以更有效地维持住改变。

导进过程

我们在导进过程中首先要注意的是，别再使用"复发"（relapse）这种措辞了。斯蒂芬·罗尼克认为，"复发"这个词暗含着全或无的意味，即对于改变的维持要么是成功的，要么就是失败的（Miller, Forcehimes, & Zweben, 2011）。而实际上，行为改变的维持是一个起起伏伏的过程，而且虽然当事人会再度感到矛盾，也会再发生旧有的行为，但这些在频率和强度上都存在着巨大的差异。因此，MI-CBT 不建议使用"反弹"（lapse）和"复发"这两个措辞；相反，建议从业者使用"暂时的退步"，从而就当事人在维持改变中遇到的困难向其表达共情，引出他们自己对于这种暂时退步的看法，并在"重回改变之路"这个方面支持其自主性与个人选择。

有一种现象叫作"破堤效应"（goal violation effect），指一个人在遭遇退步时会放弃努力，不再去继续实现自己的行为改变了。艾伦·马拉特在其关于成瘾的预防复发模型中首先提到了这种现象，他当时称之为"破戒效应"（sbstinence violation effect）（Marlatt & George, 1984）。也就是说，如果当事人将这类退步视为一种不可挽回的失败，那他们也就很难再次重整旗鼓回到对改变的维持过程中了。所以，从业者与当事人都应将退步视为一种学习经历，这种立场或心态才最有可能让改变长期地维持下去。而在本章导进过程中的重要一环，正是从业者要就这类退步向当事人表达共情。我们可以考虑使用"正常化反映"（normalizing reflection），即在反映中加入以下新含义（字或句）：当事人正在经历的退步是其改变过程中正常的一部分。从业者可用 ATA 来和当事人讨论"退步"和"复发"的区别，从而帮助他们预防破堤效应。

> 应将退步视为一种学习经历，这种立场或心态才最有可能让改变长期地维持下去。

从业者：你看是否可以，咱们也来讨论一下怎么区分"复发"和你在维持进步时遇到的正常情况，也许聊聊这方面会有帮助。[征询]

尤金：好的，没问题。我觉得"复发"指的就是你又没过好。

从业者：那如果你忘记了吃药，这好像也算"没过好"吧。[反映] 人们会有错误，就像有时忘了吃药，也是正常的现象。做得不完美并不代表你又回到原点了。[告知]

尤金：可我害怕自己又会病倒，或者是会传染给我伴侣，假如我病毒量变高的话。

从业者：嗯，你害怕会失去已经取得的进步与改变，换作谁也都会有这样的感受。[反映] 当出现退步时，你温柔、耐心地对待自己，然后再重新回到改变的节奏中来——这些本身就是改变过程中的一部分。比起那种去讨厌自己、怒斥自己，然后又回到旧行为、旧模式这或许对你也更有帮助。所以，如果咱们只谈"退步"，而不说什么全或无的"复发"，你觉得这样如何？ [征询]

尤金：嗯，我妈也常说"人非圣贤，孰能无过"。所以，我觉得用"退步"这个说法还挺好的。

还有一种现象也较为常见，即当事人在成功实现最初的改变之后常常会想："还有必要再来治疗吗？"鉴于前文所说，暂时性的退步在所难免，所以，我们有必要再次唤出当事人对治疗方案的动机，支持他们去维持改变。从业者可以拿出时间，使用 ATA 来与当事人讨论相应的原因与道理；进行正常化反映，即强调当事人对于"是否继续做治疗来维持改变"有矛盾心态是很正常的。从业者可就治疗的维持性阶段提供选项（如会谈的频率以及如何安排强化性会谈），从而继续支持着当事人的自主性（如下例所示）。

从业者：玛丽，你觉得为什么找出导致你退步——又出现过度饮食——的因素，是很重要的呢？ [征询]

玛丽：我觉得，这样一来我就能避开这些因素了。

从业者：嗯，咱们可以用下面的几次会谈来一起想想，怎么去应对这些引发因素。也许，这样的讨论能帮助你维持好饮食方面已经取得的进步。[行动反映以及告知] 那今天就先从"列一张引发因素的清单"开始吧，你觉得怎么

样？［征询］

玛丽：可以吧。那这种会谈还得做多久呢？

从业者：你想知道，自己还要做多长时间的治疗。［反映］ 这取决于你，还是要由你来决定。［支持自主性］ 或许，咱们稍微会用上几次会谈，来练习应对这些引发因素的技巧，同时也会说说可能发生的退步，还有你在维持改变时可能会遇到的正常情况。［告知］ 你觉得这么安排怎么样？想听听你的看法。［征询］

玛丽：可以，我就是总会受到诱惑，天天如此。

从业者：嗯，你依然会体验到诱惑，想去多吃，这很正常。［正常化反映］ 虽然咱们正在做准备要结束治疗，不过仍然也可以先继续着每周见一次，直到你感觉更有信心、也更有储备去克服这些诱惑了，或者咱们还可以先两周见一次，然后随着你的状态越来越好，逐渐减少到一个月一次。［提供选项菜单］

聚焦过程

当从业者与当事人合作性地形成共识，即在双方都认为最初的治疗计划已经完成后，接下来的维持性会谈通常都会先做一次重新的聚焦，以此来开始。我们之前讲过，聚焦过程是双方合作性地决定谈话的范畴，包括目标、任务以及当事人的想法、感受及其关心的议题/问题。当咨询或治疗进行到了维持性阶段，当事人所看重的事物和目标可能都已发生了变化，所以探索他们当下关心的内容，能让所重新聚焦的维持改变的目标，与当事人目前所看重的价值保持一致。

从业者：现在，咱们已经在你的焦虑层级上都通关了，也就是基本上完成了对每个层级的工作，那么你觉得下一步要做些什么呢？ ［开放式问题］

萨姆：哎呀，我也说不好。不过我可以明确的是，这刚开始是挺难的，但是现在只要我加把劲，就能够做到我需要去做的那些事了。

从业者：嗯，你真的取得了很大的进步。［反映］ 这种感觉怎么样？ ［开放式问题］

萨姆：感觉不错，而且我肯定是不想回到老样子了。

从业者：你想要保持住进步和收获，这样你就不会又回到以前的情况了。[反映] 那咱们可以来讨论，要保持住进步接下来可以怎么做。

萨姆：好的，我很想知道这些。

从业者：嗯，所以之前咱们是设定了三个目标先来探讨的。第一个是管理你的焦虑，第二个是处理因为缺少朋友而造成的抑郁心情，第三个则是喝酒的问题。[摘要]

萨姆：对，现在我觉得焦虑我可以控制了，不过还是没有交到什么新朋友。

从业者：嗯，所以你想结交新朋友的目标还在。[反映] 那你的抑郁心情现在怎么样了呢？[开放式问题]

萨姆：心情好一些了，但我还是很想能在学校里交到一些朋友。

从业者：你的心情好一些了，同时，想在学校交朋友是你现在的一个主要目标。[反映]

萨姆：可能这要比做暴露还难吧，不过可能也不一定。

从业者：虽然做暴露很难，但你也在这方面通关了，你都做到了。[肯定] 现在你关注的是"交朋友"，所以，也许可以举一反三，同样借鉴和使用你之前分步骤解决、步步为营的思路与做法。[行动反映]

另外，从业者与当事人合作性地评估潜在的引发因素及可能的应对方案，同样有助于在治疗的维持阶段聚焦具体的目标（见"会谈工作表 8–1"）。如果当事人不能顺利地识别出引发因素，那么从业者可以进行一次引导式的访谈或行为功能分析，这也是许多 CBT 取向的方法都会建议的环节（e.g., Witkiewitz & Marlatt, 2007）。行为的前因可能是个体内在的（情绪、想法）或人际之间的因素（人物、地点、情境），而这些引发因素可能又会相互联系，呈现出如认知模型所示的关系。需要注意的是，在治疗的维持阶段，我们不但要关注那些引发退步的因素，而且还要同时关注当事人所成功做到的行为改变的前因与后果。因为这些信息都会有助于制定应对方案来管理引发因素。

第 3 章讲过，我们可以将 MI 整合进评估过程，即平衡反映与提问的比例，停下来做摘要，并"连点成线，聚线成面"地将各方面的信息串联起来①，引出一种更全面的理解。从业者可以使用行动反映，将潜在的应对方法植入到反映里来。如前文所讲，行动反映有三种亚型：行为建议、认知建议以及行为排除。下面的例子展示了如何通过行动反映，将谈话从"为什么要维持改变"过渡到"如何维持改变"。

行动反映之行为建议：当你感到孤单时，你就更有可能会吃东西，所以找到一个适合的人来支持你，可能有助于你不被这个引发因素所影响。

行动反映之认知建议：当你感到孤单时，你就更有可能会心情低落，所以找到怎么耐受这种孤独感的方法，可能有助于你去管理这个引发因素。

行动反映之行为排除：当你感到孤单时，你会试着跟伴侣聊一聊，但这有时不起作用，因为你也不确定自己能不能依靠他，所以再想想其他的方法也许会有帮助。

聚焦的小窍门：耐受不确定性

我们在第1章中讲过翻正反射，即人们想去纠正所知觉到的错误事物的一种倾向。这种本能式的反射，通常体现为助人者过早地转入了问题解决或提供建议，而这两种做法都违背了MI的精神。在治疗的维持阶段，翻正反射可能会尤为强烈，这是因为：第一，从业者可能觉得治疗联盟已经很稳固了，因此认为当事人可以承受住更多的建议或问题解决；第二，相比治疗的初始阶段，从业者此时已经更了解当事人了，所以一方面可能觉得有必要根据这些了解来给出信息或建议了，而另一方面又自以为这样的做法还是以当事人为中心的，因为这一切都是基于自己对当事人的了解才进行的；第三，在当事人开始取得进步与改善后，从业者可能更易急于求成，备感"有责任"，也想着"保安稳"而欲接管和掌控治疗，但这也剥夺了当事人自己的空间，不再有机会从可能出现的退步中学习到经验了；第四，当治疗接近尾

---

① 原文为"connect the dots"，是一种将分散的各点连线，从而形成一张完整图画的益智游戏。——译者注

声时，从业者可能也会有匆忙感，赶落着自己去提供信息或建议以便将治疗引向维持阶段。

但就像前文所述，因为在维持阶段当事人的动机还会有起伏、不稳定，所以导进过程对于该阶段而言仍然是非常关键的一个环节。如果从业者直接为当事人提供解决方案，可能反而会削弱他们成为自身治疗师的能力。因此，从业者需要去耐受不确定性（tolerate uncertainty），从而抵御翻正反射的影响。所谓耐受不确定性，就是即便在识别引发因素及制定相关的应对方案时模糊不清、无法明确，我们也随着走，走中看，让这些内容随着会谈进程的发展，或者是等出现了退步需要进行讨论时，再逐渐浮现、逐渐清晰。这样一来，我们就能保证当事人在维持阶段也依然是那个身在驾驶位、手握方向盘的人，而我们从业者则坐在副驾驶位，帮助他们导航和完成这段旅程。

唤出过程

在维持阶段，从业者可能有意或无意地想让唤出过程进行得更快速、更紧凑。但鉴于退步会大概率地发生在各类的行为或问题领域中，这就让唤出过程的重要性再次被凸显了。因为在退步发生后，重新引出和巩固当事人的决心 / 承诺语句，对于防范更多、更大的退步是非常重要的。下面我们会谈到唤出"维持改变"之动机的四种具体方法，分别是：（1）用更具体的语言来唤出；（2）引导对结果的预期；（3）建立差距；（4）支持自我效能感。

用更具体的语言来唤出

MI 是目标导向的，我们在 MI-CBT 的整合取向中也会引导当事人向着一个清晰的改变目标前进。而基于这个目标的具体程度或特异性（specificity），动机也会随之发生改变。例如，在谈到继续进步时，当事人可能会表达出比较高的动机，但当从业者进一步了解、聚焦更具体的引发因素时，却发现他们对维持新行为的矛盾心态其实还很强烈。因此，从业者必须使用更具体的语言，来针对特定的维持改变之目标（这是双方在聚焦过程中共同确定的），去引出和强化当事人相应的改变语句和决心／承诺语句。

使用更具体的语言，其重要性如下。在治疗的早期阶段，我们所关注的改变语句可能在质性上更为一般或泛泛，但在维持阶段，改变语句就要聚焦在更为特定或具体的维持改变上了，例如"保持戒酒对我很重要，因为我不想再次失业""减肥后我的心情很不错，我也想保持住这种心情"。这些关于"维持改变"的改变语句，同样可能是涉及愿望、能力、理由、需要以及决心／承诺的，例如"我明白，虽然心情好点了，但我还是需要继续来参加会谈，因为我不想又半途而废，前功尽弃了"。所以，从业者可使用先前讲过的方法来引出这些聚焦于"维持改变"的改变语句，然后再予以强化（如做反映）。下面的例子就展示了从业者如何使用更具体的语言，即针对"更为具体的改变维持"使用了开放式问题和反映性倾听，从而引出并强化了聚焦"维持改变"的改变语句。

> 在治疗的早期阶段，改变语句可能在质性上更为一般或泛泛，但在维持阶段，改变语句就要聚焦在更为特定或具体的维持改变上了。

　　从业者：西莉亚，你已经取得了进步，做出了一些非常不容易的改变。你觉得，为什么自己需要继续保持住这些改变呢？［开放式问题］

　　西莉亚：嗯，起初我是为了家人们才做这些的，但是现在我是在为自己做这些。我更喜欢现在的自己，比以前的那个我强太多了。

　　从业者：你想要保持住这些改变，因为你更喜欢现在的自己，你希望保持住这样的生活。［反映］

　　当然，从业者还可以使用其他的唤出方法（见第4章及第7章），例如重要尺，同样也是更加具体化地聚焦在维持改变上。

　　从业者：卡尔，现在缓刑期结束了[①]，那依然拿一把1~10的尺子来衡量的话，现在，保持戒酒对你还有多重要呢？［唤出式问题］

----

① 缓刑期结束，即缓刑执行完毕，解除管制监督，原判的刑罚亦不再执行。——译者注

卡尔：大概是 6 吧。

从业者：嗯，中间左右，不过还略偏重要。[反映] 那为什么，对于保持住这个改变，你说的是 6，而不是一个更低的分数呢？[通过开放式问题来引出改变语句]

卡尔：我本来想的是，等不用尿检了我马上就去接着喝（酒），不过，我现在的状态倒是让家里人更满意、更开心。

从业者：嗯，听起来保持住现有的这些改变对你是重要的，因为你希望家人们能继续开开心心的，而不是又回到原来的那种状态。[对改变语句做反映]

引导对结果的预期

当出现退步之后，当事人对此的看法是一个关键性的影响因素，会决定着他们后续是否还会继续发生更多的退步（Marlatt & Donovan，2005）。如果对做出旧有的目标行为抱有正向的结果预期（如"喝酒可以帮我放松"），或者是对保持改变抱有负面的结果预期（如"如果我去参加这次聚会，我会紧张的"），那么这样的当事人可能会在维持改变上更加困难。我们与当事人探索关于维持改变的愿望、能力、理由及需要，就可以向着改变的一面，对他们的结果预期做出支持了。而且虽然我们可以针对"不去做旧有的不良目标行为"（即回避型目标）来引出理由，但有研究表明，着重针对"保持新行为"（维持型目标）去引出和强化改变语句及决心/承诺语句，可能才是更重要的（Nickoletti & Taussig，2006；O'Connell，Cook，Gerkovich，Potocky，& Swan，1990）。例如，双方在讨论退步时，着重针对锻炼和重返健身房的快乐、做正念练习时的放松感，或者是按照愉悦活动时间表做事而体验到的积极情绪来引出改变语句，可能会更有帮助，而不是去针对不再玩电子游戏或者不再整天赖在床上。因为后一种做法，反而更有可能让当事人再次回到之前习惯的旧行为上。

建立差距

还有一种方法，也可用来引出聚焦"维持改变"的改变语句，即探索当事人的价值观、目标与退步之间的差距。首先，从业者反映已讨论过的当事人看重的价值，同时也探索当事人在经历和体验了初始改变之后新的价值观与目标。然后，先围绕着当事人的短期需求（如缓解压力）来表达共情，但当事人的这种短期需求其实很可能会与他们长期的价值及目标（如预防慢性疾病）相冲突，尤其是在他们遭遇退步之后，当下的短期需求与长期目标之间的冲突可能会更甚。从业者可以使用双面式反映，从而共情地突出这种差距："当你有压力时，不吃这么多其实是挺难的。同时，你也说过不想总是提心吊胆的，担心着糖尿病。"在突出差距之后，从业者可以再继续问一个唤出性的开放式问题："那你希望做些什么呢，可能做哪些方面是可以让情况重回正轨的？"

支持自我效能感

如前文所述，自我效能感是当事人成功维持改变的一个关键性的预测因素（Beshai, Dobson, Bockting, & Quigley, 2011；Herz et al., 2000；Lam & Wong, 2005；Marlatt & Donovan, 2005；Minami et al., 2008；Nigg, Borrelli, Maddock, & Dishman, 2008），但也没有哪个干预方案详细、具体地说明过要怎样支持自我效能感。第 6 章讲过的技巧训练的展开步骤，可用来提升当事人的胜任感。所以，从业者可以继续沿用这些步骤（示范、演练和反馈），来协助当事人练习管理相应引发因素的应对技巧。

另外，在退步后支持当事人的自我效能感，从业者可能还需要用到下面几种方法：继续做肯定（如"你对自己的目标非常持之以恒"）以及使用开放式问题来引出关于"维持改变之能力"的改变语句（如"你之前是怎样保持住收获/改变的"）；引出到目前为止当事人在实现较为困难之改变时使用过的优势、强项与资源（如"你已经发挥了/利用了哪些优势、强项或资源，用来帮助自己降低病毒量"）；如果当事人不太容易确定自己的强项或优势，那么探讨从其他人（如当事人的朋友、家人）口中讲出的当事人的优点或强项，可能也会有帮助（如"你提过，妈妈说你是个很坚强的人，那么这一点——是个坚强的人——也许会如何帮助你，继续保持住你在喝酒上已经做出的改变呢"）。还有一种方法，是将关于当事人有能力维持改变的希望与乐观直接表达出来，这种希望与乐观不必绝对化，反而可以附带着一些约束或条件。例如："我相信，当你从家人那里获得了你所需要的帮助后，你是能够重新找到节奏的（在这次退步之后）。"已有研究表明，从业者的乐观是正向疗效的一个共同因素（Lambert & Barley, 2001）。

珍妮特·波利维与彼得·赫尔曼（2002）强调过一个关于自我效能感的重要概念，他们称之为"虚假希望综合征"，即"人们对于自己所尝试的改变，在速度、程度、难度以及效果上都可能抱有不切实际的期望"（p. 677）。过度自信并设置不切实际的目标，往往并不利于一个人成功地实现改变。实际上，他们发现：当事人在治疗结束时积累的足够且现实的自我效能感（即当事人通过自己的经验获得的），比起他们在治疗开始时就具备但没有经验"支撑与积累"的那种自我效能感，能更好地预测成功的改变。因此，将当事人的信心落脚在他们已经发生的、具体的成功改变上，以及他们学习技巧的成功经验上，这种联系要比泛泛总体地表达希望与乐观更有分量。而在计划过程中，上述的虚假希望综合征同样会造成影响。

计划过程

如果当事人设定了很严格的"全或无"性质的目标，那么他们就有更大的可能会将退步视为失败，并出现破堤效应。而如果目标更灵活一些，当事人在遭遇退步之后，则更有可能重新回到正向的行为改变上来（e.g., Marcus et al., 2000; Marlatt & Gordon, 1985）。例如，按照匿名戒酒互助会（Alcoholics Anonymous, AA）的传统观点来看，当事人可以考虑"每次只做一天"的计划，而不是去设定一个太过严苛的目标——永远戒除（在抑郁的案例中，就是"再也没有抑郁感了"）。这并不是说，戒除就不能作为当事人的终极目标了，而是说一个灵活的短期目标可以为退步的正常化赢得余地和空间。因此，从业者向当事人提供选项菜单不但支持了其自主性，而且还有助于他们灵活地设定目标，所以会非常有利于当事人维持好改变。此外，通过提供选项菜单，从业者也在支持和传达着一种理念，即"条条大路通罗马，成功并非独木桥"，所以当事人反而更少地去否定或拒绝相应的建议了。因为如果一条路／一种方法走不通，那么之后还可以再考虑其他的选项。

> 一个灵活的短期目标可以为退步的正常化赢得余地和空间。

制订一个具体的、关于维持改变的计划，其过程与初始改变时的类似（如摘要改变语句、制定短期步骤、询问潜在的困难与阻碍，以及讨论"如果－那就"方案），但在语言上会专门围绕着"维持改变"来展开，包括摘要关于"维持改变"的改变语句、引出发展应对技巧的短期步骤、讨论潜在的困难与阻碍、制定出"如果－那就"方案，以及确定在会谈以外做什么练习来落实和执行这些有利于"维持改变"的方案（见"会谈工作表8-2"及表8-1的例子）。而且还要考虑将强化会谈作为"如果-那就"方案的一部分。如果在这个聚焦维持改变的计划过程中，当事人讲不出具体怎么实现自己的目标，以及具体怎么克服潜在的阻碍，那么这可能就意味着当事人抱有虚假的希望。所以，我们可能也需要朝着更实际的目标和方案去引导当事人了。

表8-1	卡尔维持改变的计划表

我的计划

我想保持的（行为/行动/改变）

神志清醒不喝酒

在0~100的悲伤情绪量表上，评分不超过20

继续改善夫妻关系

保持住这些改变对我很重要，因为

我需要遵守法律的要求，不能进监狱

我想让妻子一直幸福、一直开心

我想向所有的人证明，我能做到不喝酒

我喜欢也期待着现在每天早上醒来时的感觉，我也想把这种感觉继续下去

为了保持好自己的改变，我准备做下面这些事（做什么、何时做、在哪儿做、怎么做）：

继续每一天都制定活动时间表，并按照里面的安排来做事、来完成活动

继续使用我的拒绝技巧，并管理我的心瘾

继续进行愤怒管理

继续使用沟通技巧，并且每周都看一下工作表中的"提示"与"小窍门"

可能遇到的困难 如果……	怎么办 那我就……
我在跟太太吵架后，就失去了动力 我没有动机了	提醒自己，去回想那些已经成功做到的改变，以及为什么保持住这些改变，这对我很重要 如果我在保持动力上有问题（如果我开始跟自己说"放弃"或者"不值"时），就重新回去做咨询
我太忙了没时间做活动时间表里的内容	重新安排我的活动时间表，保证每天至少能做到里面的一个活动，并且提醒自己做这个为什么对我有好处
我在戒酒上出现了退步	使用我的"停、看、查、行"方案 如果我在一个月内出现了一次以上的退步，那我就重新回去做咨询

另外，早已有研究表明，当事人的社会支持是其维持改变的重要预测因子
（e.g., Havassy, Hall, & Wasserman, 1991; Perri, Sears, & Clark, 1993）。以下
几种做法可以用来增进当事人的社会支持，从而维持其行为的改变：第一种，在
很多行为领域的干预中通常都会包括当事人的伴侣或其他家庭成员（Anderson,
Wojcik, Winett, & Williams, 2006; Bird et al., 2010; Kiernan et al., 2012;
Lobban & Barrowclough, 2009; Orsega-Smith, Payne, Mowen, Ho, & Godbey,
2007; Westmaas, Bontemps-Jones, & Bauer, 2010）；第二种，鼓励当事人参加
支持性的团体／小组（Amati et al., 2007; Douaihy et al., 2007）；第三种，就个
体层面的干预而言，从业者可以在技巧训练中专门加入发现与识别社会支持、与
支持性的角色沟通、规避负面的社会影响这几个环节（Marlatt & Donovan, 2005;
Westmaas et al., 2010）；第四种，从业者还可以为当事人提供这方面的"如果－那
就"方案选项，这样既有助于他们克服阻碍，也提供了社会支持（如"如果我不想
独自出去散步，那我就可以喊个朋友跟我一起去"）。

做最终计划的小窍门：结束性的会谈

一次结束性的会谈，包含以下必要的步骤（见表 8-2）。

表 8-2 结束性会谈的要素检核表

1. 询问当事人自身对于正向改变的觉察、体会及看法，并对此做反映和肯定
2. 从业者讲出自己对于当事人正向改变的觉察、体会及看法，并对此做肯定
3. 使用开放式问题与当事人探讨他们对于结束治疗的感受，并对此做反映
4. 基于对当事人优势或强项的了解，具体、有针对地表达希望与乐观
5. 提供一个关于今后如何接触的选项菜单，制定一个可继续使用的改变方案
6. 用一个摘要来回顾总结治疗过程，包括当事人刚来治疗时以及现在结束治疗时的
   情况，予以肯定，并融入他们在这个过程中所讲过的、具体的改变语句和决心／承诺
   语句

第一步，从业者询问当事人自身对于正向改变的觉察、体会及看法，并
对此做反映和肯定。

第二步，从业者讲出自己对于当事人正向改变的觉察、体会及看法，并
对此做肯定，而且一定要将这些改变归功到当事人自身的想法、感受和行为

上，而不是归因为从业者的努力。这类表达，语言上应该是正面的，而且相对不受限定，如"即便/即使/就算/纵然你"或者"除了"。

第三步，使用开放式问题与当事人探讨他们对于结束治疗的感受，并进行正常化的反映。

第四步，表达对于未来的希望与乐观——从业者基于对当事人的了解，使用更贴合对方情况的语言来表达（"你曾面对过那么多的困难，都一直坚持着一路走来，所以我相信你会继续朝着自己的目标努力和前进的"）。

第五步，提供一个选项菜单，选项包括电话联络、强化会谈或者继续进行治疗。

第六步，以一份尽可能完善的摘要来作为会谈的结语，其中涵盖了从当事人刚来治疗时到现在结束治疗时的情况，并融入他们在这个过程中所讲过的、具体的改变语句和决心/承诺语句。

MI-CBT 的两难情境

这里有一个重要的两难情境，就是要在什么时间转入维持阶段。在 MI-CBT 中，这不是由从业者单方面设计的，而是取决于双方合作性的决定。而且，如果双方始终是在合作地做决定，那肯定也已经合作性地制订过治疗计划，明确过具体的目标，而且也已经在治疗过程中修改和调整过这个方案了。作为从业者，我们会在什么时间准备结束治疗呢——在已经达成治疗目标时？在症状已经完全缓解时？在已经达到了一段时间的物质戒除时？在当事人不再做出旧有的目标行为时？如果当事人已经准备要结束了，但我们认为还需要进一步的治疗，那该怎么办呢？相反，如果我们认为当事人已经准备好结束治疗转入维持阶段了，但他们却不这样认为，又该怎么办呢？上述这些两难的情境，并没有绝对的答案，因为这些都将取决于从业者和当事人的共同决定。从业者可以使用 ATA，来引出当事人的看法，然后给出我们自己的观点，再征询他们的意见和反馈。

但说到底，我们相信当事人的最终决定。对于是否快要结束治疗了，我们可能和当事人意见不一致。不过，"完成了治疗目标，当事人对此感到满意"还是可以作为一个很好的信号，以表明是时候转入维持阶段了。和前面几章讨论两难情境时类似，如果我们认为当事人还需要进一步的治疗，那么就可以坦诚地表达出这些意见，当然方式上会使用 ATA 来进行。而且我们仍然可以表达出一种希望感：当事人对于结束治疗的考虑与安排，可能更适合他们自己，也会更有效。这是在继续建设着合作的联盟，所以未来当事人如果依然经受困苦与煎熬，我们之前的建议是能够被他们再度考虑的。

✎ 从业者的练习 8-1

引出并强化关于"维持改变"的改变语句

在治疗的早期阶段，我们所关注的改变语句在质性上可能更为一般或泛泛，即这些关于愿望、能力、理由、需要以及决心 / 承诺的语言，都是针对总体的、初始的（行为）改变而言。但在维持阶段，改变语句就要聚焦在更为特定或具体的维持改变上了，例如"保持健康对我很重要，因为我喜欢这种精力充沛的感觉""自从开始锻炼以后，我的心情很不错，我也想保持住这种心情"。这些关于"维持改变"的改变语句，同样可能涉及愿望、能力、理由、需要以及决心 / 承诺，例如"我明白，虽然心情好一些了，但我还是需要继续参加会谈，因为我不想又半途而废、前功尽弃"。所以，若要引出针对"维持改变"的改变语句，我们就必须使用更具体的、聚焦于"维持改变"的语言，无论是在使用唤出的技巧时，还是在使用强化改变语句的技巧时。

练习目的：练习如何引出和强化针对"维持改变"的改变语句。

指导语：题目 1~9 中的每一句话，无论是反映还是开放式问题，都旨在引出或强化改变语句。现在，请大家改写这句话，从而引出和强化针对"维持改变"的改变语句。在改写时可以考虑使用以下措辞："保持""继续""留住""一直如此""继续下去""仍然""保留"以及"坚持"。

例题

1. 为什么你想要戒酒呢，都有哪些原因呢？

开放式问题来引出改变语句（改写后）：为什么你想继续保持戒酒呢，都有哪些原因呢？

2. 所以你想要锻炼身体，好让自己的精力更充沛。

反映性倾听来强化改变语句（改写后）：所以你想要继续锻炼身体，好让自己的精力更充沛。

第 1 题

假如你多吃一些水果和蔬菜的话，那么情况可能会有哪些改善呢？

开放式问题来引出改变语句（改写后）：_____

_____

_____

第 2 题

你想跟女儿相处得更好。

反映性倾听来强化改变语句（改写后）：_____

_____

_____

第 3 题

你认为服用药物可以帮助自己走出来，为了家人。

反映性倾听来强化改变语句（改写后）：_____

_____

_____

第 4 题

如果用一把刻度1~10的尺子来衡量，你对于自己能够练习正念，有多大的信心呢?

开放式问题来引出改变语句（改写后）：_____

_____

_____

第 5 题

假如，你通过努力成功减掉了一些体重，那么之后发生的、最好的事可能会是什么呢?

开放式问题来引出改变语句（改写后）：_____

_____

_____

第 6 题

如果你不去安排自己的活动和时间，那么之后发生的、最糟糕的事可能会是什么呢?

开放式问题来引出改变语句（改写后）：_____

_____

_____

第 7 题

当你服药后，你会感到情况更可控了。

反映性倾听来强化改变语句（改写后）：_____

_____

_____

第 8 题

为什么你觉得，练习在社交场合中暴露、经历和耐受自己的焦虑对你很重要呢?

开放式问题来引出改变语句（改写后）：_____

_____

_____

第 9 题

你很重视家人。那么，治疗自己的抑郁症跟你所看重的这一点，两者之间是怎样的关系呢？

开放式问题来引出改变语句（改写后）：_____

_____

_____

会谈工作表 8-1

管理退步

人非圣贤，难免退步。但我们可以不让退步成为一种惯性。请使用下面的"停、看、查、行"方案（SLIP plan）以尽早发觉、评估状况并制订下一步的计划。同样，我们还可以通过识别并规避潜在的引发因素，以及制定出当无法规避时可用的应对方案，提前做计划以预防退步（请填写本工作表第二页的"对我影响最大的几个引发因素及其应对方案"）。

"停、看、查、行"方案

停（stop）

先要停下问题行为。

如果我已经停下了，那么值得给自己点个赞。

或许有点傻傻的，但我其实可以出声地跟自己说"停"，或者是画一个大大的红灯标志。

看（look）

看看现在的情况，实事求是。

跳出来看，问问自己都做了什么。

具体一些。

不存在"全或无"的情况。

查（investigate）

查明环境。

是什么阻碍了我完成自己的计划？

我还有哪些其他的方式或途径去实现目标？

我的目标具体吗？现实吗？可实现吗？

行（proceed）

继续进行我的新计划，同时我也跟自己进行积极正面的对话。

把我的目标写出来。

为实现目标设置一些奖励。

向着目标前进！

我有信心，因为

1. 我有这些优势或强项：_____

2. 我已经练习和实践过这些技巧了：_____

_____

3. 我已经能够做出这些改变了：_____

_____

通过以下步骤，我可以避免退步，或者立刻重回正轨。

1. 尽量规避掉引发因素。

2. 针对每一个引发因素，都制定出相应的应对方案。当我无法避开某个引发因素时，就使用应对方案。

对我影响最大的几个引发因素及其应对方案。

引发因素·1号：_____

我可以怎样规避它：_____

_____

_____

当无法规避它时，我可以怎样应对：_____

_____

_____

引发因素·2 号:＿＿＿＿＿＿＿＿＿＿＿＿＿＿＿＿＿＿＿＿＿＿＿＿＿

我可以怎样规避它:＿＿＿＿＿＿＿＿＿＿＿＿＿＿＿＿＿＿＿＿＿＿＿

＿＿＿＿＿＿＿＿＿＿＿＿＿＿＿＿＿＿＿＿＿＿＿＿＿＿＿＿＿＿＿＿

＿＿＿＿＿＿＿＿＿＿＿＿＿＿＿＿＿＿＿＿＿＿＿＿＿＿＿＿＿＿＿＿

当无法规避它时，我可以怎样应对:＿＿＿＿＿＿＿＿＿＿＿＿＿＿＿

＿＿＿＿＿＿＿＿＿＿＿＿＿＿＿＿＿＿＿＿＿＿＿＿＿＿＿＿＿＿＿＿

＿＿＿＿＿＿＿＿＿＿＿＿＿＿＿＿＿＿＿＿＿＿＿＿＿＿＿＿＿＿＿＿

引发因素·3 号:＿＿＿＿＿＿＿＿＿＿＿＿＿＿＿＿＿＿＿＿＿＿＿＿＿

我可以怎样规避它:＿＿＿＿＿＿＿＿＿＿＿＿＿＿＿＿＿＿＿＿＿＿＿

＿＿＿＿＿＿＿＿＿＿＿＿＿＿＿＿＿＿＿＿＿＿＿＿＿＿＿＿＿＿＿＿

＿＿＿＿＿＿＿＿＿＿＿＿＿＿＿＿＿＿＿＿＿＿＿＿＿＿＿＿＿＿＿＿

当无法规避它时，我可以怎样应对:＿＿＿＿＿＿＿＿＿＿＿＿＿＿＿

＿＿＿＿＿＿＿＿＿＿＿＿＿＿＿＿＿＿＿＿＿＿＿＿＿＿＿＿＿＿＿＿

＿＿＿＿＿＿＿＿＿＿＿＿＿＿＿＿＿＿＿＿＿＿＿＿＿＿＿＿＿＿＿＿

引发因素·4 号:＿＿＿＿＿＿＿＿＿＿＿＿＿＿＿＿＿＿＿＿＿＿＿＿＿

我可以怎样规避它:＿＿＿＿＿＿＿＿＿＿＿＿＿＿＿＿＿＿＿＿＿＿＿

＿＿＿＿＿＿＿＿＿＿＿＿＿＿＿＿＿＿＿＿＿＿＿＿＿＿＿＿＿＿＿＿

＿＿＿＿＿＿＿＿＿＿＿＿＿＿＿＿＿＿＿＿＿＿＿＿＿＿＿＿＿＿＿＿

当无法规避它时，我可以怎样应对:＿＿＿＿＿＿＿＿＿＿＿＿＿＿＿

＿＿＿＿＿＿＿＿＿＿＿＿＿＿＿＿＿＿＿＿＿＿＿＿＿＿＿＿＿＿＿＿

＿＿＿＿＿＿＿＿＿＿＿＿＿＿＿＿＿＿＿＿＿＿＿＿＿＿＿＿＿＿＿＿

会谈工作表 8-2

维持改变的计划表

我的计划

我想保持的（行为 / 行动 / 改变）

_____

_____

_____

_____

保持住这些改变对我很重要，因为

_____

_____

_____

_____

为了保持好自己的改变，我准备做下面这些事（做什么、何时做、在哪儿做、怎么做）

_____

_____

_____

_____

可能遇到的困难	怎么办
如果……	那我就……
_____	_____
_____	_____
_____	_____
_____	_____

第 **9** 章

本书用途：整合性的治疗手册

本书的基础理念是：存在着一些一般性的关系因素，它们是各种不同的心理社会疗法所共有的，而且这些共同因素解释了更多的疗效，在比例上超过了特定的治疗技术。基于此，我们阐述了如何以 MI 为框架来展开和发挥这些关系因素，也详细讲解了具体的技巧（如反映性倾听、开放式问题、ATA），从而确保这些共同因素可以在真实的会谈中落地。然后，我们继续阐述并展示了怎样将上述技巧揉在 CBT 的共同成分中加以运用。

"共同成分"指的是循证临床治疗所具备的一些共有成分，常用于各类治疗手册或干预方案之中。在本书中，我们向大家呈现了如何将 CBT 的这些共同成分（评估；自我监测；会谈以外的练习；认知、行为及情绪调节技巧的训练；以及维持改变）与 MI 相整合，来干预范畴宽广的各类问题或障碍：从物质使用到健康行为，再到内化性的症状。因此，本书就行为改变及症状缓解提供了一种通用的、循证的方法，即通过确定关系因素和 CBT 中的共同成分并将其运用到一系列的行为改变之中（也会根据症状类别做出具体、特定的调整），我们旨在将这些循证治疗的效果更好、更大地发挥出来，同时也希望简化这些方法的操作与训练，力求高效。

> 本书就行为改变及症状缓解提供了一种通用的、循证的方法。

我们的整合取向与近来的"跨诊断"或"统一"治疗相一致，都是希望降低因学习和掌握 CBT 的各种专病方案而需要投入的费用、训练以及时间（McEvoy et al., 2009）。

一部整合性的治疗手册

一些跨诊断治疗对于各种障碍都会使用一个统一的治疗方案，而另一些跨诊断治疗则会采取模块化的治疗取向（McHugh，Murray，& Barlow，2009）。模块化的治疗具有结构性，所以并不需要将所有的模块悉数用在跟当事人的工作中，并且每个模块的使用"剂量"也会因人而异、量体裁衣。我们建议，以 MI 的四个过程（导进、聚焦、唤出、计划）及相应的 MI 技术（倾听、提问及 ATA）作为这一整合取向的内核（也是本书的组织结构），并基于 CBT 中的共同成分，来构成一部整合性的模块化治疗手册。

- 模块 1：初始的动机会谈（第 2 章）。
- 模块 2：评估与治疗计划（第 3 章）。
- 模块 3：自我监测（第 4 章）。
- 模块 4：认知技巧（第 5 章）。
- 模块 5：技巧训练，包括问题解决技巧、行为激活、痛苦耐受、结合或独立于暴露的正念及放松、拒绝技巧及自信决断表达训练、沟通技巧、组织与计划技巧（第 6 章）。
- 模块 6：维持改变（第 8 章）。

我们鼓励从业者灵活安排 MI 四个过程的顺序，而且也不必强求在每一次的会谈中都要完整涵盖这四个过程。在初始的动机会谈之后，每次会谈可按以下结构进行：

- 讨论会谈的议题；
- 核对上次会谈时的内容，包括效果评估，如回顾改变方案和家庭作业的完成情况、做客观性的测量（如果可行的话）；
- 对当事人做到的改变或者未做到的改变，进行简要的功能分析；
- 讨论治疗要素或模块的原理以及使用原因；
- 引出并强化当事人对行为改变和会谈任务的改变语句；
- 完成会谈任务，包括从业者示范、引导式练习、行为演练，以及对相应技巧的反馈；
- 制定改变的方案，包括执行意图、"如果－那就"方案、会谈以外的练习。

案例素材

为了向大家展示整合的 MI-CBT 治疗可应用在许多不同的目标行为或问题领域，接下来我们会提供两个全新的、不同于之前的案例素材。

赌博和愤怒管理

第一个案例，当事人既有成瘾问题，也有情绪管理的问题。而对于两种行为的改变，是循序干预更好，还是同时干预更佳，目前还没有研究可以明确地说明，所以这个选项我们就交给当事人，请他们来选择。

个案情况

安东尼奥，32 岁男性，混血儿，和妻子一起在城市居住，他们的第一个孩子预计会在四个月后出生。安东尼奥的职业是汽车销售经理，但最近，他在公开场合跟上司爆发了一次非常严重的冲突，遭到了解雇。他也因此被控人身攻击与殴打他人，法院责令其接受愤怒管理的心理治疗。同时，他的妻子也非常希望可以治疗安东尼奥的赌博问题，因为赌博已经让他们在这两年中抵押拍卖了房子和汽车。妻子已经向他下了最后通牒：如果他在孩子出生前还管不住脾气，戒不了赌，那就离婚。安东尼奥主要是去大型赌场赌博，偶尔也去一些非法的赌博点玩扑克或其他的一些卡牌类游戏。他的愤怒脾气最常见的形式是言语攻击，但有时也会加入对人、对物的肢体攻击（如捶墙）。在初始会谈中，安东尼奥明确表示不想来咨询，因为他觉得赌博或愤怒其实并没有影响到自己，而且自己也能管得住脾气。他还责怪妻子和前上司才是他去赌博和发火的罪魁祸首，说他们把自己逼得压力太大了，而且都想要掌控他的生活；不过，安东尼奥也说他计划参加全部的会谈，因为他不想妻离子散，也不想蹲监狱。此外，他希望自己能再找一份工作，重新有房有车，他觉得过来参加治疗也许是实现这些目标的一种途径。

功能评估与治疗计划

对赌博与愤怒进行一次功能评估，是治疗计划中的一部分（如图 9-1 所示）。

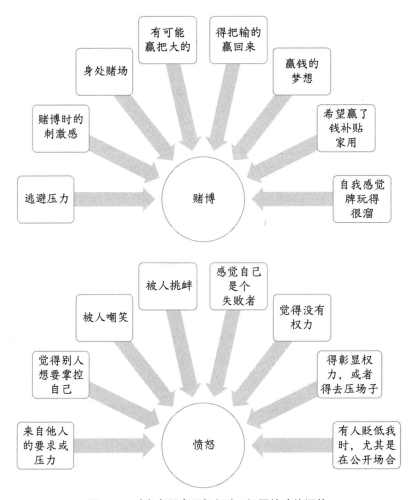

图 9-1　对安东尼奥目标行为 / 问题的功能评估

　　在这两个方面，安东尼奥优先考虑的都是规避掉作为引发因素的人物和场所，以及缓解自己的压力。鉴于赌博与愤怒之间关系紧密，并且他也做好了一起干预的准备，所以安东尼奥选择了同时处理这两个方面的问题。表 9-1 展示了治疗的方案和改变语句，表 9-2 则呈现了会谈的内容及对应的章节。

表 9–1 安东尼奥的治疗方案

目标行为 / 症状 / 问题	总体目标和具体目标	治疗方案
1. 赌博	（1）尽可能地规避掉引发因素 （2）制定出当无法规避时可用的应对方案 （3）使用压力管理技巧，从而防止赌博成为压力下的自动反应	（1）自我监测；规避引发因素 （2）训练应对技巧；认知重建 （3）放松：渐进式肌肉放松；正念练习
2. 愤怒	（1）尽可能地规避掉引发因素 （2）制定出当无法规避时可用的应对方案 （3）不让言语攻击和肢体攻击成为压力下的自动反应	（1）自我监测；规避引发因素；暴露和反应阻止 （2）训练应对技巧；认知重建 （3）痛苦耐受；放松：渐进式肌肉放松；正念练习

对我来说，为什么这个方案很重要？请列出三点原因：

1. 我不想妻离子散

2. 我不想进监狱

3. 我希望能再找一份工作，重新有房有车

表 9–2 安东尼奥的会谈安排

模块	会谈序号	对应的章节
初始的动机会谈	1	第 2 章
评估与治疗计划	2~3	第 3 章
自我监测	4~5	第 4 章
技巧训练，针对引发因素：问题解决技巧	6~7	第 6 章
技巧训练，针对赌博：拒绝技巧	8~9	第 6 章
技巧训练，针对愤怒：自信决断表达和沟通技巧	10~11	第 6 章
认知技巧，针对赌博	12	第 5 章
强化性的动机会谈（注）	13	第 2 章
认知技巧，针对愤怒	14	第 5 章
暴露和反应阻止，针对愤怒	15~18	第 6 章
痛苦耐受：肌肉放松	19	第 6 章
正念	20~21	第 6 章
维持改变和结束治疗	22~25	第 8 章

注：在第 13 次会谈时，安东尼奥表达出了明显的不和谐，而且怨恨妻子和前上司导致自己不得不参加治疗。于是，安东尼奥和咨询师将原计划进行的认知重建会谈予以延后，先进行了一次 MI 的会谈，并聚焦于降低不和谐。

干预结果

- 安东尼奥参加了全部会谈的 90%，并完成了大约 75% 的会谈以外练习。在治疗期间，他的赌博问题未出现任何复发。他出现过两次言语攻击，但都没有升级为肢体攻击，而且这两次发作都是在前 10 次会谈期间发生的。

- 在治疗结束时，他达成了自己的目标：保住了家庭，也没有进监狱。此外，他还完成了一个职业康复项目，并且参加了当地社会服务机构提供的债务管理计划。

- 安东尼奥更好地理解了自己的引发因素、行为（赌博与愤怒）及其维持性后果之间的关系。在治疗结束时，他向咨询师表达了谢意，感谢自始至终的体恤与接纳，以及帮助他认识到了要如何更好地管理自己的冲动。

慢性癌痛和抑郁

第二个案例，需要探讨和处理疼痛管理中的典型议题、遵医嘱服药的困难以及当事人并存的抑郁心境。在疼痛的自我管理中，MI 和 CBT 两者都是学界所推荐的方法，也都会聚焦在遵医嘱服药行为以及对其他疼痛管理技巧（如放松技巧）的使用依从性上（Dorflinger, Kerns, & Auerbach, 2013）。独立使用 MI，可帮助罹患慢性疾病以及其他躯体问题的人群减少抑郁症状（Naar & Flynn, 2015）。而在处理疼痛管理时，先用 MI 打基础，也可以在一定程度上改善抑郁的心境。

个案情况

洛娜，46 岁的白人女性，在治疗乳腺癌（含手术）后出现了慢性疼痛，而且当两年前被确诊为乳腺癌后，她就出现了抑郁症状，并在后续的癌症治疗中也一直存在。在经历了手术及放化疗治疗后，洛娜的病情有所缓解；但她也持续体验着周边神经病变、疲劳以及术后的手臂活动受限。洛娜和丈夫以及两个儿子（13 岁和 17 岁），一家四口住在一座小镇上，从其住处到从业者这里的交通很不方便。家人都是支持她的，但他们跟洛娜的关系也被这两年来繁重的照护职责所累，在后续相处时，不再那么愉快了。而雪上加霜的是，洛娜的自我价值感因为身体外形的变化，受到了严重的打击：她的两侧乳房均被切除，也没有进行相应的整形手术，因为治疗方案中并未包含这一项。洛娜的目标之一，是希望家人们重新愿意跟自己相处，相处时开心一些。洛娜目前失业，已经领取了一段时间的残障福利金，但在两个月前被停发，因为评估认为她已经有能力再次回归工作了，所以她的福利资格被终止。这段时间以来，洛娜既被财务问题所困扰，也在担心自己因为不可控的疼痛而没有办法去工作。除了改善和家人的关系，洛娜也想提高自己的生活质量，还有可以重新地去爱自己。

经医生转介，洛娜来参加了针对抑郁和疼痛管理的门诊治疗。医生同时也向她推荐了一名理疗师和一名疼痛专科医师，洛娜拒绝了理疗，因为她觉得不管用而且往返交通也很不方便，但她约见了疼痛专科医师，在过去的四个月里，每月见一次。目前洛娜的处方药是奥施康定（每12小时服用20毫克，片剂）。她认为自己的疼痛并未得到充分的缓解。从业者与洛娜的疼痛专科医师（佩里医生）磋商讨论后发现，洛娜没有遵医嘱服药，经常是剂量不足或不在正确的时间服用。因为她觉得自己就"不应该"吃奥施康定，而且这药造成了肠胃问题/便秘。她不按医嘱使用软便剂，也不去练习护士教授的放松技巧。佩里医生认为，先提升洛娜的服药依从行为，才能有助于准确地评估和调整她的药物，因为显著缓解疼痛才是目的所在，而不是简单地增加药物剂量。另外，再补充结合一些自我管理的技巧，应该也会产生协同效应。

对于心理治疗，洛娜是持怀疑态度的，她并不太相信这能有助于缓解疼痛，而在治疗的过程中，她也很多次地又折回到这种看法上去了。

功能评估与治疗计划

对慢性癌痛和抑郁进行一次功能评估，是治疗计划中的一部分（如图 9–2 所示）。洛娜优先考虑的是缓解疼痛，好让自己有能力回归工作。她同意要针对遵医嘱服药的行为进行工作，先提升自己的药物依从性，看看这会不会有助于管理疼痛。她也认同了理疗可能会有助于缓解疼痛，但因为交通和财务方面的困难，还是觉得没办法定期约见理疗师。洛娜获得了一个社工方面的转介资源，来帮助她处理上述困难，洛娜也认为假如自己能有办法去准备和安排跟理疗师的工作，那么她是会去考虑接受理疗的。对于缓解抑郁，洛娜认为除非先控制了疼痛，否则是没有希望的。因此，她选择了循序干预：先工作疼痛管理，然后再工作抑郁。她也同意在处理了疼痛问题之后，尝试行为激活。洛娜的其他关注点还有提升自己的社会支持，以及少去担心别人是不是怀疑她疼痛的真实性。表 9-3 展示了治疗的方案和改变语句，表 9-4 则呈现了会谈的内容及对应的章节。

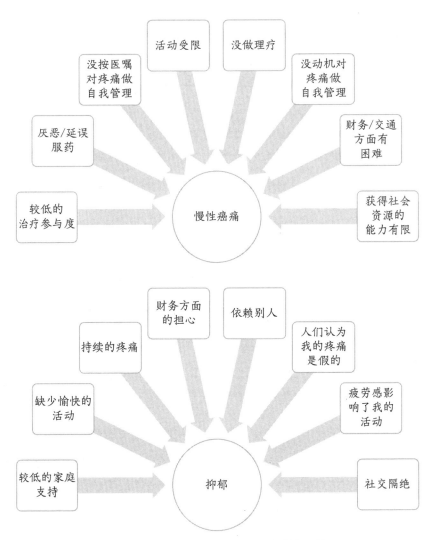

图 9-2 对洛娜目标行为 / 问题的功能评估

表 9–3   **洛娜的治疗方案**

目标行为/症状/问题	总体目标和具体目标	治疗方案
1. 慢性癌痛	（1）缓解疼痛：疼痛评分表（0~10分）高于5分的情况，每周只有1天 （2）在两个月内，回归兼职工作（该目标后被搁置）	（1）遵医嘱服药：自我监测；组织与规划技巧 （2）痛苦耐受：正念练习；渐进式肌肉放松 （3）参加理疗
2. 抑郁感	（1）每天至少做一件愉快的活动 （2）增加与别人的支持性联络：每周至少三次（其中至少有一次是要走出家门进行的） （3）把对于"别人是否怀疑自己疼痛真实性"的担心，替换成更有帮助的想法	（1）行为激活：自我监测；制定活动时间表 （2）运用沟通技巧，建立社会支持：评估需求与资源，一个建立社会支持的方案；训练沟通技巧 （3）担心别人的看法：认知重建

对我来说，为什么这个方案很重要？请列出三点原因：

1. 我想提升自己的生活质量

2. 我希望家人们愿意和我相处，开心一些

3. 虽然人生中发生了一些我自己也不可控的变故，但我依然希望可以爱我自己

表 9–4   **洛娜的会谈安排**

模块	会谈序号	对应的章节
初始的动机会谈	1	第2章
评估与治疗计划	2	第3章
疼痛的自我监测	3	第4章
强化性的动机会谈，针对治疗的参与度（注1）	4	第2章
技巧训练，针对疼痛：组织与规划技巧	6~7	第6章
技巧训练，针对疼痛：正念	8~9	第6章
强化性的动机会谈，针对会谈以外的练习（注2）	10	第7章
技巧训练，针对疼痛：放松	11	第6章
强化性的动机会谈，针对参加会谈及抑郁感（注3）	12	第7章
抑郁：行为激活	13	第4和6章
行为激活（继续）	14	第6章

续前表

模块	会谈序号	对应的章节
抑郁：运用沟通技巧来建立社会支持	15	第6章
抑郁：认知重建	16	第5章
结束治疗	17	第8章

注1：洛娜搁置了"回归兼职工作"这个目标，并决定就残障福利金被终止一事提起申诉。在第4次会谈时，她也提出了想终止治疗。治疗师将原计划进行的训练组织与规划技巧的会谈予以延后，先进行了一次MI的会谈，聚焦于重新导进洛娜，使她再次参与到治疗之中。

注2：洛娜在第8次和第9次会谈后，并没有做会谈以外的正念练习。所以第10次进行了一次MI的会谈，讨论了有效治疗与练习之间的关系，并支持了自主性。洛娜决定稍微尝试一点正念的方法，但也希望换成正念里的另一种技巧/练习。

注3：洛娜在第11次会谈后，仍然没有做会谈以外的正念练习，而且也在考虑结束心理治疗，因为她对心理治疗不抱希望，还觉得这占用了参加其他治疗的时间。治疗师使用MI的技术，重新导进当事人，然后双方一起确定了新的焦点——工作抑郁心境。

干预结果

- 洛娜参加了全部会谈的85%，并完成了大约50%的会谈以外练习。

- 她通过当地的社会服务机构获得了个案管理服务，来帮助自己解决财务和交通上的问题。

- 疼痛评分表（0~10分）高于5分的情况，从每周7天减少到了3天。这可能是因为洛娜更好地按医嘱服药了，也开始使用了辅助药物来解决肛肠方面的副作用。洛娜计划在结束心理治疗后开始进行理疗。

- 洛娜每周有5天，每天至少做了一件愉快的活动。

- 洛娜与别人的支持性联络，增加到了每周至少三次（其中至少有一次是走出家门进行的）。

- 洛娜关于"别人是不是怀疑自己疼痛真实性"的担心明显减少；同时，在针对抑郁的几次会谈全部完成之前，她就先行结束了治疗。但洛娜认为，经过治疗后，自己的心情（心境）已经得到了显著的改善。

- 在治疗结束时，洛娜说自己已经朝着目标取得了满意的进步。她仍然觉得疼痛并未得到有效的管理，但她改善了家庭关系，减少了社交孤立，而且愉快的活动也更多了，这些都提升了她的生活质量。洛娜说家人们主动跟她聊天了，主动地跟她一起做一些事了，不再回避她了，而且她也重新觉得自己是一个被爱、被欢迎的人了。

我们用以上两个案例素材，向大家展示了如何将 MI-CBT 的整合取向，运用在许多不同的目标行为或问题领域之中。

对 MI–CBT 两难情境的总结

所有前文提及的 MI-CBT 两难情境，总结起来都有一个共同的主题：如何把握会谈的时机，以及安排会谈的内容。例如，什么时候我们要继续使用 MI 的方法来处理矛盾心态，而什么时候我们又要转入到 CBT 的任务中呢？在 MI 中，从业者可能会继续导进和唤出当事人，暂时不会进入到计划过程，因为当事人还没有对改变表达出充分的决心 / 承诺。但在 CBT 中，矛盾心态可能还没有处理充分，当事人就会进入 CBT 的干预了。我们的建议是，在当事人准备好进入下一步的工作之前，从业者或许可以安排一次甚至两次以上的会谈来培养动机，同时，从业者也需要做到心中有数，规划好在之后的某一时刻就要将工作转入到 CBT 的步骤里来了，以此作为一种行为实验。而在后续的 CBT 会谈中，如果当事人的矛盾心态再次干扰了会谈的进展，从业者可以继续导进、聚焦以及唤出当事人对于改变目标行为和参加会谈的动机。

如果当事人自己偏好的解决方案与从业者所了解的循证依据互不一致或背道而驰（当事人想要的 vs 他们需要的），我们该怎么办呢？对此，可以考虑以下几种选择。

- 第一种选择，从业者可以告知当事人（通过 ATA）哪些是 CBT 的必要成分，所以如果当事人还没准备好做这些任务，那么可能就是没有准备好做 CBT 的干预了。从业者这时可以只使用 MI 来与当事人会谈，或者是先请他们等一等，等准备好做这些 CBT 的必要内容之后，再回来参加会谈。
- 第二种选择，也可以先进行不含某种治疗成分的 MI-CBT 干预，之后如果进步有限，可以再邀请当事人重新考虑做这个部分。
- 第三种选择，从业者也可以和当事人商讨这种治疗成分的替代形式或变式。

那这些选项，究竟该选哪个呢？其实并没有绝对的答案；但以上的思路与策略，可以帮助从业者保持与当事人的合作，让所有的决定都能开诚布公，清晰明了：无论是进行不含某种成分的干预，结束治疗，暂停治疗，还是先继续工作动机来解决矛盾心态。

对 MI–CBT 整合取向的培训

关于怎样有效地培训从业者，MI 和 CBT 作为独立的疗法，在各自的领域中都 有 研 究 文 献（Barwick，Bennett，Johnson，McGowan，& Moore，2012），但对于 MI-CBT 整合取向的训练其实还没有专门的研究发表。据我们所知，目前与该主题有关的、已出版的文献皆来自"药物联合行为干预治疗酒精依赖"（combined pharmacotherapies and behavioral interventions for alcohol dependence，COMBINE）的临床研究（Anton et al.，2006）。斯蒂芬·罗尼克和同事（2005）报告了培训及质量监测的过程。首先，为了缩短 MI 的培训时间，他们决定以"准确共情"的水平作为入训门槛来筛选从业者，做法是使用一个客观的编码系统（Moyers，Martin，Catley，Harris，& Ahluwalia，2003）评估从业者两段 10 分钟的会谈录音。接下来，入训的从业者先阅读 MI 的教科书①以及项目的干预手册，然后再进行为期七天的工作坊培训，他们也会分别观看六段 MI 的训练视频以及三段 CBT 的训练视频。在培训后，从业者需要提交自己和两位当事人进行的 MI-CBT 会谈的全部录音。这些录音会基于一个同时包含了 MI 成分和 CBT 成分的会谈检核表，得到编码。这种编码反映的是，相应的治疗成分是否存在，但并未评估其质量如何。

特雷莎·B. 莫耶斯和同事们在关于"匹配当事人异质性的酒瘾治疗"（matching alcoholism treatment to client heterogeneity，MATCH）的研究中，比较了 MI、CBT 以及十二步戒酒法对于酒瘾的干预（Moyers et al.，2007），虽然他们针对大量的会谈进行了编码工作，但对于 MI 和 CBT 整合后，在 CBT 的会谈中如何使用 MI 的忠实度编码系统，这方面的信息却比较有限。特雷莎·B. 莫耶斯等人发现，虽然咨询师的 MI 技巧并未在 CBT 以及十二步戒酒法的会谈中得到编码，但当事人的

---

① 指威廉·R. 米勒与斯蒂芬·罗尼克在 1991 年出版的第 1 版《动机式访谈法》（*Motivational Interviewing: Preparing People to Change Addictive Behavior*）。——译者注

改变语句与其在物质使用上的行为改变是相关的，而且这种关系是跨疗法存在的。这些数据表明，当事人语言和治疗结果之间的关系同样可见于 MI 以外的其他疗法之中，这也许意味着：唤出改变语句，可能是一种跨治疗取向的共通机制。

为了评估在整合性的 MI-CBT 会谈中从业者使用 MI 的忠实度，我们编制了一个评定量表并获得了初步的数据。在一个小样本的先导性研究中，督导师使用了一个四点量表来评估咨询师在 MI 成分上的表现。基于测量学模型（Chapman，Sheidow，Henggeler，Halliday-Boykins，& Cunningham，2008）得到的初步数据，显示出了一些前景：这些 MI 的成分形成了一个维度；这个四点量表可按预期的形式来使用；这些成分可涵盖评估全部的咨询师以及当事人的家属；这些成分可以区分出 MI 忠实度的五个水平。最终版本的 MI 忠实度量表（Naar & Flynn，2015）见表 9–5，而且若干个由联邦政府资助的研究项目目前也正在使用该量表。

表 9–5　　　　　　　评估 CBT 会谈中的 MI 忠实度：MI 教练评定量表

题目	定义
1. 从业者主动培养与当事人的共情，至诚为人	从业者理解或努力把握当事人的观点与感受，并将自己的理解表达给当事人
2. 从业者主动培养与当事人的合作	从业者与当事人商讨各种事项，并避免专制立场。合作，如同双方在共舞，而非角力 / 摔跤
3. 从业者支持当事人的自主性	从业者看重当事人的自由选择，并重申当事人自己才是改变的关键所在，改变源于他们的内心，外界或他人不能强加
4. 从业者致力于唤出当事人对于改变的意见、看法、点子以及动机	从业者传达出一种理念：改变的动机与能力，主要源于当事人自己。因此，从业者会致力于在治疗性的会谈中引出、展开和强化源于当事人自身的动机与能力
5. 从业者平衡当事人的议题 / 议程，保持对目标行为的聚焦	从业者保持合适的焦点，既聚焦着特定的目标行为或问题，也同时处理着当事人所关切的主题
6. 从业者展现出了反映性倾听的技巧	平衡反映性倾听与提问的频率

续前表

题目	定义
7. 从业者有方向、有目的地运用反映性倾听	低水平的反映，是不准确的、冗长的或不清晰的；高水平的反映，可起到表达共情、建立差距、强化改变语句、减少阻抗的作用，即有方向、有目的地去提升当事人的动机
8. 从业者运用肯定来强化当事人的优势、强项以及正向的行为改变	从业者肯定当事人的个人品质或努力，从而促进具有建设性的改变以及当事人继续为改变投入努力
9. 从业者有效地运用摘要	摘要是将当事人之前说过的两句或更多话语中的观点集合在一起，至少要涵盖和传达出两种不同的观点，而不是对同一个观点做两个反映。摘要是一种积极主动的倾听，并将当事人的"故事"反映给他们自己。摘要既有助于会谈的结构化，也能朝着改变的方向引导当事人
10. 从业者提问开放式问题	提问开放式问题，有助于获得更大范围的、各种可能的回答。提问封闭式问题，可能只会获得当事人非常简短的回应（如"对/错""是/不是"）。多重选择式问题，可作为开放式问题的一种类型，在当事人对开放式或略抽象的问题不知如何回答时尤其适用
11. 从业者征询当事人的反馈	从业者询问当事人对于信息、建议、反馈等的反应，即MI中的征询－告知－征询（A-T-A）或引出－提供－引出（E-P-E）
12. 从业者管理持续语句与不和谐	从业者对于不和谐及持续语句的回应，既使用了反映性倾听，也具有方向性。当事人说出的反对改变的话语，可能是直接针对目标行为的，也可能是关于参加治疗的，或者是关系上的不和谐。不和谐指当事人与从业者之间的紧张关系（角力/摔跤）

综上，我们对于如何在 CBT 中训练 MI 的从业者，或者如何在 MI 中训练 CBT 的从业者，都还知之甚少。COMBINE 研究针对具备了准确共情基础的从业者，为他们培训了 MI-CBT 整合取向，但培训的具体内容并未公开发表。我们两位作者，以威廉·R. 米勒与斯蒂芬·罗尼克的动机式访谈教科书（2013）为基础，进行了 MI-CBT 整合取向的培训。表 9–6 给出了我们的 MI-CBT 培训方案，培训对象是新手从业者，旨在直接就以整合取向来入手学习，而不是放到以后再去做结合。如果

读者希望了解更多关于 MI-CBT 培训以及 MI-CBT 忠实度评估方面的信息，可前往"行为改变咨询研究所"（Behavior Change Consulting Institute）的网站查询。

表 9–6	MI-CBT 整合取向的培训方案
第 1 步	MI 的精神与 CBT 的技术（反映性倾听、开放式问题、ATA）
第 2 步	导进过程；向着"设定会谈的议题／议程"来练习导进
第 3 步	聚焦过程；向着"形成治疗的计划"来练习聚焦
第 4 步	唤出过程；向着"讨论做自我监测的原因与道理"来练习唤出
第 5 步	计划过程；向着"落实自我监测的任务"来练习制定方案
第 6 步	在初始会谈中，完成 MI 所有的四个过程
第 7 步	在建立认知行为技巧的会谈中，完成 MI 所有的四个过程

新议题

多种健康行为的改变与共病

近 10 年来，鉴于各种障碍或问题的共病及共变（covary）现象，学界已越来越关注多种行为的改变（Prochaska, Spring, & Nigg, 2008）。同时，聚焦两种或更多的具有相关性的目标行为，可能比单独地、分别地针对每一种目标行为更为高效，即在成本更低、资源消耗更少的情况下，从业者帮助当事人达成一些有意义的改变（Prochaska et al., 2008）。2011 年有一篇综述显示，只有四项研究直接比较了针对多种行为改变的同时干预和循序干预（Prochaska & Prochaska, 2011）。其中的三项研究，分别关注了"戒烟与饮食管理"（Spring et al., 2004）、"戒烟与戒酒"（Joseph, Willen-bring, Nugent, & Nelson, 2004）以及"身体锻炼与饮食管理"（Vandelanotte, De Bourdeaudhuij, Sallis, Spittaels, & Brug, 2005）。这三项研究表明，在长期疗效上，同时干预和循序干预并无差异。另一项研究聚焦于"身体锻炼、戒烟和钠摄入行为"，其表明同时干预的效果要优于循序干预（Hyman, Pavlik, Taylor, Goodrick, & Moye, 2007）。以上研究大部分采用了技巧训练性质的干预，但未必使用了 MI 的技术或风格。不过，当综合性地回顾针对身体锻炼和营养摄入行为的元分析研究后，我们也发现单一的行为干预（单独针对身体锻炼的干预，或者单独针对营养摄入行为的干预），其效果要优于同时干预这两种目标行为（Sweet & Fortier，2010）。我们在写作本书时，也找到了截至当时已发表的一项研究（King et al.，2013），其比较了针对身体锻炼和营养摄入行为的几种不同的干预形式：同时干预这两种目标行为；循序干预，先聚焦身体锻炼；循序干预，先聚焦营养摄入行为；以及控制组。在四个月的干预后，发现"循序干预，先聚焦身体锻炼"效果要优于其他的三种形式；而循序干预和同时干预的效果都要优于控制组。但在长期疗效上（12 个月后），这四种干预形式没有差异，除了以下的例外："循序干预，先聚焦营养摄入行为"似乎对身体锻炼方面的改变产生了压制作用。所以，在该项研究中，当综合了上述发现后，研究者们建议采用同时干预。

> 同时聚焦两种或更多的具有相关性的目标行为，可能比单独地、分别地针对每一种目标行为，更具效率，即在成本更低、资源消耗更少的情况下，从业者帮助当事人达成一些有意义的改变。

类似的考量也出现在针对共病的治疗中（Mueser & Drake，2007）。相应的选择也有循序治疗、平行治疗以及整合治疗（Ries，1996）。以历史经验看，最常见的是循序治疗（sequential treatment），而且在心理健康共病物质滥用的案例中，当事人一般也是先接受一种系统的治疗，然后再接受由不同从业者实施的其他治疗。在平行治疗（parallel treatment）中，不同的治疗会同时开展，而如果这些治疗还是由不同从业者所提供的，那么这些从业者之间的充分协作就变得极为重要了。在整合治疗（integrated treatment）中，不同的治疗也是同时进行的，但都会由同一位从业者来提供，而且所治疗的几种障碍或问题之间的相互关系也会被拿出来专门讨论和处理。从业者还会针对类似的症状群采用相同的干预方法。不过，究竟哪种治疗形式最好，这方面的数据与信息同样也是比较有限的。

就临床经验而言，我们发现：如果基于行为功能分析，几种目标行为具有相似的前因，那么同时聚焦并干预这些目标行为可能是有好处的。但同时，尝试多种行为的改变也会让一些当事人感到不堪重负。因此，鉴于目前还没有研究可以明确地说明对于多种行为的改变，是同时进行更好，还是循序进行更好，所以我们有理由认为：向当事人提供相应的选项，由他们自己来选择，这才是最好的方式，而且也是双方合作性制定治疗计划的一种体现。

接纳与承诺疗法和 MI

接纳与承诺疗法（acceptance and commitment therapy，ACT）（Hayes，Strosahl，& Wilson，2012），可能是被研究得最多的"第三代"疗法（第一代是行为疗法，第二代是认知行为疗法）。第三代疗法关注于改变心理事件的功能，而非改变或矫正这些心理事件本身（Hayes，2004）。（请读者注意：辩证行为疗法有时被算作第三代疗法，有时又被认为是第二代疗法，所以我们将其放在了第6章予以讨论。）ACT 的目标是提升当事人关注当下的正念能力，以及促进他们去做符合自身核心价值观的行为。这些目标将通过 ACT 的六个核心过程得以实现：接纳、认知解离（即去接纳负面的想法，而非认知重建）、关注当下、以己为景（即去观察世界，而非解释）、明确价值观以及承诺行动。最近有一项元分析研究（Davis，Morina，Powers，Smits，& Emmelkamp，2015），回顾了 39 项临床随机对照试验，显示 ACT 比等待组及常规治疗组更为有效。

我们在整合 MI 与 CBT 的共同成分时，并没有去特别地涵盖 ACT，当然我们也将正念作为一种技巧在第6章中进行了讨论。乔纳森·布里克（Jonathan Bricker）和肖恩·托利森（Sean Tollison）比较了（2011）MI 与 ACT 的概念化以及临床方法。MI 关注语言的内容（如改变语句和持续语句），而 ACT 则关注和心理病理有关的语言过程（例如，当事人如何运用语言来解释环境或背景）。但二者所具有的一些相似性，似乎也在表明它们的整合是可行的。这些相似性包括都关注对于行为改变的决心/承诺、都使用当事人的价值观来加强其决心/承诺、都针对当事人的语言进行工作以达成各自的干预目标。当然，未来还需要进行相应的随机临床试验以及临床案例研究，才能更具体地阐述这种整合，并证明其临床效力。

使用外在的强化物

MI 着重培养当事人的内部动机，而一些行为取向的干预则着重于系统化地使用外在的强化物，例如对尿检阴性或体重减轻给予购物券、运用代币制和家庭行为方案。对此有一种担忧是，使用外在的强化物反而会削弱当事人的内部动机。不过，针对内部动机和外部动机的一些研究表明，这二者似乎是彼此独立的现象，而非此消彼长地相互影响（Lepper，Corpus，& Iyengar，2005）。还有一些研究者指出，工作内部动机与工作外部动机之间存在累加效应（即聚焦在内部动机，如个人目标的实现，同时也使用外在的强化物，如对达成目标给予物质奖励）。同时聚焦于内部和外部这两个方面，还能产生协同效应。所以，在使用外在强化物的同时，也运用 MI 的技术，能够有助于当事人去发现和确定"对于保持新的行为改变"自己内心的理由（Carroll & Rounsaville，2007；Vallerand，1997）。

另外，从业者应通过选项菜单的形式来提供外在的强化物，从而支持当事人的自主性，减少持续语句与不和谐。从业者可使用相应的唤出技巧来引出并强化当事人的改变语句，以及去巩固由外部动机所产生的决心 / 承诺语句，从而继续促进着动机的内化过程。例如，从业者可以这样说："我知道，你说你现在就是为了顺利完成缓刑才这样做的。那么，假如你继续保持这样的行为改变，生活会是什么样子的呢？"或者"你完成了 30 分钟的运动，所以可以获得奖励了，同时，你也说当做到这些时，你觉得自己更强大了。你认为这样的经历，跟你希望的自己要成为一个坚强、独立的人，二者之间是怎样的关系呢？"综上，外在的强化过程会让矛盾的天平向着改变产生倾斜，而 MI 则通过提升内部动机来继续保持和促进着这些初始的改变。关于整合 MI 与外部强化过程（如行为的因果关联管理）的最佳方式，目前的研究还很少，不过也已经有了一些证据表明二者的结合是具有效力的（Carroll et al.，2006；Naar-King et al.，2016）。

通过科技实施 MI-CBT 的整合治疗

通过科技实施的行为干预，近 10 年来取得了迅速的发展。一些元分析研究回顾了计算机实施的 CBT，显示该形式的干预比无治疗的控制组要更具效力（Adelman，Panza，Bartley，Bontempo，& Bloch，2014；Ebert et al.，2015）。但此类数据是存在局限性的，因为这些研究并未与"面对面"的治疗方式做比较，而人际成分恰恰又是 MI-CBT 中共通的核心成分。有一些研究已表明，计算机实施的 MI 具有效力（Kiene & Barta，2006；Naar-King，Outlaw，et al.，2013；Ondersma，Chase，Svikis，& Schuster，2005；Ondersma et al.，2012；Ondersma，Svikis，& Schuster，2007；Ondersma，Svikis，Thacker，Beatty，& Lockhart，2014；

Schwartz et al.，2014；Tzilos，Sokol，& Ondersma，2011），但针对计算机实施的 MI 和面对面的 MI 进行比较的研究还很不足。虽然一些关于 MI 的研究中包含了如行为技巧的 CBT 成分，但通过科技实施 MI-CBT 的整合治疗，还没有得到充分的研究，而这也是今后的一个研究领域。

结语

整合性（统一方案或跨诊断）治疗可能是未来的潮流，但如何更好地学习 MI、CBT 以及二者的整合取向，这方面我们还了解得有限，仍在摸索之中。学习新的疗法，和学习新的语言很像。所以，是将 MI-CBT 当成两门语言去学习，还是就作为一门语言来学习呢？当两门语言都很流利时，我们可能会以其中的一种语言为主，因为这是最初学习的语言，而且用得更多，而另一种语言在习得以后又可以帮助我们驾驭全新的语境。在语言学中，术语"语码转换"（code switching）是指一个人在一个对话中交替使用两种语言（Milroy & Muysken，1995）。近来，语言学家们又区分出了"语码混用"（code mixing）这一概念，指两种语言经融合后形成了一种"双语汇流"，即一种相对稳定的混合语言，如"西班牙英语"[①]（Spanglish）。我们认为这种双语汇流更像 MI-CBT 的整合取向。其实无论大家觉得自己是"语码转换"还是"语码混用"，现在已经明确的是，双语者在很多认知领域都具有优势（Adescope，Lavin，Thompson，& Ungerleider，2010）。

学习一门或几门新的语言，如果存在诀窍的话，我们认为那一定就是"练习"了。回顾本书中的练习题，独立完成或在同辈小组中完成，都是非常有帮助的。观摩有经验从业者的 MI-CBT 会谈，会是非常重要的示范学习资源（请见特雷莎·B.莫耶斯在 COMBINE 研究中的教学视频）。回听自己或朋辈咨询师的会谈录音，并针对 MI 和 CBT 的胜任力进行编码，可提升大家相应的知识与技能。虽然 MI-CBT 整合取向的编码系统还不成熟，但大家可以对同一段会谈录音分别做 MI 的胜任力编码和 CBT 的胜任力编码。我们提到的几种 MI 的编码系统，其中至少可能有两种也适

> 学习一门或几门新的语言，如果存在诀窍的话，我们认为那一定就是"练习"了。

---

① 类似的现象还有"洋泾浜英语"或"中式英语"。——译者注

合 CBT 的会谈来使用，它们包括：动机式访谈治疗忠实度编码系统（MI Treatment Integrity Coding System，MITI）[①]；COMBINE 研究手册中包含的 MI 成分和 CBT 成分的会谈检核表；MI 教练评定量表（见表 9–5）；已发表的 MI-CBT 整合治疗的忠实度评估（Haddock et al.，2012）。

最后，请大家铭记：具备指导性反馈的经久练习，才是从业者通向精湛纯熟的关键所在。该要领可有助于你走好这条整合 MI-CBT 的学习之路。在阅读完本书后，你可以继续自己的改变之旅，包括参加工作坊、寻求教练与督导、回顾会谈录音、参加朋辈督导，以及重中之重的是多去倾听年轻人的谈话。这些路径都有助于你学习 MI-CBT 的整合取向。那么接下来，你会选择其中的哪一个呢？

✎ 从业者的练习 9–1

对于 MI-CBT 整合取向，我的改变计划

对于 MI-CBT 整合取向的自我训练，大家可以考虑以下这些选项：钻研这本书；参加工作坊；学习 MI-CBT 取向的会谈录音；对自己的会谈录音进行编码；以及尝试教授和训练其他的从业者学习 MI-CBT 取向。请你就"继续 MI-CBT 整合之旅"，制订出自己的改变计划。

练习目的：练习制订相应的计划 / 方案，来帮助你自己继续建立和发展"实施 MI-CBT"的技能。

指导语：请填写下面的改变计划表，并分享给你的同事或学习伙伴。

[①] MITI 4.2.1 的中文普通话版本，作者特蕾莎·B. 莫耶斯博士已授权翻译，感兴趣的读者可以通过邮件 101407748@qq.com 联系辛挺翔老师。——译者注

我的改变计划

为了实施 MI-CBT，我想做的（行为 / 行动 / 改变）

_____

_____

_____

_____

_____

这样做对我很重要，因为

_____

_____

_____

_____

我准备按以下步骤进行（做什么、何时做、在哪儿做、怎么做）

_____

_____

_____

_____

可能遇到的困难	怎么办
如果……	那我就……
_____	_____
_____	_____
_____	_____
_____	_____

参考文献

Abraham, C., & Michie, S. (2008). A taxonomy of behavior change techniques used in interventions. *Health Psychology, 27*(3), 379–387.

Addis, M. E., & Carpenter, K. M. (2000). The treatment rationale in cognitive behavioral therapy: Psychological mechanisms and clinical guidelines. *Cognitive and Behavioral Practice, 7*(2), 147–156.

Adelman, C. B., Panza, K. E., Bartley, C. A., Bontempo, A., & Bloch, M. H. (2014). A meta-analysis of computerized cognitive-behavioral therapy for the treatment of DSM-5 anxiety disorders. *Journal of Clinical Psychiatry, 75*(7), e695–e704.

Adescope, O. O., Lavin, T., Thompson, T., & Ungerleider, C. (2010). A systematic review and meta-analysis of the cognitive correlates of bilingualism. *Review of Educational Research, 80*(2), 207–245.

Amati, F., Barthassat, V., Miganne, G., Hausman, I., Monnin, D. G., Costanza, M. C., et al. (2007). Enhancing regular physical activity and relapse prevention through a 1-day therapeutic patient education workshop: A pilot study. *Patient Education and Counseling, 68*(1), 70–78.

Anderson, E. S., Wojcik, J. R., Winett, R. A., & Williams, D. M. (2006). Social-cognitive determinants of physical activity: The influence of social support, self-efficacy, outcome expectations, and self-regulation among participants in a church-based health promotion study. *Health Psychology, 25*(4), 510–520.

Andersson, E. K., & Moss, T. P. (2011). Imagery and implementation intention: A randomised controlled trial of interventions to increase exercise behaviour in the general population. *Psychology of Sport and Exercise, 12*(2), 63–70.

Anton, R. F., O'Malley, S. S., Ciraulo, D. A., Cisler, R. A., Couper, D., Donovan, D. M.,et al. (2006). Combined pharmacotherapies and behavioral interventions for alcohol dependence: The COMBINE study: A randomized controlled trial. *Journal of the American Medical Association, 295*(17), 2003–2017.

Auer, P. (1999). From codeswitching via language mixing to fused lects toward a dynamic typology of bilingual speech. *International Journal of Bilingualism, 3*(4), 309–332.

Babor, T. F. (2004). Brief treatments for cannabis dependence: Findings from a randomized multisite trial. *Journal of Consulting and Clinical Psychology, 72*(3), 455–466.

Bandura, A. (2004). Health promotion by social cognitive means. *Health Education and Behavior, 31*(2), 143–164.

Barkley, R. A. (Ed.). (2015). *Attention-deficit hyperactivity disorder: A handbook for diagnosis and treatment* (4th ed.). New York: Guilford Press.

Barth, R. P., Lee, B. R., Lindsey, M. A., Collins, K. S., Strieder, F., Chorpita, B. F., et al. (2012). Evidence-based practice at a crossroads: The timely emergence of common elements and common factors. *Research on Social Work Practice, 22*(1), 108–119.

Barwick, M. A., Bennett, L. M., Johnson, S. N., McGowan, J., & Moore, J. E. (2012).Training health and mental health professionals in motivational interviewing: A systematic review. *Children and Youth Services Review, 34*(9), 1786–1795.

Beck, J. S. (2011). *Cognitive behavior therapy: Basics and beyond* (2nd ed.). New York: Guilford Press.

Bell, A. C., & D'Zurilla, T. J. (2009). Problem-solving therapy for depression: A meta-analysis. *Clinical Psychology Review, 29*(4), 348–353.

Berking, M., Meier, C., & Wupperman, P. (2010). Enhancing emotion-regulation skills in police officers: Results of a pilot controlled study. *Behavior Therapy, 41*(3), 329–339. Berking, M., & Whitley, B. (2014). Emotion regulation: Definition and relevance for mental health. In *Affect regulation training; A practitioner's manual* (pp. 5–17). New York: Springer.

Beshai, S., Dobson, K. S., Bockting, C. L., & Quigley, L. (2011). Relapse and recurrence prevention in depression: Current research and future prospects. *Clinical Psychology Review, 31*(8), 1349–1360.

Bickel, W. K., & Mueller, E. T. (2009). Toward the study of trans-disease processes: A novel approach with special reference to the study of co-morbidity. *Journal of Dual Diagnosis, 5*(2), 131–138.

Bird, V., Premkumar, P., Kendall, T., Whittington, C., Mitchell, J., & Kuipers, E. (2010). Early intervention services, cognitive-behavioural therapy and family intervention in early psychosis: Systematic review. *British Journal of Psychiatry, 197*(5), 350–356.

Bordin, E. S. (1979). The generalizability of the psychoanalytic concept of the working alliance. *Psychotherapy: Theory, Research and Practice, 16*(3), 252–260.

Borkovec, T. D., Wilkinson, L., Folensbee, R., & Lerman, C. (1983). Stimulus control applications to the treatment of worry. *Behaviour Research and Therapy, 21*(3), 247– 251.

Brehm, J. W. (1966). *A theory of psychological reactance.* New York: Academic Press. Bricker, J., & Tollison, S. (2011). Comparison of motivational interviewing with acceptance and commitment therapy: A conceptual and clinical review. *Behavioural and Cognitive Psychotherapy, 39*(5), 541–559.

Burke, L. E., Wang, J., & Sevick, M. A. (2011). Self-monitoring in weight loss: A systematic review of the literature. *Journal of the American Dietetic Association, 111*(1), 92–102.

Carroll, K. M., Easton, C. J., Nich, C., Hunkele, K. A., Neavins, T. M., Sinha, R., et al. (2006). The use of contingency management and motivational/skills-building therapy to treat young adults with marijuana dependence. *Journal of Consulting and Clinical Psychology, 74*(5), 955–966.

Carroll, K. M., & Rounsaville, B. J. (2007). A vision of the next generation of behavioral therapies research in the addictions. *Addiction, 102*(6), 850–862.

Chapman, J. E., Sheidow, A. J., Henggeler, S. W., Halliday-Boykins, C. A., & Cunning-ham, P. B. (2008). Developing a measure of therapist adherence to contingency management: An application of the

Many-Facet Rasch Model. *Journal of Child and Ado- lescent Substance Abuse, 17*(3), 47–68.

Chasteen, A. L., Park, D. C., & Schwarz, N. (2001). Implementation intentions and facilitation of prospective memory. *Psychological Science, 12*(6), 457–461.

Chen, J., Liu, X., Rapee, R. M., & Pillay, P. (2013). Behavioural activation: A pilot trial of transdiagnostic treatment for excessive worry. *Behaviour Research and Therapy, 51*(9), 533–539.

Chiesa, A., Calati, R., & Serretti, A. (2011). Does mindfulness training improve cognitive abilities?: A systematic review of neuropsychological findings. *Clinical Psychology Review, 31*(3), 449–464.

Chiesa, A., & Serretti, A. (2009). Mindfulness-based stress reduction for stress management in healthy people: A review and meta-analysis. *Journal of Alternative and Com- plementary Medicine, 15*(5), 593–600.

Chorpita, B. F., Becker, K. D., Daleiden, E. L., & Hamilton, J. D. (2007). Understanding the common elements of evidence-based practice. *Journal of the American Academy of Child and Adolescent Psychiatry, 46*(5), 647–652.

Connors, G. J., Walitzer, K. S., & Dermen, K. H. (2002). Preparing clients for alcoholism treatment: Effects on treatment participation and outcomes. *Journal of Consulting and Clinical Psychology, 70*(5), 1161–1169.

Craske, M. G., & Barlow, D. H. (2006). *Mastery of your anxiety and panic: Therapist guide.* New York: Oxford University Press.

Craske, M. G., & Tsao, J. C. (1999). Self-monitoring with panic and anxiety disorders.*Psychological Assessment, 11*(4), 466–479.

Davis, M., Morina, N., Powers, M., Smits, J., & Emmelkamp, P. (2015). A meta-analysis of the efficacy of acceptance and commitment therapy for clinically relevant mental and physical health problems. *Psychotherapy and Psychosomatics, 84*(1), 30–36.

Dimeff, L. A., & Koerner, K. E. (2007). *Dialectical behavior therapy in clinical practice:Applications across disorders and settings.* New York: Guilford Press.

Dimidjian, S., Hollon, S. D., Dobson, K. S., Schmaling, K. B., Kohlenberg, R. J., Addis,M. E., et al. (2006). Randomized trial of behavioral activation, cognitive therapy, and antidepressant medication in the acute treatment of adults with major depression. *Journal of Consulting and Clinical Psychology, 74*(4), 658–670.

Dorflinger, L., Kerns, R. D., & Auerbach, S. M. (2013). Providers' roles in enhancing patients' adherence to pain self management. *Translational Behavioral Medicine, 3*(1), 39–46.

Douaihy, A., Daley, D., Stowell, K., Park, T., Witkiewitz, K., & Marlatt, G. (2007). Relapse prevention: Clinical strategies for substance use disorders. In K. Witkiewitz & A.Marlatt (Eds.), *Therapist's guide to evidence-based relapse prevention* (pp. 37–73). Burlington, MA: Elsevier.

Driessen, E., & Hollon, S. D. (2011). Motivational interviewing from a cognitive behavioral perspective. *Cognitive and Behavioral Practice, 18*(1), 70–73.

Ebert, D. D., Zarski, A.-C., Christensen, H., Stikkelbroek, Y., Cuijpers, P., Berking, M., et al. (2015). Internet and computer-based cognitive behavioral therapy for anxiety and depression in youth: A meta-analysis of randomized controlled outcome trials. *PLoS ONE, 10*(3), e0119895.

Engle, D. E., & Arkowitz, H. (2006). *Ambivalence in psychotherapy: Facilitating readiness to change.* New York: Guilford Press.

Farrell, J. M., Reiss, N., & Shaw, I. A. (2014). *The schema therapy clinician's guide: A complete resource for building and delivering individual, group and integrated schema mode treatment programs.* West Sussex, UK: Wiley.

Fisher, G. L., & Roget, N. A. (2009). *Encyclopedia of substance abuse prevention, treatment, and recovery.* Thousand Oaks, CA: SAGE.

Fixsen, D. L., Naoom, S. F., Blase, K. A., Friedman, R. M., & Wallace, F. (2009). *Implementation research: A synthesis of the literature.* Tampa: National Implementation Research Network, Louis de la Parte Florida Mental Health Institute, University of South Florida.

Fjorback, L., Arendt, M., Ørnbøl, E., Fink, P., & Walach, H. (2011). Mindfulness-based stress reduction and mindfulness-based cognitive therapy: A systematic review of randomized controlled trials. *Acta Psychiatrica Scandinavica, 124*(2), 102–119.

Flynn, H. A. (2011). Setting the stage for the integration of motivational interviewing with cognitive behavioral therapy in the treatment of depression. *Cognitive and Behavioral Practice, 18*(1), 46–54.

Folkman, S. (Ed.). (2011). *The Oxford handbook of stress, health, and coping.* New York: Oxford University Press.

Freeman, A., & McCluskey, R. (2005). Resistance: Impediments to effective psychotherapy. In A. Freeman (Ed.), *Encyclopedia of cognitive behavior therapy* (pp. 334–340). New York: Springer.

Gilbert, P., & Leahy, R. L. (Eds.). (2007). *The therapeutic relationship in the cognitive behavioral psychotherapies.* Hove, East Sussex, UK: Routledge.

Gilmore，S. K.（1973）. *The counselor-in-training.* Englewood Cliffs，NJ: Prentice-Hall.

Gollwitzer, P. M. (1999). Implementation intentions: Strong effects of simple plans. *American Psychologist, 54*(7), 493–503.

Gollwitzer, P. M., & Sheeran, P. (2006). Implementation intentions and goal achievement: A meta-analysis of effects and processes. *Advances in Experimental Social Psychology, 38,* 69–119.

Gordon, T. (1970). *Parent effectiveness training.* New York: Wyden Books.

Green, C. A., Polen, M. R., Janoff, S. L., Castleton, D. K., Wisdom, J. P., Vuckovic, N., et al. (2008). Understanding how clinician–patient relationships and relational continuity of care affect recovery from serious mental illness: STARS study results. *Psychiatric Rehabilitation Journal, 32*(1), 9–22.

Greenson, R. R. (1971). The "real" relationship between the patient and the psychoanalyst. In M. Kanzer (Ed.), *The unconscious today* (pp. 213–232). New York: International Universities Press.

Haddock, G., Beardmore, R., Earnshaw, P., Fitzsimmons, M., Nothard, S., Butler, R., et al. (2012). Assessing fidelity to integrated motivational interviewing and CBT therapy for psychosis and substance use: The MI-CBT Fidelity Scale (MI-CTS). *Journal of Mental Health, 21*(1), 38–48.

Havassy, B. E., Hall, S. M., & Wasserman, D. A. (1991). Social support and relapse: Commonalities among alcoholics, opiate users, and cigarette smokers. *Addictive Behav- iors, 16*(5), 235–246.

Hayes, S. C. (2004). Acceptance and commitment therapy, relational frame theory, and the third wave of behavioral and cognitive therapies. *Behavior Therapy, 35*(4), 639–665. Hayes, S. C., Strosahl, K. D., & Wilson, K. G. (2012). *Acceptance and commitment therapy: The process and practice of mindful change* (2nd ed.). New York: Guilford Press.

Heckman, C. J., Egleston, B. L., & Hofmann, M. T. (2010). Efficacy of motivational interviewing for smoking cessation: A systematic review and meta-analysis. *Tobacco Control, 19*(5), 410–416.

Henman, M. J., Butow, P. N., Brown, R. F., Boyle, F., & Tattersall, M. H. N. (2002). Lay constructions of decision-making in cancer. *Psycho-Oncology, 11*(4), 295–306.

Herz, M. I., Lamberti, J. S., Mintz, J., Scott, R., O'Dell, S. P., McCartan, L., et al. (2000).A program for relapse prevention in schizophrenia: A controlled study. *Archives of General Psychiatry, 57*(3), 277–283.

Hettema, J., Steele, J., & Miller, W. R. (2005). Motivational interviewing. *Annual Review of Clinical Psychology 1*(1), 91–111.

Hofmann, S. G., Asnaani, A., Vonk, I. J., Sawyer, A. T., & Fang, A. (2012). The efficacy of cognitive behavioral therapy: A review of meta-analyses. *Cognitive Therapy and Research, 36*(5), 427–440.

Horvath, A. O., Del Re, A., Flückiger, C., & Symonds, D. (2011). Alliance in individual psychotherapy. *Psychotherapy, 48*(1), 9–16.

Humphreys, K., Marx, B., & Lexington, J. (2009). Self-monitoring as a treatment vehicle.In W. T. O'Donohue & J. E. Fisher (Eds.), *General principles and empirically supported techniques of cognitive behavior therapy* (pp. 576–583). Hobocken, NJ: Wiley. Hyman, D. J., Pavlik, V. N., Taylor, W. C., Goodrick, G. K., & Moye, L. (2007). Simultaneous vs sequential counseling for multiple behavior change. *Archives of Internal Medicine, 167*(11), 1152–1158.

Jacob, J. J., & Isaac, R. (2012). Behavioral therapy for management of obesity. *Indian Journal of Endocrinology and Metabolism, 16*(1), 28–32.

Jacobson, N. S., Dobson, K. S., Truax, P. A., Addis, M. E., Koerner, K., Gollan, J. K., et al. (1996). A component analysis of cognitive-behavioral treatment for depression. *Journal of Consulting and Clinical Psychology, 64*(2), 295–304.

Jahng, K. H., Martin, L. R., Golin, C. E., & DiMatteo, M. R. (2005). Preferences for medical collaboration: Patient–physician congruence and patient outcomes. *Patient Education and Counseling, 57*(3), 308–314.

Janis, I. L., & Mann, L. (1977). *Decision making: A psychological analysis of conflict, choice, and commitment.* New York: Free Press.

Joseph, A. M., Willenbring, M. L., Nugent, S. M., & Nelson, D. B. (2004). A randomized trial of concurrent versus delayed smoking intervention for patients in alcohol dependence treatment. *Journal of Studies on Alcohol, 65*(6), 681–691.

Kaplan, S. H., Greenfield, S., & Ware, J. E., Jr. (1989). Assessing the effects of physician-patient interactions on the outcomes of chronic disease. *Medical Care, 27*(3), S110– S127.

Kavanagh, D. J., Sitharthan, T., Spilsbury, G., & Vignaendra, S. (1999). An evaluation of brief correspondence programs for problem drinkers. *Behavior Therapy, 30*(4), 641– 656.

Kazantzis, N., Deane, F. P., & Ronan, K. R. (2000). Homework assignments in cognitive and behavioral therapy: A meta-analysis. *Clinical Psychology: Science and Practice, 7*, 189–202.

Keller, C. S., & McGowan, N. (2001). Examination of the processes of change, decisional balance, self-efficacy for smoking and the stages of change in Mexican American women. *Southern Online Journal of Nursing Research, 2*(4). Retrieved from *www. resourcenter.net/images/snrs/files/sojnr_articles/iss04vol02.htm.*

Kertes, A., Westra, H., & Aviram, A. (2009). *Therapist effects in cognitive behavioral therapy: Client perspectives.* Paper presented at the 117th Annual Convention of the American Psychological

Association, Toronto, ON, Canada.

Kiene, S. M., & Barta, W. D. (2006). A brief individualized computer-delivered sexual risk reduction intervention increases HIV/AIDS preventive behavior. *Journal of Adoles- cent Health, 39*(3), 404–410.

Kiernan, M., Moore, S. D., Schoffman, D. E., Lee, K., King, A. C., Taylor, C. B., et al. (2012). Social support for healthy behaviors: Scale psychometrics and prediction of weight loss among women in a behavioral program. *Obesity, 20*(4), 756–764.

King, A. C., Castro, C. M., Buman, M. P., Hekler, E. B., Urizar Jr., G. G., & Ahn, D.

K. (2013). Behavioral impacts of sequentially versus simultaneously delivered dietary plus physical activity interventions: The CALM trial. *Annals of Behavioral Medicine, 46*(2), 157–168.

Kozak, A. T., & Fought, A. (2011). Beyond alcohol and drug addiction: Does the negative trait of low distress tolerance have an association with overeating? *Appetite, 57*(3), 578–581.

Krupnick, J. L., Sotsky, S. M., Simmens, S., Moyer, J., Elkin, I., Watkins, J., et al. (1996). The role of the therapeutic alliance in psychotherapy and pharmacotherapy outcome: Findings in the National Institute of Mental Health Treatment of Depression Collaborative Research Program. *Journal of Consulting and Clinical Psychology, 64*(3), 532–539.

Kurtz, M. M., & Mueser, K. T. (2008). A meta-analysis of controlled research on social skills training for schizophrenia. *Journal of Consulting and Clinical Psychology, 76*(3), 491–504.

Lam, D., & Wong, G. (2005). Prodromes, coping strategies and psychological interventions in bipolar disorders. *Clinical Psychology Review, 25*(8), 1028–1042.

Lambert, M. J., & Barley, D. E. (2001). Research summary on the therapeutic relationship and psychotherapy outcome. *Psychotherapy: Theory, Research, Practice, Training, 38*(4), 357–361.

Leahy, R. L. (2003). *Roadblocks in cognitive-behavioral therapy: Transforming challenges into opportunities for change.* New York: Cambridge University Press.

LeBeau, R. T., Davies, C. D., Culver, N. C., & Craske, M. G. (2013). Homework compliance counts in cognitive-behavioral therapy. *Cognitive Behaviour Therapy, 42*(3), 171–179.

Lepper, M. R., Corpus, J. H., & Iyengar, S. S. (2005). Intrinsic and extrinsic motivational orientations in the classroom: Age differences and academic correlates. *Journal of Educational Psychology, 97*(2), 184–196.

Leyro, T. M., Zvolensky, M. J., & Bernstein, A. (2010). Distress tolerance and psycho-pathological symptoms and disorders: A review of the empirical literature among adults. *Psychological Bulletin, 136*(4), 576–600.

Linehan, M. M. (1993). *Cognitive-behavioral treatment of borderline personality disorder.* New York: Guilford Press.

Lobban, F., & Barrowclough, C. (Eds.). (2009). *A casebook of family interventions for psychosis.* Chichester, West Sussex, UK: Wiley.

Longabaugh, R., Zweben, A., LoCastro, J. S., & Miller, W. R.（2005）. Origins, issues and options in the development of the combined behavioral intervention. *Journal of Studies on Alcohol*（Supplement）, *15*, 179–187.

Lorig, K. R., Ritter, P., Stewart, A. L., Sobel, D. S., Brown, B. W., Jr., Bandura, A., et al. (2001). Chronic disease self-management program: 2-year health status and health care utilization outcomes.

Medical Care, 39(11), 1217–1223.

Luborsky, L., Crits-Christoph, P., Alexander, L., Margolis, M., & Cohen, M. (1983).Two helping alliance methods for predicting outcomes of psychotherapy: A counting signs vs. a global rating method. *Journal of Nervous and Mental Disease, 171*(8), 480–491.

Lundahl, B., & Burke, B. L. (2009). The effectiveness and applicability of motivational interviewing: A practice-friendly review of four meta-analyses. *Journal of Clinical Psychology, 65*(11), 1232–1245.

Lynch, M. F., Vansteenkiste, M., Deci, E. L., & Ryan, R. M. (2011). Autonomy as process and outcome: Revisiting cultural and practical issues in motivation for counseling. *The Counseling Psychologist, 39,* 286–302.

Magill, M., & Ray, L. A. (2009). Cognitive-behavioral treatment with adult alcohol and illicit drug users: A meta-analysis of randomized controlled trials. *Journal of Studies on Alcohol and Drugs, 70*(4), 516–527.

Marcus, B. H., Dubbert, P. M., Forsyth, L. H., McKenzie, T. L., Stone, E. J., Dunn, A. L., et al. (2000). Physical activity behavior change: Issues in adoption and maintenance. *Health Psychology, 19*(1S), 32–41.

Marlatt, G. A., & Donovan, D. M. (2005). *Relapse prevention: Maintenance strategies in the treatment of addictive behaviors* (2nd ed.). New York: Guilford Press.

Marlatt, G. A., & George, W. H. (1984). Relapse prevention: Introduction and overview of the model. *British Journal of Addiction, 79*(3), 261–273.

Marlatt, G. A., & Gordon, J. R. (1985). Relapse prevention: A self-control strategy for the maintenance of behavior change. In G. A. Marlatt & J. R. Gordon (Eds.), *Relapse prevention: Maintenance strategies in the treatment of addictive behaviors* (1st ed., pp. 85–101). New York: Guilford Press.

Martell, C., Dimidjian, S., & Herman-Dunn, R. (2010). *Behavioral activation for depression: A clinician's guide.* New York: Guilford Press.

Mausbach, B. T., Moore, R., Roesch, S., Cardenas, V., & Patterson, T. L. (2010). The relationship between homework compliance and therapy outcomes: An updated meta-analysis. *Cognitive Therapy and Research, 34*(5), 429–438.

Mazzucchelli, T., Kane, R., & Rees, C. (2009). Behavioral activation treatments for depression in adults: A meta-analysis and review. *Clinical Psychology: Science and Practice, 16*(4), 383–411.

McEvoy, P. M., Nathan, P., & Norton, P. J. (2009). Efficacy of transdiagnostic treatments: A review of published outcome studies and future research directions. *Journal of Cognitive Psychotherapy, 23*(1), 20–33.

McGowan, S. K., & Behar, E. (2013). A preliminary investigation of stimulus control training for worry: Effects on anxiety and insomnia. *Behavior Modification, 37*(1), 90–112.

McHugh, R. K., Hearon, B. A., & Otto, M. W. (2010). Cognitive behavioral therapy for substance use disorders. *Psychiatric Clinics of North America, 33*(3), 511–525.

McHugh, R. K., Murray, H. W., & Barlow, D. H. (2009). Balancing fidelity and adaptation in the dissemination of empirically-supported treatments: The promise of trans-diagnostic interventions. *Behaviour Research and Therapy, 47*(11), 946–953.

McIntosh, B., Yu, C., Lal, A., Chelak, K., Cameron, C., Singh, S., et al. (2010). Efficacy of self-monitoring of blood glucose in patients with type 2 diabetes mellitus man- aged without insulin: A systematic review and meta-analysis. *Open Medicine, 4*(2), 102–113.

McKay, J. R., Alterman, A. I., Cacciola, J. S., O'Brien, C. P., Koppenhaver, J. M., & Shepard, D. S. (1999). Continuing care for cocaine dependence: Comprehensive 2-year outcomes. *Journal of Consulting and Clinical Psychology, 67*(3), 420–427.

McKee, S. A., Carroll, K. M., Sinha, R., Robinson, J. E., Nich, C., Cavallo, D., et al.(2007). Enhancing brief cognitive-behavioral therapy with motivational enhancement techniques in cocaine users. *Drug and Alcohol Dependence, 91*(1), 97–101.

Miller, W. R. (1983). Motivational interviewing with problem drinkers. *Behavioural Psychotherapy, 11*, 147–172.

Miller, W. R., & Baca, L. M. (1983). Two-year follow-up of bibliotherapy and therapist directed controlled drinking training for problem drinkers. *Behavior Therapy, 14*, 441–448.

Miller, W. R., & Danaher, B. G. (1976). Maintenance in parent training. In J. D. Krumboltz & C. E. Thoresen (Eds.), *Counseling methods* (pp. 434–444). New York: Holt, Rinehart & Winston.

Miller, W. R., & Moyers, T. B. (2015). The forest and the trees: Relational and specific factors in addiction treatment. *Addiction, 110*, 401–413.

Miller, W. R., Taylor, C. A., & West, J. C. (1980). Focused versus broad spectrum behavior therapy for problem drinkers. *Journal of Consulting and Clinical Psychology, 48*, 590–601.

Meyers, R. J., & Smith, J. E. (1995). *Clinical guide to alcohol treatment: The community reinforcement approach*. New York: Guilford Press.

Miller, W. R. (1999). *Integrating spirituality into treatment: Resources for practitioners.* Washington, DC: American Psychological Association.

Miller, W. R. (2004). *Combined behavioral intervention manual: A clinical research guide for therapists treating people with alcohol abuse and dependence* (Vol. 1). Bethesda, MD: National Institute on Alcohol Abuse and Alcoholism.

Miller, W. R. (2012). MI and psychotherapy. *Motivational Interviewing: Training, Research, Implementation, Practice, 1*(1), 2–6.

Miller, W. R., Forcehimes, A. A., & Zweben, A. (2011). *Treating addiction: A guide for professionals*. New York: Guilford Press.

Miller, W. R., & Hester, R. K. (1986). The effectiveness of alcoholism treatment. In W. R. Miller & N. Heather (Eds.), *Treating addictive behaviors: Processes of change* (pp. 121–174). New York: Springer.

Miller, W. R., & Moyers, T. B. (2015). The forest and the trees: Relational and specific factors in addiction treatment. *Addiction, 110*(3), 401–413.

Miller, W. R., Moyers, T. B., Arciniega, L., Ernst, D., & Forcehimes, A. (2005, July).Training, supervision and quality monitoring of the COMBINE Study behavioral interventions. *Journal of Studies on Alcohol* (Suppl. 15), 188–195.

Miller, W. R., & Rollnick, S. (Eds.). (2002). *Motivational interviewing: Preparing people for change* (2nd ed.). New York: Guilford Press.

Miller, W. R., & Rollnick, S. (2009). Ten things that motivational interviewing is not. *Behavioural and Cognitive Psychotherapy, 37*(02), 129–140.

Miller, W. R., & Rollnick, S. (2012). *Motivational interviewing: Helping people change* (3rd ed.). New

York: Guilford Press.

Miller, W. R., Taylor, C. A., & West, J. C. (1980). Focused versus broad-spectrum behavior therapy for problem drinkers. *Journal of Consulting and Clinical Psychology, 48*(5), 590–601.

Miller, W. R., Zweben, A., & DiClemente, C. C. (1994). *Motivational enhancement therapy manual* (Project Match Monograph Series, Vol. 2). Washington, DC: National Institute on Alcohol Abuse and Alcoholism.

Milroy, L., & Muysken, P. (1995). *One speaker, two languages: Cross-disciplinary perspectives on code-switching*. Cambridge, UK: Cambridge University Press.

Miltenberger, R. (2008). Behavioral skills training procedures. In *Behaviour modification: Principles and procedures* (pp. 251–265). Belmont, CA: Thomson.

Minami, T., Wampold, B. E., Serlin, R. C., Hamilton, E. G., Brown, G. S. J., & Kircher,J. C. (2008). Benchmarking the effectiveness of psychotherapy treatment for adult depression in a managed care environment: A preliminary study. *Journal of Consulting and Clinical Psychology, 76*(1), 116–124.

Monti, P. M., & O'Leary, T. A. (1999). Coping and social skills training for alcohol and cocaine dependence. *Psychiatric Clinics of North America, 22*(2), 447–470.

Moulds, M. L., & Nixon, R. D. (2006). *In vivo* flooding for anxiety disorders: Proposing its utility in the treatment of posttraumatic stress disorder. *Journal of Anxiety Disor- ders, 20*(4), 498–509.

Moyers, T. B., & Houck, J. (2011). Combining motivational interviewing with cognitive-behavioral treatments for substance abuse: Lessons from the COMBINE research project. *Cognitive and Behavioral Practice, 18*(1), 38–45.

Moyers, T., Martin, T., Catley, D., Harris, K. J., & Ahluwalia, J. S. (2003). Assessing the integrity of motivational interviewing: Reliability of the motivational interviewing skills code. *Behavioural and Cognitive Psychotherapy, 31*(2), 177–184.

Moyers, T. B., Martin, T., Christopher, P. J., Houck, J. M., Tonigan, J. S., & Amrhein, P.C. (2007). Client language as a mediator of motivational interviewing efficacy: Where is the evidence? *Alcoholism: Clinical and Experimental Research, 31*(10, Suppl.), 40S–47S.

Moyers, T. B., Martin, T., Manuel, J. K., Hendrickson, S. M. L., & Miller, W. R. (2005). Assessing competence in the use of motivational interviewing. *Journal of Substance Abuse Treatment, 28*(1), 19–26.

Mueser, K. T., & Drake, R. E. (2007). Comorbidity: What have we learned and where are we going? *Clinical Psychology: Science and Practice, 14*(1), 64–69.

Naar, S., & Flynn, H. (2015). Client language as a mediator of motivational interviewing efficacy: Where is the evidence? In H. Arkowitz, W. R. Miller, & S. Rollnick (Eds.), *Motivational interviewing in the treatment of psychological problems* (2nd ed., pp. 170–192). New York: Guilford Press.

Naar-King, S., Earnshaw, P., & Breckon, J. (2013). Toward a universal maintenance intervention: Integrating cognitive-behavioral treatment with motivational interviewing for maintenance of behavior change. *Journal of Cognitive Psychotherapy, 27*(2), 126–137.

Naar-King, S., Ellis, D. A., Idalski Carcone, A., Templin, T., Jacques-Tiura, A. J., Brogan Hartlieb, K., et al. (2016). Sequential Multiple Assignment Randomized Trial (SMART) to construct weight loss interventions for African American adolescents. *Journal of Clinical Child and Adolescent Psychology, 45*(4), 428–441.

Naar-King, S., Outlaw, A. Y., Sarr, M., Parsons, J. T., Belzer, M., Macdonell, K., et al. (2013). Motivational Enhancement System for Adherence (MESA): Pilot randomized trial of a brief computer-delivered prevention intervention for youth initiating antiretroviral treatment. *Journal of Pediatric Psychology, 38*(6), 638–648.

Newman, M., & Borkovec, T. (1995). Cognitive-behavioral treatment of generalized anxiety disorder. *The Clinical Psychologist, 48*(4), 5–7.

Newman, M. G., Consoli, A. J., & Taylor, C. B. (1999). A palmtop computer program for the treatment of generalized anxiety disorder. *Behavior Modification, 23*(4), 597–619.

Nickoletti, P., & Taussig, H. N. (2006). Outcome expectancies and risk behaviors in mal-treated adolescents. *Journal of Research on Adolescence, 16*(2), 217–228.

Nigg, C. R., Borrelli, B., Maddock, J., & Dishman, R. K. (2008). A theory of physical activity maintenance. *Applied Psychology, 57*(4), 544–560.

Nock, M., & Kazdin, A. E. (2005). Randomized controlled trial of a brief intervention for increasing participation in parent management training. *Journal of Consulting and Clinical Psychology, 73*(5), 872–879.

Norcross, J. C.（Ed.）.（2011）. *Psychotherapy relationships that work: Evidence-based responsiveness*（2nd ed.）. New York: Oxford University Press.

Norton, P. J. (2012). A randomized clinical trial of transdiagnostic cognitive-behavioral treatments for anxiety disorder by comparison to relaxation training. *Behavior Ther- apy, 43*(3), 506–517.

O'Connell, K. A., Cook, M. R., Gerkovich, M. M., Potocky, M., & Swan, G. E. (1990). Reversal theory and smoking: A state-based approach to ex-smokers' highly tempting situations. *Journal of Consulting and Clinical Psychology, 58*(4), 489–494.

Olander, E. K., Fletcher, H., Williams, S., Atkinson, L., Turner, A., & French, D. P. (2013).What are the most effective techniques in changing obese individuals' physical activity self-efficacy and behaviour: A systematic review and meta-analysis. *International Journal of Behavioral Nutrition and Physical Activity, 10*, 29.

Ondersma, S. J., Chase, S. K., Svikis, D., & Schuster, C. R. (2005). Computer-based brief motivational intervention for perinatal drug use. *Journal of Substance Abuse Treat- ment, 28*(4), 305–312.

Ondersma, S. J., Svikis, D. S., Lam, P. K., Connors-Burge, V. S., Ledgerwood, D. M., & Hopper, J. A. (2012). A randomized trial of computer-delivered brief intervention and low-intensity contingency management for smoking during pregnancy. *Nicotine and Tobacco Research, 14*(3), 351–360.

Ondersma, S. J., Svikis, D. S., & Schuster, C. R. (2007). Computer-based brief intervention: A randomized trial with postpartum women. *American Journal of Preventive Medicine, 32*(3), 231–238.

Ondersma, S. J., Svikis, D. S., Thacker, L. R., Beatty, J. R., & Lockhart, N. (2014). Computer-delivered screening and brief intervention (e-SBI) for postpartum drug use: A randomized trial. *Journal of Substance Abuse Treatment, 46*(1), 52–59.

Ong, L. M., De Haes, J. C., Hoos, A. M., & Lammes, F. B. (1995). Doctor–patient communication: A review of the literature. *Social Science and Medicine, 40*(7), 903–918. Orsega-Smith, E. M., Payne, L. L., Mowen, A. J., Ho, C.-H., & Godbey, G. C. (2007). The role of social support and self-efficacy in shaping the leisure time physical activity of older adults. *Journal of Leisure Research, 39*(4),

705–727.

Oser, M. L., Trafton, J. A., Lejuez, C. W., & Bonn-Miller, M. O. (2013). Differential associations between perceived and objective measurement of distress tolerance in relation to antiretroviral treatment adherence and response among HIV-positive individuals. *Behavior Therapy, 44*(3), 432–442.

Osilla, K. C., Hepner, K. A., Muñoz, R. F., Woo, S., & Watkins, K. (2009). Developing an integrated treatment for substance use and depression using cognitive-behavioral therapy. *Journal of Substance Abuse Treatment, 37*(4), 412–420.

Öst, L.-G., Alm, T., Brandberg, M., & Breitholtz, E. (2001). One vs five sessions of expo-sure and five sessions of cognitive therapy in the treatment of claustrophobia. *Behaviour Research and Therapy, 39*(2), 167–183.

Ougrin, D. (2011). Efficacy of exposure versus cognitive therapy in anxiety disorders: Systematic review and meta-analysis. *BMC Psychiatry, 11*(1), 1.

Padesky, C. A. (1993). *Socratic questioning: Changing minds or guiding discovery.* Key-note address delivered at the European Congress of Behavioural and Cognitive Therapies, London.

Papworth, M., Marrinan, T., Martin, B., Keegan, D., & Chaddock, A. (2013). *Low intensity cognitive-behaviour therapy: A practitioner's guide.* London: SAGE.

Parsons, J. T., Golub, S. A., Rosof, E., & Holder, C. (2007). Motivational interviewing and cognitive-behavioral intervention to improve HIV medication adherence among hazardous drinkers: A randomized controlled trial. *Journal of Acquired Immune Deficiency Syndrome, 46*(4), 443–450.

Patterson, G. R. (1975). *Families: Applications of social learning to family life* (rev. ed.). Champaign, IL: Research Press.

Patterson, G. R., & Chamberlain, P. (1994). A functional analysis of resistance during patient training therapy. *Clinical Psychology: Science and Practice, 1,* 53–70.

Patterson, G. R., & Forgatch, M. S. (1985). Therapist behavior as a determinant for client noncompliance: A paradox for the behavior modifier. *Journal of Consulting and Clinical Psychology, 53,* 846–851.

Paul, R., & Elder, L. (2006). *Thinker's guide to the art of Socratic questioning.* Tomales, CA: Foundation for Critical Thinking.

Perri, M. G., Sears, S. F., & Clark, J. E. (1993). Strategies for improving maintenance of weight loss: Toward a continuous care model of obesity management. *Diabetes Care, 16*(1), 200–209.

Piasecki, T. M. (2006). Relapse to smoking. *Clinical Psychology Review, 26*(2), 196–215. Polivy, J., & Herman, C. P. (2002). If at first you don't succeed: False hopes of self-change.*The American Psychologist, 57*(9), 677–689.

Powers, M. B., & Emmelkamp, P. M. (2008). Virtual reality exposure therapy for anxiety disorders: A meta-analysis. *Journal of Anxiety Disorders, 22*(3), 561–569.

Prochaska, J. J., & Prochaska, J. O. (2011). A review of multiple health behavior change interventions for primary prevention. *American Journal of Lifestyle Medicine, 5*(3), 208–221.

Prochaska, J. J., Spring, B., & Nigg, C. R. (2008). Multiple health behavior change research: An introduction and overview. *Preventive Medicine, 46*(3), 181–188.

Prochaska, J. O., Velicer, W. F., Rossi, J. S., Goldstein, M. G., Marcus, B. H., Rakowski,W., et al. (1994).

Stages of change and decisional balance for 12 problem behaviors.*Health Psychology, 13*(1), 39–46.

Resnicow, K., & McMaster, F. (2012). Motivational interviewing: Moving from why to how with autonomy support. *International Journal of Behavioral Nutrition and Physical Activity, 9*(1), 1.

Resnicow, K., McMaster, F., & Rollnick, S. (2012). Action reflections: A client-centered technique to bridge the WHY–HOW transition in motivational interviewing. *Behavioural and Cognitive Psychotherapy, 40*(4), 474–480.

Ries, R. (1996). *Assessment and treatment of patients with coexisting mental illness and alcohol and other drug abuse.* Darby, PA: Diane.

Riper, H., Andersson, G., Hunter, S. B., Wit, J., Berking, M., & Cuijpers, P. (2014). Treatment of comorbid alcohol use disorders and depression with cognitive-behavioural therapy and motivational interviewing: A meta-analysis. *Addiction, 109*(3), 394–406. Rogers, C. (1951). *Client-centered therapy: Its current practice, implications and theory.*London: Constable.

Rollnick, S., Miller, W. R., & Butler, C. C. (2008). *Motivational interviewing in health care: Helping patients change behavior*. New York: Guilford Press.

Rosengren, D. B. (2009). *Building motivational interviewing skills: A practitioner workbook.* New York: Guilford Press.

Safren, S. A., Otto, M. W., Worth, J. L., Salomon, E., Johnson, W., Mayer, K., et al. (2001). Two strategies to increase adherence to HIV antiretroviral medication: Life-steps and medication monitoring. *Behaviour Research and Therapy, 39*(10), 1151–1162.

Safren, S., Perlman, C., Sprich, S., & Otto, M. (2005). *Mastering your adult ADHD: A cognitive behavioral treatment program—Therapist guide.* New York: Oxford University Press.

Schwartz, R. P., Gryczynski, J., Mitchell, S. G., Gonzales, A., Moseley, A., Peterson, T. R., et al. (2014). Computerized versus in-person brief intervention for drug misuse: A randomized clinical trial. *Addiction, 109*(7), 1091–1098.

Smith, D. E., Heckemeyer, C. M., Kratt, P. P., & Mason, D. A. (1997). Motivational interviewing to improve adherence to a behavioral weight-control program for older obsese women with NIDDM. *Diabetes Care, 20*(1), 52–54.

Sobell, M. B., Bogardis, J., Schuller, R., Leo, G. I., & Sobell, L. C. (1989). ls self-monitoring of alcohol consumption reactive? *Behavioral Assessment, 11*(4), 447–458.

Spoelstra, S. L., Schueller, M., Hilton, M., & Ridenour, K. (2015). Interventions combining motivational interviewing and cognitive behaviour to promote medication adher- ence: A literature review. *Journal of Clinical Nursing, 24*(9–10), 1163–1173.

Spring, B., Doran, N., Pagoto, S., Schneider, K., Pingitore, R., & Hedeker, D. (2004).Randomized controlled trial for behavioral smoking and weight control treatment: Effect of concurrent versus sequential intervention. *Journal of Consulting and Clini- cal Psychology, 72*(5), 785–796.

Stetler, C. B., Damschroder, L. J., Helfrich, C. D., & Hagedorn, H. J. (2011). A guide for applying a revised version of the PARIHS framework for implementation. *Implemen- tation Science, 6*(1), 99.

Stewart, M., Brown, J., Donner, A., McWhinney, I., Oates, J., Weston, W., et al. (2000). The impact of patient-centered care on outcomes. *Journal of Family Practice, 49*(9), 796–804.

Stotts, A. L., Schmitz, J. M., Rhoades, H. M., & Grabowski, J. (2001). Motivational interviewing with cocaine-dependent patients: A pilot study. *Journal of Consulting and Clinical Psychology, 69*(5),

858–862.

Street, R. L., Jr., Gordon, H., & Haidet, P. (2007). Physicians' communication and per- ceptions of patients: Is it how they look, how they talk, or is it just the doctor? *Social Science and Medicine, 65*(3), 586–598.

Strickler, D. C. (2011). Requiring case management meetings to be conducted outside the clinic. *Psychiatric Services, 62*(10), 1215–1217.

Sturmey, P. (2009). Behavioral activation is an evidence-based treatment for depression.*Behavior Modification, 33*(6), 818–829.

Surgeon General. (1999). *Mental health: A report of the Surgeon General.* Bethesda, MD:U.S. Public Health Service.

Sweet, S. N., & Fortier, M. S. (2010). Improving physical activity and dietary behaviours with single or multiple health behaviour interventions?: A synthesis of meta-analyses and reviews. *International Journal of Environmental Research and Public Health, 7*(4), 1720–1743.

Tolin, D. F. (2010). Is cognitive-behavioral therapy more effective than other therapies?: A meta-analytic review. *Clinical Psychology Review, 30*(6), 710–720.

Truax，C. B.，& Carkhuff，R. R.（1967）. *Toward effective counseling and psychotherapy.* Chicago: Aldine.

Trummer, U. F., Mueller, U. O., Nowak, P., Stidl, T., & Pelikan, J. M. (2006). Does physician–patient communication that aims at empowering patients improve clinical outcome?: A case study. *Patient Education and Counseling, 61*(2), 299–306.

Turner, J. S., & Leach, D. J. (2009). Brief behavioural activation treatment of chronic anxiety in an older adult. *Behaviour Change, 26*(3), 214–222.

Tzilos, G. K., Sokol, R. J., & Ondersma, S. J. (2011). A randomized phase I trial of a brief computer-delivered intervention for alcohol use during pregnancy. *Journal of Women's Health, 20*(10), 1517–1524.

Uhlig, K., Patel, K., Ip, S., Kitsios, G. D., & Balk, E. M. (2013). Self-measured blood pressure monitoring in the management of hypertension: A systematic review and meta- analysis. *Annals of Internal Medicine, 159*(3), 185–194.

Utay, J., & Miller, M. (2006). Guided imagery as an effective therapeutic technique: A brief review of its history and efficacy research. *Journal of Instructional Psychology, 33*(1), 40–44.

Valle, S. K. (1981). Interpersonal functioning of alcoholism counselors and treatment outcome. *Journal of Studies on Alcohol, 42*(9), 783–790.

Vallerand, R. J. (1997). Toward a hierarchical model of intrinsic and extrinsic motivation.*Advances in Experimental Social Psychology, 29,* 271–360.

Vandelanotte, C., De Bourdeaudhuij, I., Sallis, J. F., Spittaels, H., & Brug, J. (2005). Efficacy of sequential or simultaneous interactive computer-tailored interventions for increasing physical activity and decreasing fat intake. *Annals of Behavioral Medicine, 29*(2), 138–146.

Verkuil, B., Brosschot, J. F., Korrelboom, K., Reul-Verlaan, R., & Thayer, J. F. (2011). Pretreatment of worry enhances the effects of stress management therapy: A randomized clinical trial. *Psychotherapy and Psychosomatics, 80*(3), 189–190.

Vincze, G., Barner, J. C., & Lopez, D. (2003). Factors associated with adherence to self-monitoring of blood glucose among persons with diabetes. *The Diabetes Educator, 30*(1), 112–125.

Walters, G. D. (2001). Behavioral self-control training for problem drinkers: A metaanalysis of randomized control studies. *Behavior Therapy, 31*(1), 135–149.

Walters, S. T., Vader, A. M., Harris, T. R., Field, C. A., & Jouriles, E. N. (2009). Dis-mantling motivational interviewing and feedback for college drinkers: A randomized clinical trial. *Journal of Consulting and Clinical Psychology, 77*(1), 64–73.

Weiss, C. V., Mills, J. S., Westra, H. A., & Carter, J. C. (2013). A preliminary study of motivational interviewing as a prelude to intensive treatment for an eating disorder.*Journal of Eating Disorders, 1*(1), 1.

Westmaas, J. L., Bontemps-Jones, J., & Bauer, J. E. (2010). Social support in smoking cessation: Reconciling theory and evidence. *Nicotine and Tobacco Research, 12*(7), 695–707.

Westra, H. A., & Arkowitz, H. (2011). Introduction. *Cognitive and Behavioral Practice, 18*(1), 1–4.

Westra, H. A., Arkowitz, H., & Dozois, D. J. (2009). Adding a motivational interview- ing pretreatment to cognitive behavioral therapy for generalized anxiety disorder: A preliminary randomized controlled trial. *Journal of Anxiety Disorders, 23*(8), 1106–1117.

Westra, H. A., Constantino, M. J., Arkowitz, H., & Dozois, D. J. (2011). Therapist differences in cognitive-behavioral psychotherapy for generalized anxiety disorder: A pilot study. *Psychotherapy, 48*(3), 283–292.

Westra, H. A., & Dozois, D. J. (2006). Preparing clients for cognitive behavioral therapy:A randomized pilot study of motivational interviewing for anxiety. *Cognitive Ther- apy and Research, 30*(4), 481–498.

Wilson, G. T., & Vitousek, K. M. (1999). Self-monitoring in the assessment of eating disorders. *Psychological Assessment, 11*(4), 480–489.

Wing, R. R., & Phelan, S. (2005). Long-term weight loss maintenance. *American Journal of Clinical Nutrition, 82*(1), 222S–225S.

Witkiewitz, K., Lustyk, M. K. B., & Bowen, S. (2013). Re-training the addicted brain: A review of hypothesized neurobiological mechanisms of mindfulness-based relapse prevention. *Psychology of Addictive Behaviors, 27*(2), 351–365.

Witkiewitz, K. A., & Marlatt, G. A. (Eds.). (2007). *Therapist's guide to evidence-based relapse prevention.* Burlington, MA: Elsevier.

Yovel, I., & Safren, S. A. (2007). Measuring homework utility in psychotherapy: Cognitive-behavioral therapy for adult attention-deficit hyperactivity disorder as an example. *Cognitive Therapy and Research, 31*(3), 385–399.

Zvolensky, M. J., Vujanovic, A. A., Bernstein, A., & Leyro, T. (2010). Distress tolerancetheory, measurement, and relations to psychopathology. *Current Directions in Psychological Science, 19*(6), 406–410.

北京阅想时代文化发展有限责任公司为中国人民大学出版社有限公司下属的商业新知事业部，致力于经管类优秀出版物（外版书为主）的策划及出版，主要涉及经济管理、金融、投资理财、心理学、成功励志、生活等出版领域，下设"阅想·商业""阅想·财富""阅想·新知""阅想·心理""阅想·生活"以及"阅想·人文"等多条产品线，致力于为国内商业人士提供涵盖先进、前沿的管理理念和思想的专业类图书和趋势类图书，同时也为满足商业人士的内心诉求，打造一系列提倡心理和生活健康的心理学图书和生活管理类图书。

《心理治疗大辩论：心理治疗有效因素的实证研究（第2版）》

- 美国心理学会（APA）、中国心理学会临床与咨询心理学专业委员会强力推荐。
- 北京大学钱铭怡、美国堪萨斯大学段昌明、华中师范大学江光荣、清华大学樊富珉、同济大学赵旭东、北京理工大学贾晓明推荐。
- 心理健康工作者必读。

《依恋与亲密关系：情绪取向伴侣治疗实践（第3版）》

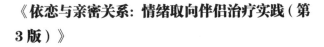

- EFT创始人、美国"婚姻与家庭治疗杰出成就奖""家庭治疗研究奖"获得者扛鼎之作，作者嫡传唯一华裔弟子刘婷博士倾心翻译。
- 本书是经过重大修订与扩展的第3版，突显了自第2版以来以实证研究为基础的许多重大进展。
- "婚姻教皇"约翰·戈特曼博士、美国西北大学家庭研究所高级治疗师杰伊·L.勒博博士、我国教育部长江学者特聘教授方晓义博士、华人心理治疗研究发展基金会执行长王浩威博士、实践大学家庭咨商与辅导硕士班谢文宜教授联袂推荐。